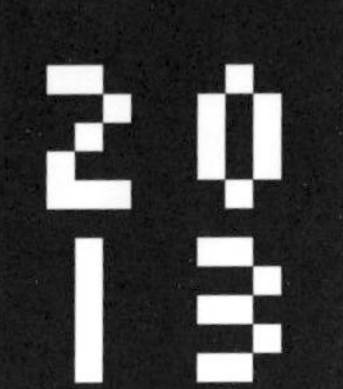

BI-CITY BIENNALE OF
URBANISM\ARCHITECTURE
深港城市\建筑双城双年展

城市边缘

URBAN BORDER

城市边缘：2013 深港城市\建筑双城双年展（深圳）

URBAN BORDER:
2013 BI-CITY BIENNALE OF URBANISM \ ARCHITECTURE (SHENZHEN)

深圳城市\建筑双年展组织委员会 群岛工作室 编

广东耀皮玻璃有限公司

IVANOVO

穿越城市边缘

目录

Contents

前言

2013深港城市\建筑双城双年展(深圳)于2013年12月6日在深圳蛇口开幕，业界普遍反响是此次双年展又迈上一个台阶，成为关于城市或城市化问题的国际重要讨论平台。

1980年建立经济特区的深圳，其城市高速发展与扩张超出了包括决策者与规划师在内的所有人的经验和预期，所以，她特别需要一种超越专业和学科界限的新机制来观察、评价和反思这种前所未有的城市化实验，并动员各界人士、特别是受城市化进程影响的人都能通过一个平台来参与、表达和互动。这个机制和平台就是双年展。展览于2005年由当时的深圳市规划局推动设立，深圳市政府主办。2007年相邻的香港受邀加入，发展出独特的双城双年展模式。

每届主题当然都是基于本地脉络或问题而确定。本届主题“城市边缘”由深港双方组委会、学术委员会及其他业界学者通过头脑风暴会提名并投票选出，旨在讨论城市人文、地理空间、社会生活中受忽略的问题，尤其契合深港两个城市在全球地缘和历史进程中的角色，以及双城之间存在的边界互动情形。此外，边缘/边界还包括政治、经济、社会、文化等各方面的论题与案例，以及探索“边缘—中心”互动转化的种种可能性。

众多策展人响应这一主题下的公开遴选，提交策展方案。通过三次学术评审，最终决定由两个策展团队——奥雷·伯曼(Ole Bouman)团队与李翔宁+杰夫里·约翰逊(Jeffrey Johnson)团队合作策展，分别担任创意总监和学术总监角色，各自负责一个场地，分别侧重于现场创意实践和文献理论回顾。展场与城市互动、催化与激活所在地区是首届深圳城市\建筑双年展以来的一项传统。本届组委会选择深圳边缘的蛇口，以工业区空置的厂房和仓库为展场，推动作为改革开放首块试验田的“蛇口再出发”。双年展创意总监奥雷·伯曼负责主展馆A——现已停产的原广东浮法玻璃厂的改造和策展。他以“国际配对工作坊”的方式，组织中外建筑师研讨设计，确定“轻轻触碰”的设计策略，梳理和凸现老建筑独有的由生产工艺和时间塑造的美感，以及空间再利用的巨大可能性，使建筑本身成为可沿精心策划线路来体验的、富有启发性的独特展品。展场同时也是开始产生创意的“价值工厂”，世界著名的设计中心、学校和博物馆受邀驻场创作和展示生产成果。与此呼应，李翔宁＋杰夫里·约翰逊策划的主展馆B——蛇口客运码头旧仓库成为新的知识与文献仓库，展示着全球和本地的“城市边缘”理论探索与实践案例，成为公众了解城市历史、拓展城市观念和享受艺术文化作品的好去处。同时，文献仓库地处港澳联通内地的码头一侧，能同时看到深圳一线、二线管理的设施或痕迹，实地展示着城市边缘／边界的特殊之处。

本届双年展对蛇口的激发和促进已经非常显著：南山区政府投资改善了两个展馆之间的道路系统，特别是为自行车和人行使用的绿道系统；原先在招商局蛇口工业区太子湾码头再开发计划中要拆除的大成面粉厂，因为配合双年展举行了系列的“蛇口再出发”文化与设计活动，其反响也出乎意料地热烈，使工业区获得了保留和再生这一工业建筑的信心和方法；所有参观的人都感觉到玻璃工厂再生的巨大潜力和历史文化魅力，使得配合展览慷慨投入厂房改造的招商局蛇口工业区，也对保护形成了高度的共识，并有了将双年展带来的设计教育资源继续引进做强的想法。这也许是年轻的双城双年展最特别之处：展览不仅仅是已有理论和实践案例的交流，还是解决企业难题、介入城市实践的开放互动平台。

本届双年展还将展览期间发生的一百多场论坛及交流活动整合成面对专业者、公众和青少年的UABB学堂课程表，创意总监奥雷·伯曼也将在价值工厂内开设大师课程班“价值工厂学院”，这些都已经成为双年展的另一个亮点。

相信有着这些特点的双年展，对深圳乃至珠三角地区的设计教育和实践，会有深远的影响。因展览而荟萃于蛇口边缘弹丸之地的设计教研资源，以及展览所带来的观念、方法论和实践的示范效应，也将继续促进蛇口的转型和再开发，让这一中国改革开放的先锋之地，续写出新的辉煌篇章。

展览结构

主题
城市边缘

策展人/创意总监
奥雷·伯曼
(Ole Bouman)

策展人/学术总监
李翔宁 + 杰夫里·约翰逊
(Jeffrey Johnson)

开幕式
2013年12月6日

展期
2013年12月6日 - 2014年2月28日

场地
深圳市南山区蛇口工业区

A馆一价值工厂(原广东浮法玻璃厂)
B馆一文献仓库(蛇口客运码头旧仓库)

第五届深港双城双年展(深圳)首次由两个策展团队——奥雷·伯曼(Ole Bouman)团队与李翔宁+杰夫里·约翰逊(Jeffrey Johnson)团队围绕展览主题“城市边缘”(Urban Border)合作策展，内容丰富多样、风格鲜明，因而本届双城双年展(深圳)被认为历年来“最具看点的一届”。B馆—文献仓库通过五个部分构成展览文献仓库，即B馆(蛇口客运码头旧仓库)的策展。由策展人、创意总监奥雷·伯曼带领的创意团队则在本届展览中，通过改造A馆—价值工厂(原广东浮法玻璃厂)作为最大的展品来呈现，以及邀请多个国际著名设计院校、机构、项目加盟的方式，把曾经走在全国工业化前沿、生产玻璃的工厂，打造为全新的“蛇口价值工厂”，为深圳生产创意与文化。

本届展览设在深圳南山蛇口“一区两点”。“一区”即蛇口工业区，“两点”分别是招商局蛇口工业区有限公司属下的原广东浮法玻璃厂(A馆—价值工厂)与蛇口客运码头旧仓库(B馆—文献仓库)，两个展场由一条长约两公里的绿道相连。

城市边缘

“城市边缘”的前提是城市多元的价值观。

全球快速发展的城市和城市化运动在相当程度上体现了某种“主流”趋势和同一性；它的另一面是对城市多样性、差异化、个别性的忽略甚至遮蔽。所谓“边缘”至少包含了如下理解：可以指社会学意义上的城市边缘空间、边缘人群、边缘生活方式，可以是政治学意义上关于城市公共资源组织和分配方式的调整，也可以是城市地缘学意义上的城市发展边界和城市之间、城市与自然生态之间的相互关系。

2013深港城市\建筑双城双年展希望围绕“城市边缘”的主题方向，充分揭示城市人文、城市空间、城市生活方式的多种可能性以及相关问题。

策展团队

策展人/创意总监
奥雷·伯曼 / Ole Bouman （荷兰）

奥雷·伯曼2013年1月前一直担任荷兰建筑协会(NAi, Nederlands Architectuurinstituut)的会长，该协会在全球同类机构中规模最大。任职期间，他对协会进行了改革，将其打造成了广受欢迎的平民建筑博物馆，并开发了丰富的民用建筑类方案。2007年，奥雷·伯曼在美国剑桥市麻省理工学院首次提出"自发建筑工作室"(Studio for Unsolicited Architecture)。

在加入荷兰建筑协会之前，奥雷·伯曼曾任独立建筑学术杂志——*Volume*的总编，期间他将杂志发挥到极致，并寻找建筑在社会的新角色。该杂志为荷兰阿奇斯基金会(Archis Foundation)、大都会建筑事务所研发局/雷姆·库哈斯(AMO)和哥伦比亚大学规划及保护研究院的合办刊物。奥雷·伯曼同时还是阿奇斯基金会的董事，该基金会活跃于出版和咨询界，此外，作为非政府组织，该基金会为缺乏专业知识的地方设计团队建立起与阿奇斯全球知识网络的联系。

奥雷·伯曼在众多领域都有创作、策展和教学的经验。他的著作有：百科全书《看不见的建筑》(*The Invisible in Architecture*, 1994，合著)、《时间战争》(*The Battle for Time*, 2003)以及《责任建筑》(*Architecture of Consequence*, 2009)。他曾担任2000年第三届欧洲宣言展(Manifesta 3)的策展人，并为深港双城双年展(深圳)、圣保罗建筑双年展和威尼斯国际建筑双年展的策展做出了重大贡献；他还在柏林、布鲁塞尔、纽约、雅典、底特律和安曼等地开展了建筑杂志(Archis RSVP)系列活动。奥雷·伯曼曾在麻省理工学院教授建筑学，并定期在国际著名大学和文化机构讲学。

奥雷·伯曼与中国，尤其是中国建筑师以及中国建筑的关系源远流长，他曾担任"住宅的使命"(Housing with a Mission)展览项目的策展人，该项目荣获了2011年深圳·香港城市\建筑双城双年展组委会大奖。

奥雷·伯曼团队

乔恩·康纳 / Jorn Konijn（荷兰）——联合策展人

策展人，“就在这儿”文化组织（This Must be the Place）的创始董事，参与2011年圣保罗国际双年展及2011年第四届深圳·香港城市\建筑双城双年展荷兰馆的策展。

刘磊（中国）——联合策展人

建筑师、设计师和研究者，2011深圳·香港城市\建筑双城双年展策展团队的主要成员；曾获得澳大利亚国家研究基金，并做了关于澳大利亚和中国的城市研究。

薇薇安·祖德霍夫 / Vivian Zuidhof（荷兰）——项目协调人

文化和创意领域的自由职业项目协调员，负责荷兰建筑协会NAi的展会及活动，并担任鹿特丹国际建筑双年展项目协调员；曾经参与第四届、第五届鹿特丹国际建筑双年展。

策展团队

策展人/学术总监
李翔宁(中国)

李翔宁，同济大学建筑与城市规划学院教授、博士生导师。作为研究中国当代建筑理论、批评与策展的青年学者，李翔宁在国际和国内学术刊物上发表了大量关于中国当代建筑与城市的论文，并担任多个国际建筑杂志中国专辑的客座编辑或撰写主题文章。曾受邀在哈佛、麻省理工、普林斯顿、加拿大建筑中心、达姆施塔特工大、东京工业大学等多所国际著名大学和学术机构演讲和讲学。2006年在麻省理工学院任访问学者期间讲授有关当代中国建筑的课程，并将之发展成为同济的全英文国际班的主干课程。主要学术创新来自对当代中国建筑和城市的切近观察和理论化，并提出了关于当代中国建筑和城市的独特理论视角，他在国际建筑学术期刊上发表的“中国新建筑五点”和“权宜建筑”的理论被国际上许多学者引用，也被收入《中国建筑六十年：历史理论研究》。2009年入选美国国务院“都市未来计划”，赴洛杉矶从事城市研究，成果也在国际出版。他出版过关于当代中国建筑的国际出版物2本，在国际著名学术杂志发表论文10多篇，国内发表近60篇论文。

李翔宁曾担任2007年深圳·香港城市\建筑双城双年展策展顾问、2010年三亚设计双年展总策展人、2011年成都双年展联合策展人、2011香港·深圳城市\建筑双城双年展“公共边界”展策展人、2011深圳·香港城市\建筑双城双年展“8个城市项目”展策展人，以及2012年9月在米兰三年展举办的“从研究到设计”中国建筑师展的策展人。他的研究和作品参加过深圳双年展、德国德累斯顿国立美术馆“活的中国园林”展、2010年威尼斯双年展等重要展览。他的都市研究项目“上海制造”在2012年3月上海外滩美术馆“样板屋”展览中展出。2011年李翔宁获得中国建筑传媒奖“建筑评论奖”提名。

李翔宁同时主持着国家自然科学基金研究项目“当代中国建筑博物馆创制、博览模式及信息保存与再现技术研究”，并主持上海创新基金重点课题“当代中国建筑批评与策展的互动机制研究”，这些关于批评和策展的基础理论和方法的研究也将促进自身的建筑批评和策展的实践。李翔宁作为建筑评论和策展领域的知名学者，长期以来和中国活跃的中青年建筑师们保持良好的合作关系。他本人领导着一个由青年教师、博士生和硕士生为主的20多人的科研和策展团队。

策展人 / 学术总监
杰夫里·约翰逊 / Jeffrey Johnson（美国）

杰夫里·约翰逊是“中国实验室”的创办者和负责人。中国实验室是开设在哥伦比亚大学建筑规划及保护研究生学院下的实验研究机构，杰夫里·约翰逊亦任教于该学院。另外，他也是设立于纽约的SLAB建筑事务所的创始合伙人之一，还曾经为建筑大师雷姆·库哈斯及其大都会建筑事务所(Rem Koolhaas / OMA)在鹿特丹和纽约的分部工作。约翰逊在中国实验室的主要研究内容是过去三十多年间中国的快速城市化进程，目前他正在进行的项目包括对中国大型街区的发展研究，这部分研究成果将完整地收录进由他参与编写的《中国实验室指南：超级街区》（暂定名）一书中。此外，他的研究项目还关注中国的城市化和设计对世界其他地区的影响以及在全球性扩张中的作用。约翰逊在中美两国讲学，组织了国际合作性质的中国实验室 / 哥伦比亚大学设计工作室和工作坊，并组织、参与了众多国际论坛和展览，包括2009年深圳·香港城市\建筑双城双年展。他也是2011年深圳·香港城市\建筑双城双年展“八个城市项目”展的联合策展人。

李翔宁+杰夫里·约翰逊团队

倪旻卿（中国）——助理策展人

英国中央圣马丁设计与艺术学院空间叙事硕士，同济大学建筑学博士研究生。曾有过多年展览及媒体策划工作经历，现任教于同济大学设计与创意学院。曾参与策划诸多伦敦创意文化活动、2010伦敦国际建筑节、第12届威尼斯建筑双年展平行活动等。

佐伊·爱丽珊黛·佛罗伦斯 / Zoe Alexandra Florence（美国）——助理策展人

Zoe Alexandra Florence是一位加拿大设计师及策展人，常驻纽约，她与杰夫里·约翰逊在Studio-X北京的中国大都市实验室夏季工作坊一同执教。Zoe还荣获了William Kinne旅行奖学金与Lucille Smyser Lowenfish纪念奖最佳工作室设计问题奖。

朱晔(中国)—— 联合策展人
独立艺术家与策展人，城市研究者。

冯果川(中国)——联合策展人
筑博设计(集团)股份有限公司执行副总裁、执行总建筑师。

娄永琪(中国)——联合策展人
同济大学设计创意学院院长、教授，同济大学中芬中心副主任，芬兰阿尔托大学艺术、设计与建筑学院客座教授。

张之杨(中国)——联合策展人
建筑师，哈佛大学城市设计硕士，加拿大皇家建筑师学会会员。

杜庆春(中国)——联合策展人
北京电影学院电影文学系副教授。

VALUE FACTORY
价值工厂

走进价值工厂

策展人：奥雷·伯曼

作为第五届深港城市\建筑双城双年展（深圳）的创意总监，我很自豪地将“价值工厂”呈现给诸位。

双年展展期仅三个月，但价值工厂从构想、设计之初，就被赋予了更长久的使命。它实现了双年展的初衷：作为城市发展的催化剂，为城市的未来奠定基调。这也是本届双年展的选址定在蛇口区，并将一座废弃的玻璃厂选为主场馆的原因。这座工厂乍看起来似乎已经失去了使用的价值，但现在我可以肯定地说，我们已经挽救了它的价值。

我们的团队通过10个步骤达到这一目标，诸位会在参观过程中发现或者巧遇这些步骤。在此，请允许我先带你们探探路。

先说说这家蛇口的工厂。30年前，袁庚抓住机遇，在蛇口展开了一场社会经济实验，把蛇口变成中国第一个工业园区，努力推行社会与政治改革。广东浮法玻璃厂作为他的实验成果之一，大规模生产浮法玻璃，用于现代化中国的建造。这家工厂不仅见证了蛇口的辉煌，也为中国城市的新面貌作出了贡献。

如今，蛇口将再次成为探索珠江三角洲地区、乃至全中国未来的试验场。不过这次的实验不再关乎工业，而是关乎创意，创意才是能带来改变与惊喜的原动力。欢迎来到深圳文化特区。

这家工厂归招商局蛇口工业区所有。和工厂一样，招商局的历史也很悠久，它一直是中国的一支先锋力量。招商局作为为本届双年展赞助商之一，保证了充足的展览预算资金。但是，作为企业，它为什么一定要单纯停留在提供资金支持的层面？何不一马当先，通过投资来打造一家真正的价值工厂呢？于是，赞助商变身为投资者，身为业主的招商局，也看到了旗下产业的价值。

对于各类双年展及其他一些文化节来说，场馆通常都只是一种设施，是为参展和观展准备的背景。如果建筑出色，当然也能帮助提升展览氛围，但它终归只是展品的容器。但这次的价值工厂不同——容器本身就是展品。背景变成前景。珍视现有特征，提供精彩的建筑体验，为这一几乎永恒的建筑物注入新的活力，这些是展览的关键部分。它们同时也反映了中国人做事的决心。

强调建筑主体不需要部署整个建筑的功能。相反，这座建筑已经拥有了足够多的亮点，我们甚至不需对它们加以“利用”：“无为”是最好的表现方法。你们会发现一处处于最佳状态的工业遗产，它的本色魅力丝毫未因时间而褪色。我们用相当经济的成本，将它已有的优点彰显了出来。对于设计师个人来说，“无为”往往容易被视为美学上的极少主义，或个人的惰性。因此，我们召集了约15位世界各地年轻建筑师组成的团队，共同履行“无为”的理念。他们共同发挥创意，摒弃了个人标签，在“价值工厂配对”中激发了价值：共享智慧，共同将工业转变成文化。

一旦玻璃工厂得以留存、品质得以彰显之后，就到了选择工厂“居民”的时候了。我们甄选了一些国际机构，它们都目标清晰、不断进取，期望在中国有所建树。我们将它们称为“价值工厂项目伙伴”。其中包括大学、博物馆、建筑中心、设计品牌和公司等等，它们在相互了解的同时，也探求着工业建筑的质感。它们没有时间通过新建筑来为自己营造全新的环境，一切是直接现场创造价值。作为一个整体，它们将展示出价值工厂未来的定位。

指导一届双年展就意味着得面对大量的挑战，我猜这也是人家请你来的意图。地段偏远，时间紧迫，竞争激烈，另外还希冀为深圳、为周边地区、为整个设计界呈现一场实实在在的好展览……没有多年的历练，是无法实现这些困难的。而且，这一切绝不会随着双年展落幕而终止，这些展现在我们面前的创意，在未来也将继续闪耀。这是最新面貌的“价值工厂工作室”，我们热烈欢迎大家的加入，也十分乐意回答您的问题，为您竭诚服务。我们希望将价值工厂作为未来的一个真正的样本，持续运营下去。

从撰写有关中国乃至世界的策展导言，到擦亮一只门把手；从发掘被忽略的美、生成新的形式与精彩的体验，从观察在远处香港及海面衬托下的深圳的城市天际线并思考它的未来，到关注技术细节，与人面对面地交流……整个项目为创意领袖提供了一次独特的学习机会。我们希望将这种经验以课程的形式与各个学科的学生分享，为此创立了“价值工厂学院”。

无论我们如何希望将价值工厂变成城市变化的助推器，我们始终很清楚，我们在组织的首先是一场展览。你可以改造建筑，设定新的管理角色，设立学校、办公室，但最重要的是，需要建立“价值工厂公共项目”。所以，请积极参与到我们的诸多活动中吧：表演，研讨会，舞蹈，时装秀，演讲，戏剧，丰收祭，或者，也可以尽情品尝用我们自己种植的食材做成的美食与美酒。

亲爱的观众，以上就是我们在价值工厂中所做的9项工作。我们相信，在你们探索价值工厂的过程中，它们会一一呈现在你们眼前。不过在此之前，你们还需要通过绿道从市区通往边缘、经历蛇口工业区各种潜力。价值工厂希望通过对车间、仓库、筒仓、绿地等空间的激活，重塑建筑的力量。在来到这里的路上，你们会发现，有更多的正在向创意和勇气敞开怀抱。

在价值工厂：

我们生产价值，

我们创造文化；

人们在这里能深刻体验建筑的永恒，

互相交流，共同分享。

中国与世界在这里接轨，互为镜像。

这是实验的大舞台。

第五届深港城市\建筑双城双年展（深圳）是价值工厂的第一次亮相。这是一次试镜，也是一次实践的检验。我带着极大的荣幸，邀请您欣赏它的首秀。

展场A-价值工厂
原广东浮法玻璃厂

本届双年展策展人、创意总监奥雷·伯曼严格秉持他的“双年展是一次冒险”的策展理念，通过建造一座“价值工厂”，试图为深圳带来一场真实而精彩的城市盛宴。在价值工厂里，一系列丰富的文化活动正蓄势待发，其中包括一所学院、一家设计咨询事务所、一家俱乐部、一个会议中心。来自世界各地的项目伙伴将为价值工厂倾情献力，包括国际知名的博物馆、院校、事务所、设计品牌和文化中心，如维多利亚与阿尔伯特博物馆院（V&A）、罗马21世纪艺术博物馆（MAXXI）、

OMA、Droog Design、圣保罗国际建筑双年展、麻省理工学院(MIT)、纽约现代艺术博物馆(MoMA New York)、荷兰贝尔拉格学院，以及深圳当地的设计机构。通过呈现丰富多样的活动，他们将全面激活价值工厂的生命力，伯曼的团队也将使这座前身为浮法玻璃厂的建筑改头换面——它不仅仅是为期三个月的双年展的场地，也将在今后的日子里成为城市灵感的来源，创意的发生器。

广东耀皮玻璃有限公司

OMA
AMO

EN GROWTH

城市边缘
URBAN
BORDER
UA
BB

广东耀皮玻璃有限公司
筒仓
SiLO

砂库
WAREHOUSE

场馆地图

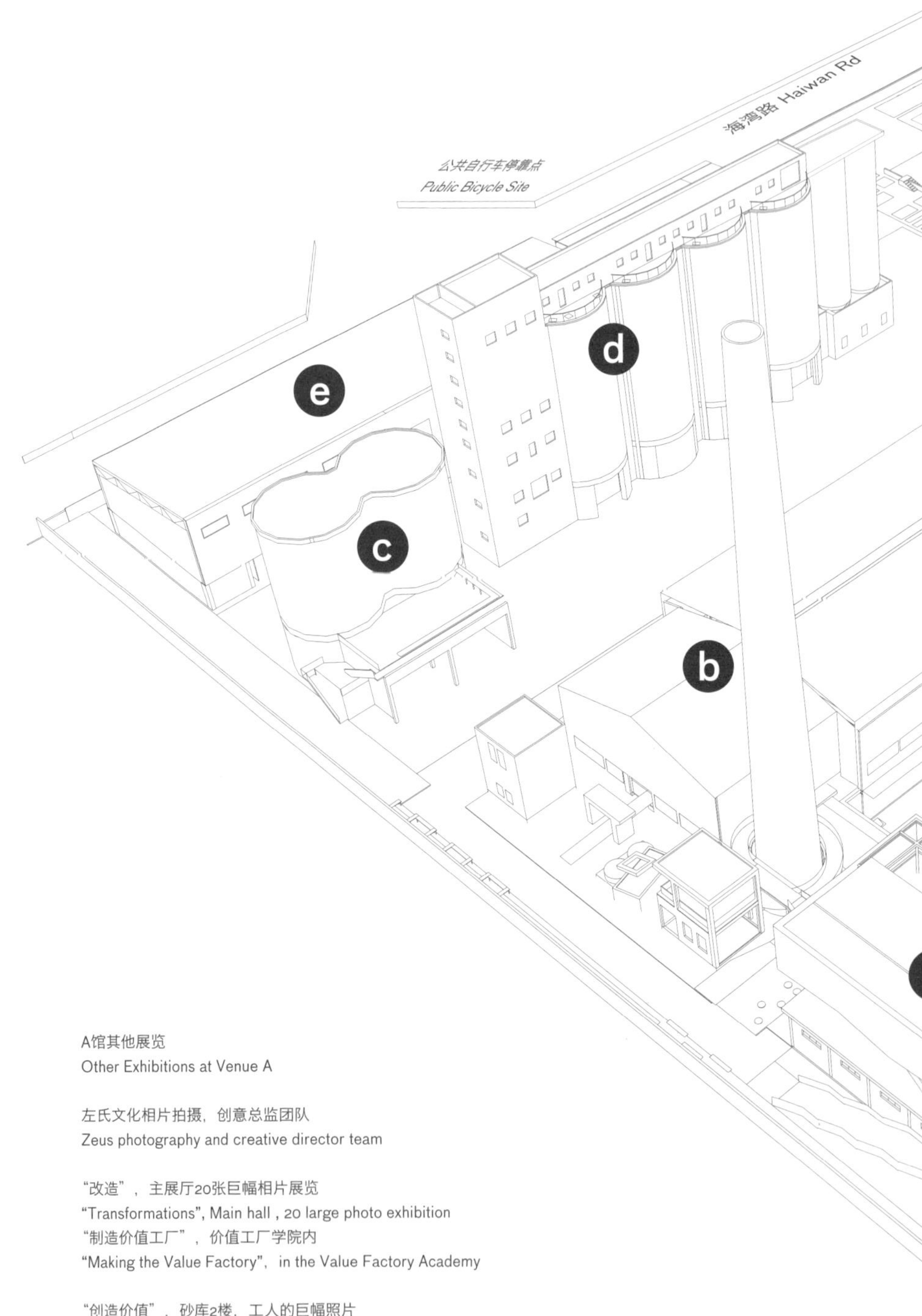

A馆其他展览
Other Exhibitions at Venue A

左氏文化相片拍摄，创意总监团队
Zeus photography and creative director team

“改造”，主展厅20张巨幅相片展览
“Transformations”, Main hall , 20 large photo exhibition
“制造价值工厂”，价值工厂学院内
“Making the Value Factory”, in the Value Factory Academy

“创造价值”，砂库2楼，工人的巨幅照片
“Creating Value”, Second Floor of Warehouse,
Large photo exhibition of the workers

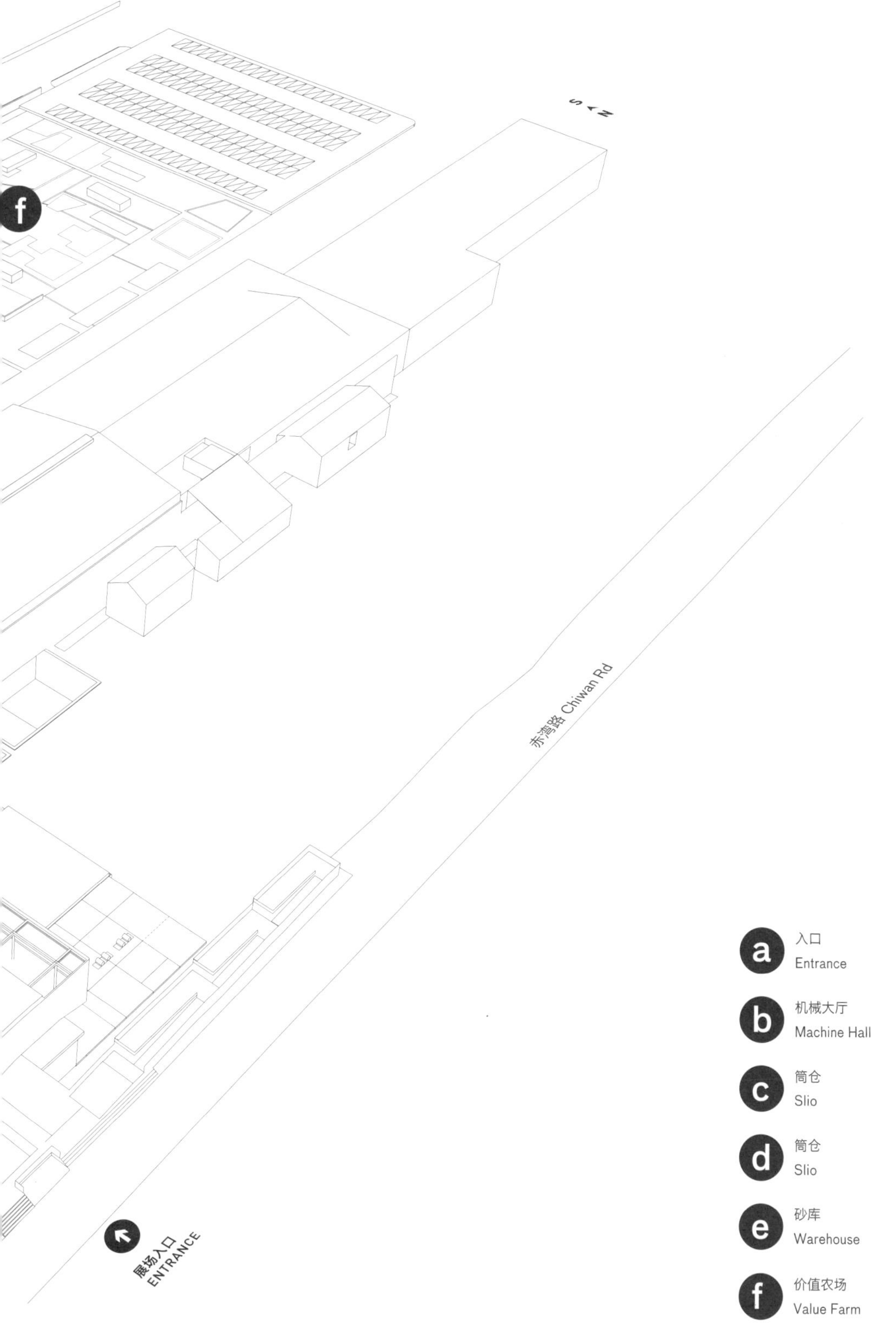

N
S
f
赤湾路 Chiwan Rd
展场入口
ENTRANCE
a 入口 Entrance
b 机械大厅 Machine Hall
c 筒仓 Slio
d 筒仓 Slio
e 砂库 Warehouse
f 价值农场 Value Farm

场馆地图

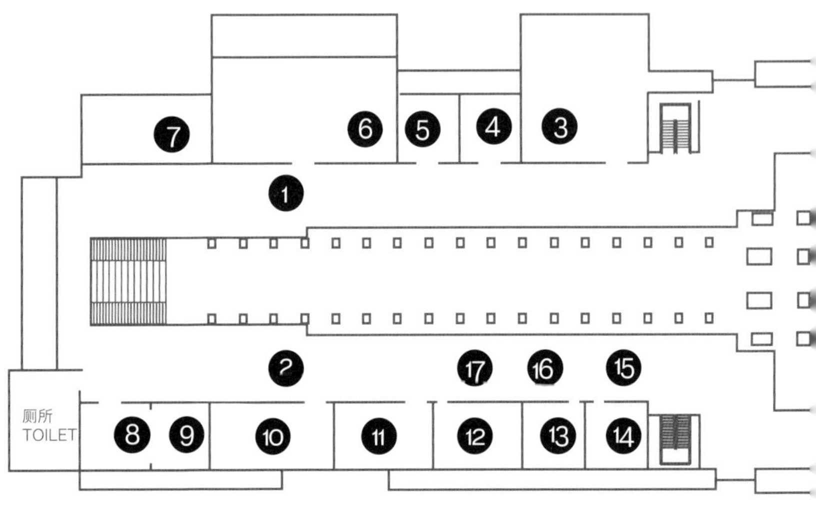

❶ 价值工厂学院

⓯ 深圳市城市设计促进中心／
熔合：SCD+X

⓰ 香港大学／
游猎深港

⓱ 国际新城研究中心INTI／
火热大浪

❸ DROOG／
深圳香港特殊材料区

❹ 芬兰建筑博物馆(MFA)／
再创造

❺ 罗马国立21世纪艺术博物馆
(MAXXI)／才华绽放

❻ OMA/
《营造法式》

❼ V&A博物馆／
快速回应征集

❽ 贝尔拉格建筑与城市研究中
"偶像之塔" 大师班

❾ 《VOLUME》杂志/Archis
Archis特邀参与活动

❿ 纽约MoMA／
差异增长：城市扩张策略

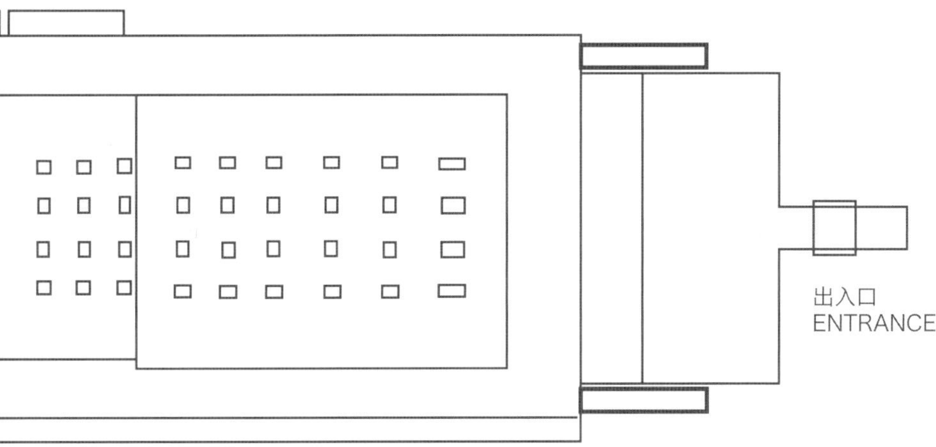

2F

11 MIT高级城市研究中心／工业建筑作为一种文化解放力量

12 Studio-X／Pop-up Studio-X

13 新研究所THE NEW INSTITUTE／我们制造

14 圣保罗国际建筑双年展／演变—圣保罗双年展

2 价值工厂工作室

其他
OTHER

价值农场/香港中文大学、香港大学

胖鸟 Fatbird / THNK /
锐态 Riptide / L+CC
密斯・凡・德罗基金会
（Funda·ió Mies van der Rohe）

宣言

欢迎来到文化特区！
不久以前，在这个特别的所在——蛇口工业区的一间工厂——年产千万吨
所有原材料汇聚于此，熔于一炉，变成产品。这些产品在你面向的这堵墙
去，这里需要一个未来。这个未来，藉由深圳双年展再生能量的激发，有
里，人类决心创造价值.
欢迎来到价值工厂！
Welcome to the Special Culture Zone
Not so very long ago, at this very place- in the heart of the Shekou
helped shape the image of the modern Chinese city. It was here that
at this factory- came together to become product. Behind the wall you
brought Shenzhen its miraculous economic growth.
This past now wants a future- and this future has a chance to unfold
tive energy. A factory where ideas are born designs are made. It is
Welcome to the Value Factory.
--Ole Bouman

帮助塑造了现代中国城市的形象。此处曾立有熔窑，厂区其他仓库的
始分赴市场，为深圳带来奇迹般的经济增长。现在，这段时光已经过
一次绽放在这间工厂。一间孕育理想、创意和设计的工厂。正是在这
——奥雷·伯曼　第五届深港城市\建筑双城双年展（深圳）创意总监
y Zone-thousands of tons of glass were produced each year which
s stood, in which all the materials- after storage in other buildings
acing, these products started their journey to the market that has
in in this factory, by harnessing the Shenzhen Biennale's regenera-
human drive creates value.
rector of 5th Bi-City Biennale of Urbanism\Architecture (Shenzhen)
小心玻璃

出于多种原因，这一届的双年展不同于以往的设置。所有特殊设施都需要每天的维护、新鲜的想法、新颖的活动和网络力量。它需要一个能提供所有这些特质的支撑基础。此外，内容伙伴项目的多样性也为学习顶级创意领导力提供了一个绝佳机会，国际知名机构的创新力可以在此被转译成精炼的学习模板。价值工厂学院正是为此而成立，旨在成为运营这一场所的永久性机构，将机遇变成向有潜力的学子开放的学习活动。借助价值工厂学院，创意总监奥雷·伯曼创造出自己的当地项目合作伙伴。学院院长即创意总监本人，如此，他的职责就从组织策划一次性展出转变为经营一个组织。双年展三个月的展期，重点不是要用掉为其准备好的一切，而是要证明该实验项目值得在以后继续存在。价值工厂学院将联合一切力量来巩固价值工厂，也希望借此举巩固自身。

关于价值工厂学院

2013双城双年展（深圳）策展人、创意总监 奥雷·伯曼

2014年1月15日

让我们跳出惯性思维去思考吧。这些天是非常普通的日子，但对于价值工厂学院，记忆还是鲜活的。一周以来，这些学员全 推翻了惯有的学习方式，他们在这里，参加了为设计和创意领导力而设的崭新学院。

作为双城双年展（深圳）的一部分，价值工厂学院延续了价值工厂过去11个月以来坚持的创意发生。它更为深入地探索了这座拥有历史记忆的玻璃厂，及其周围工业环境无数的建筑宝藏——它等待开启，蓄势待发。在深圳的边缘，它用不断发生的活动为舆论增加冲量。

它尝试与更多不同背景的人、组织、事物交流，以启发越来越多人与这一片神奇的土地互融的可能性。正因如此，这座尚在“测验阶段”的面向未来的崭新学校，已通过自身的先锋 性、独特性区别于一般建筑师曾参与过的“专家课程”。

欢迎来到完美熔合的艺术至境！

尊敬的领导、同事、媒体朋友以及其他嘉宾：

代表本届深圳双年展的创意团队，我非常自豪可以在这次冲向未来的仪式致辞，我也非常荣幸和您分享这一重要的时刻。

环顾四周，您可能会感到惊讶。这个位于蛇口中心的地方将见证另一个变化，或许和工业区创业时期一样重要。看看这些建筑的永恒之美，一座曾经极具生产力的工厂，很快成为新价值的生产者。想想建筑的力量可以融合工业和文化之间的距离，这里真是一个举办建筑双年展的完美地方。

五个月前，当我刚刚被任命为创意总监的时候，我们第一次和工业区的郑玉龙先生见面，并同双年展组委会讨论这个旧玻璃厂作为双年展展场的潜力。在对这个伟大项目感到兴奋的同时，我们也面临着挑战——离开幕所剩极短的时间、紧张的预算、技术条件、远离市区的地理位置和一些其他的问题。

但我想祝贺各位五个月以来付出的努力。

让我们现在知道这个厂在双年展期间和未来会成为一座价值工厂，并在蛇口新文化特区建设中成为关键；让我们现在知道以“轻轻触碰”的方式，新的设计会将这座工厂转变成一个充满想象力的地方；让我们现在知道这个厂将会有各种各样不同的活动，吸引着各种各样不同的观众；而且让我们现在知道，很快，很多全球知名的机构将进驻这个地方。

所以，我们有很好的理由来期盼这里会是一个令人兴奋的地方。

再次祝贺你们，并希望你们带着至关重要的勇气和决心及时完成这个项目，并漂亮地完成它。建筑师、甲方、策展人、工程师和工人同事们，我们要做的是为了证明一个奇迹是可能的。

我们花了5个月创造了这些想法，我们用余下的5个月来实现它们。让我们来见证深圳速度和蛇口精神吧！我们非常荣幸成为这个转变中的一部分。最后，衷心地感谢组委会和蛇口工业区给予我们团队信任，我们非常欣慰能为这座城市做出微薄的贡献。

价值工厂的概念设计由来自全世界的15位建筑师在为期五天的工作坊内完成。“价值工厂工作室”的展览空间就位于这座工厂的夹层，这个位置强调了它的设计过程。然而，这个展览不仅仅是对设计过程的简单展现，更是“真实的”设计活动办公空间和展览空间的混合。它作为展览具有实验性的形式，甚至可能让观众有些晕头转向，正试图拓展“建筑展览是什么或者应该是什么样子”的概念。

除此之外，策展人也希望展现价值工厂作为创意产业空间的未来潜能。通过在双年展期间激活办公空间的使用，其展览功能成为价值工厂未来使用方式的试验场。

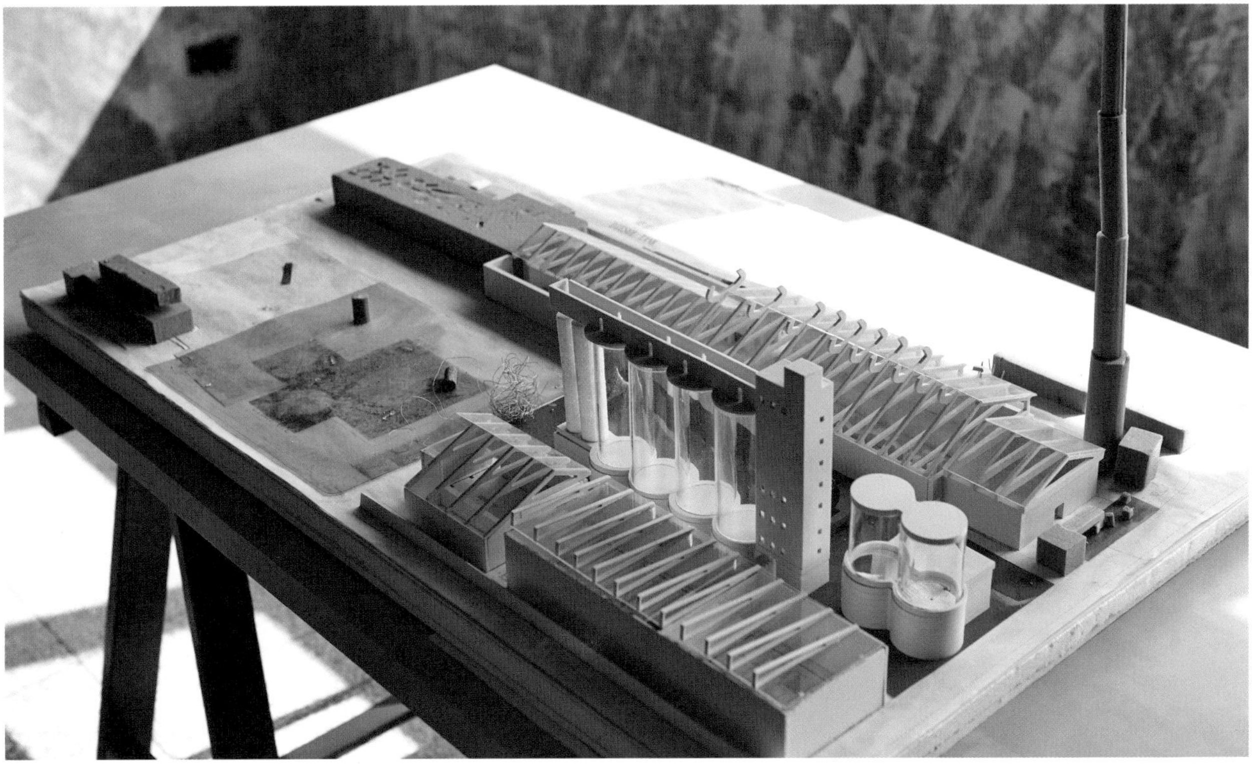

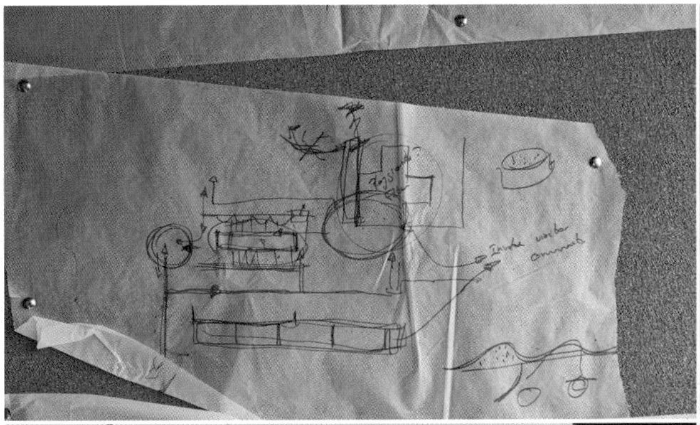

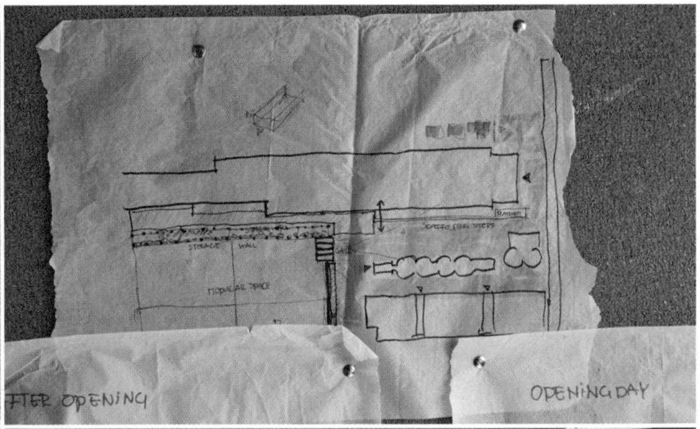
FTER OPENING
OPENING DAY

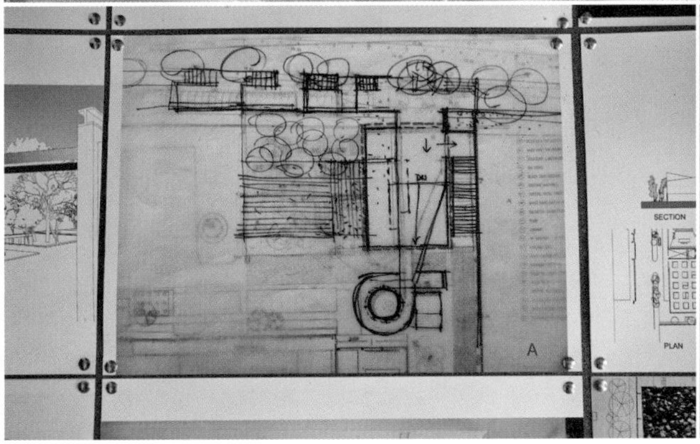
SECTION
PLAN
A

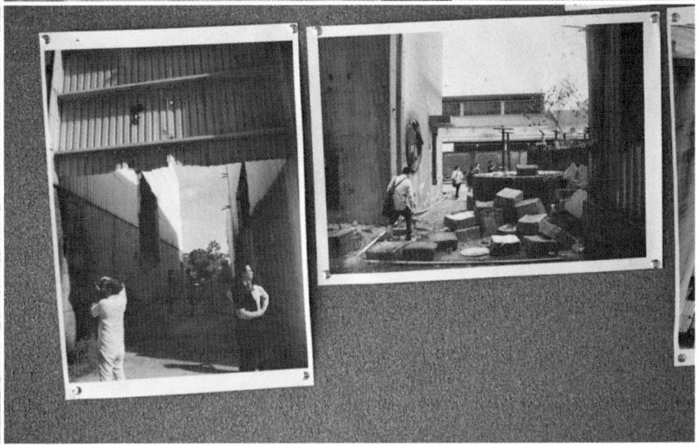

深圳香港特殊材料区

项目伙伴: Droog , TD

A3

据预测，到2025年，全球中产阶级人口将从现在的20亿增至40亿。尽管我们乐观地认为我们离“美好生活”越来越近，然而整个世界的物质资源却无法跟上渐增的需求——当然，除非我们改变我们的物质生产和消费模式。

2013年深港建筑\城市双年展上，Droog联合TD，呈现了一个构想中的“深圳香港特殊材料区”（SZHKSMZ），目的是刺激应对材料枯竭的解决方案，鼓励对材料文化的各个维度，从提取到加工、设计、生产和消费实行创新，以满足人类日益增长的需求。这个区域内包含了一组想象中的公司，它们各自以超常规的方式来应对该区的税收优惠政策，例如有的挖掘出手机里一切宝贵的部件，有的把滞销品视为可用于创造性再诠释的原材料。

SZHKSMZ是Droog工作室此前作品“物质很重要”（Material Matters，2012年曾在米兰和埃因霍温展出）的续篇，其目的是刺激因材料稀缺而引发的积极商业模式的发展，拓宽对材料文化及政策的讨论范畴。

FATS DOMINO
nijntje

A++
Marry Me!
Palm Leather
2nd hand
OFFCUTS
PLAY
THE ULTIMATE SHOPPING SIMULATOR
We provide
lifelong contra
between you
and your produ
Design: Martino d'Esposito (ECAL) for Droog, 2008

SMZ
特殊材料
SZHKSMZ
材料枯萎，思想永恒！
Materials perish, Ideas are forever!
SZHKSMZ
inventorizor
Need to save money?
Come to us!
URBAN MINING
Mining phones for all their precious parts.
Device recycling here
URBAN MINING
A salon that makes jewellery with cut hair.
Concept: Waag Society / FairPhone

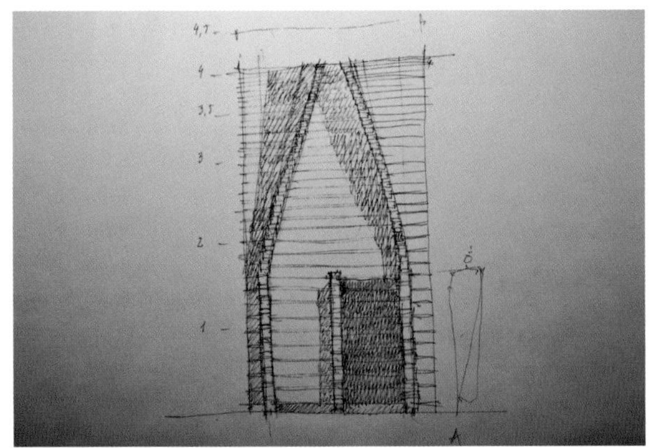

在原玻璃厂筒仓建筑空间内，Lassila Hirvilammi事务所将创造一个视觉的、实验式的木结构，形成一个三件式的装置。它将凸显筒仓建筑的建筑与空间特征，目的在于为空间赋予生命，强调其中所蕴含的历史意义及特定时期的中国文化传统。

建筑物的形成过程，总是与地域、传统构成的语境紧密联系在一起。“再造”将地域和传统的议题作为建筑物创造过程中一个关键部分来进行阐述。它以装置的形态，展示了当把一个建成结构的设计，转接到一个地域与传统意义不同的新环境下的后果。它围绕“正宗”（或原作）与“复制”（或摹本）的概念建立起一场对话，挑战二者之间的关系。它将被放置在筒仓一楼的走廊空间内，由两个木质空间物件组成：一件在芬兰与擅长传统木材处理方法的当地工匠合作完成，一件在中国与中国竹艺大师合作完成。两个木结构的实际制作及最终结果所呈现出的高水平的熟练工艺，构成了此项目的重要基础。它们反映了对工匠技艺的赞赏，以及伴随着这种技艺的原创与真实感。一部记录装置制作过程并反思当地传统现况的影像作品在“内容空间”放映，以提供更多的背景信息。

装置强调了作为空间体验组成要件的光线、声音和阴影。在与周围环境的对话中，它凸显了新与旧、粗糙与精致、光与影、低与高的对比。它是一个分阶段构成的持续过程。第一阶段呈现一座木质亭子，在芬兰以当地传统手工艺方法、采用芬兰木材制成；双年展开幕之后，它由芬兰运到中国，安装在筒仓空间内。也就是说，它从原本的创作和制作环境中被移植过来，在一个“异域的”场所示人。第二阶段于1月初完成，其中一部分由中国本地工匠运用当地传统木材处理方法现场制作。它将以自己的方式第一阶段的装置，即它是一个移植过来的复制品。它反映了中国当地的传统，使用的材料、尺度的大小均与一号亭略有差别。当地材质处理方法的痕迹在两个装置上均可见到。尽管在芬兰制作的一号亭为原版，二号亭是对它的基础，但它们都真实呈现了当地创作语境下的传统。

此项目的目的是重视当地传统的文化价值；一个是地处北欧、人口分布稀疏的芬兰，一个是地处亚洲、城市人口快速增长的中国，通过将这两地的文化传统联合起来，“再造”试图创造出新的价值。

项目伙伴：罗马21世纪艺术博物馆(MAXXI)

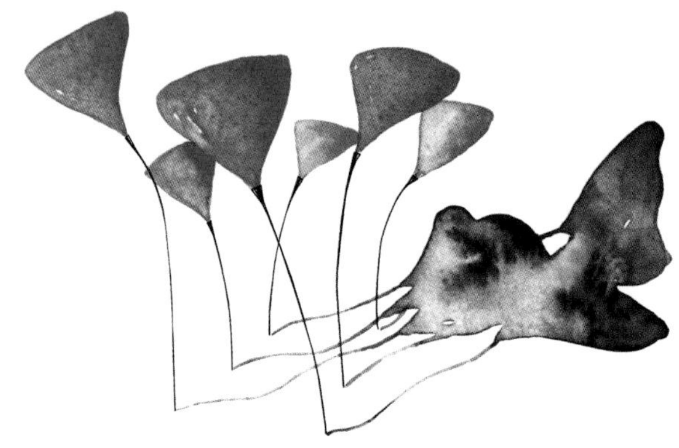

建筑的三原则

尽管我们依然在为21世纪的建筑寻找一种特定时间的方式，但我们或多或少都同意，在我们这个时代，设计与批判都需要新的范式。于是在建筑史上我们又一次看到，这种预期的转变不仅与时间相关，更多的是与空间、地理和地缘政治相关。事实上，建筑界已经越来越多地受到各种变化的影响，这些变化并非来自学科内部，而是来自经济、环境、人类学与地理方面的课题。实际上我们必须承认，至少在数量上，建筑比重的中心已经从西方国家转移到了其他区域，而这些区域很快就成为当今建筑角色与形式的批判的(而且通常是相悖的)实验场。其结果是，那些有志于研究当代建筑本质的人就必须从三个被广泛承认的概念出发：其一，环境和能量问题的作用，它们对建成建筑的特征及数量都有重大影响；其二，建筑概念本身日益清晰的表现方式，在它的历史上它再一次不仅是由实际建筑物的“骨与肉”所产生，还在于一系列替代性的灵光乍现：包括现有综合设施的再利用/再循环，以及私人和公共空间内的博物馆、展览、双年展/三年展、活动、临时“项目”等的寿命，这些都意图对社区与人们的生活产生类似“无建筑”的影响；其三，前面隐约提过，是新兴国家的快速而大量的新建筑与新城市的建设过程带来的影响，它正在逐渐改变建筑层级的地理布局(我们都记得2012年普利兹克建筑奖颁给了王澍)，也在改变大型事务所的实践策略。这三个要素一起汇聚在深圳双年展上：聚焦建筑的文化与生态力量、废弃建筑物与都市区域的再利用，以及选择深圳作为城市文化与国际性建筑群落新前沿的可能性。这些议题也是MAXXI参与本届双年展的核心事项。

我们希望带来“再循环”项目的经验和研究，它可以作为不计规模、不论地点的策略，来实践21世纪的建筑，特别是如果我们有意借鉴欧洲经验的话。我们希望展示通过博物馆YAP（青年建筑师计划）和其他计划，委托给年轻的创新团队完成的成果，借由装置、临时项目、更类似艺术作品的建筑表现等形式，为建筑成就和社会成就作出贡献。我们想为不同建筑文化之间的对话助一臂之力，把我们在价值工厂的空间变成一个开放的论坛，让发源于不同情境——特别是欧洲与远东—的实践方式在此碰撞交流。(Pippo Ciorra)

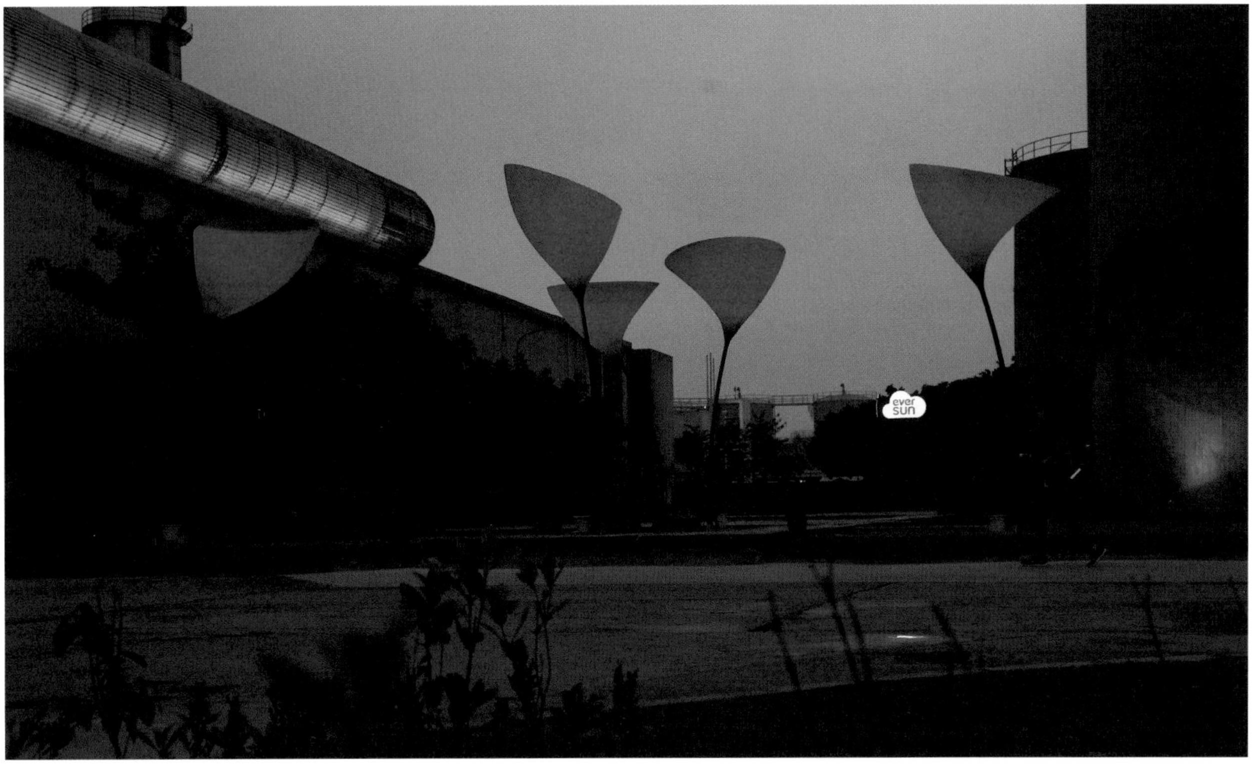
ever
sun

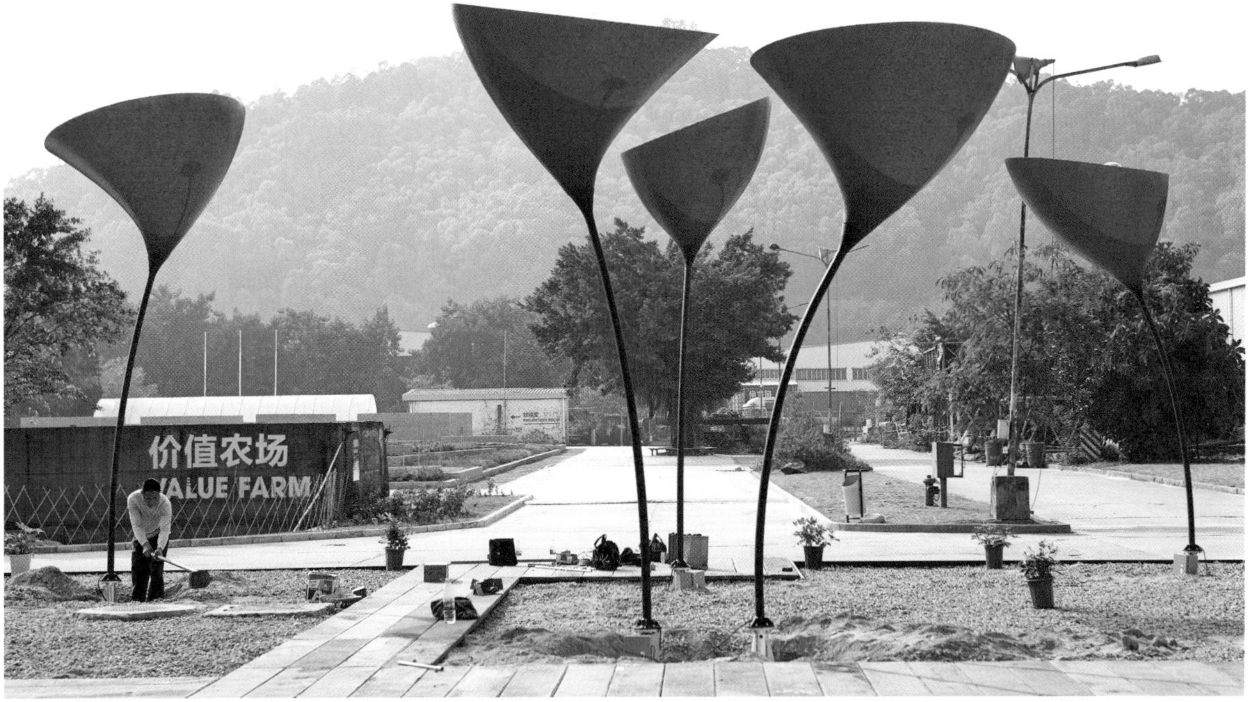
价值农场
VALUE FARM

在中国，直到20世纪40年代的3 500多年里，整个庞大帝国范围内一直传承着一套独一无二、极为灵活的建筑体系。这套体系借由“施工手册”广泛传播，从西伯利亚平原到热带的南方，以高超的木工技艺应对极端气候以及复杂的社会、权力和等级制度背景。这些论述中年代最早的版本当属《营造法式》，1103年，李诫针对它编纂了皇家修订版，用以在全国范围内改进建筑体系的成本效益。《营造法式》论述了当今全球建筑实践的核心议题：工时、尺度规模、模数化、预制，以及社会与政治意义。钢筋与混凝土的出现打断了这一传统体系的继续沿用，但它的影响依然留存在传统与现代的混合方式中，在今天的中国建筑中仍有共鸣。AMO对今年深圳双年展的贡献——同时也是为2014年威尼斯国际建筑双年展做准备，就是重新研读这本900年历史的建筑手册，就当下之状况探讨新的紧迫命题和意义。

快速回应征集

项目伙伴：维多利亚和阿尔伯特博物馆(V&A) A7

博物馆从来都是致力于收藏它们认为有价值、能代表过去的物品，为之建立起相应的目录。在此过程中，它们就创造出了自己的价值体系，并努力维持这一体系。在伦敦的维多利亚和阿尔伯特博物馆(以下简称V&A)，与都市时尚零售店里出售的牛仔裤相比，一块在工作室里制作、手工吹制的玻璃更有机会成为藏品——不论它们哪一个更能体现当世的真实生活。

对V&A新的"当代展品"部来说，本届双年展是试验场，也是机遇：他们能借此挑战上述的价值体系，并试验一种基于对当代现实观察的、新型的收藏方式。他们邀请与深圳这座城市有交集的设计师、建筑师、策展人等，去收集能把握这个城市现实的物品，并把它们带回到原广东浮法玻璃厂。这些物品应能代表深圳当下的状态：介于工业与后工业、生产与文化、商业与公共生活之间。由这些物品构成的展览将指向那些塑造深圳今日面貌的隐性力量。

V&A正在寻求一种新的收藏逻辑，一种能及时应对全球性事件的方法。依照这种被称为"快速回应征集"的新式方法，V&A收藏了世界上第一支3D打印枪支的原型(这一设计进步已经改变了我们对未来设计与生产的思考方式)，在孟加拉国拉纳工厂大楼发生倒塌导致1000余人遇难的那一周，收藏了一条廉价的Primark牛仔裤。如此作为，V&A就把围绕次大陆上的制衣工人而展开的对话，聚焦在一个不容置疑的铁一般的事实上了。与牛仔裤的悲怆相比，下面这个现实更加重要：牛仔裤是一个复杂体系的真正对象，这个体系产生的诸多后果中，包括那些工人的遇难。

在深圳，V&A联合中国学者、专家展开此一逻辑方法，希望在双年展结束之后，这些收集起来的物品会有一部分成为V&A的永久收藏(博物馆的永久收藏里包括西方世界里最重要的中国艺术与设计收藏之一)，以此来重新理解收藏在未来博物馆的使命中应有如何的作为，把我们对世界的了解建立在物的基础上。

RAPID
RESPONSE
COLLECTING
V&A

Madelon Vriesendorp
“偶像之塔”大师班

项目伙伴：贝尔拉格建筑与城市设计高等研究中心 A8

贝尔拉格建筑与城市设计高等研究中心在价值工厂的项目包括几个部分。首先是一场展览，展示2013年11月在代尔夫特理工大学建筑与建筑环境学院举办的名为“Idol Tower”的大师班的成果。此次大师班由玛德珑·弗里森多普(Madelon Vriesendorp)领衔，联合了菲利普·吉尔特(Filip Geerts)、西尔维娅·利别金斯基(Sylvia Libedinski)及马克·皮姆洛特(Mark Pimlot)。展出内容包括一系列“博古架”(Wunderkammer)，即由大师班参与者的珍奇物品组成的百科全书似的集合。配合展览，在深圳双年展前10天，记录了大师班过程的建筑编辑布伦丹·科米尔(Brendan Cormier)将作为“驻场作家”在价值工厂内工作。作为这些活动的补充，贝尔拉格研究生计划的近期成果也将予以展出。

另一项活动是在2014年1月，贝尔拉格主任南内·德鲁(Nanne de Ru)将主持一个冬季学校，针对深圳大鹏新区旅游开发项目进行探讨。作为冬季学校的一部分，贝尔拉格将专门为生活在珠三角地区的校友组织一场活动；另外，南内·德鲁会就通过建筑和城市化改善生活质量的主题，做一场演讲。

贝尔拉格建筑与城市设计高等研究中心作为代尔夫特理工大学的组成部分，是一所教育性机构，续写着其前身贝尔拉格学院的辉煌。它开设有建筑与城市设计方面的国际研究生理学硕士学位计划，辅以具有特色的演讲、展览及其他活动的公共课程，为期一年半。贝尔拉格旨在帮助建筑师和城市设计师做好准备，去迎接全球性项目的挑战，重新定义并拓展建筑环境研究、设计的方法和手段。

THE NILE METROPOLITAN DELTA
the condition of the Nile Delta in order to imagine
rapid urbanization.
The

Volume
LABORATORIUM

Archis Interventions为自己设定的宗旨，是给城市提供线索与概念，以复兴公共领域，振兴城市精神，恢复"对话才是公民生活本质"的信念。

Archis Interventions的干预行为通过"Archis特邀参与活动"来施行。它是一系列国际性活动，其形式主要由参与者决定，当地合作伙伴在活动执行中从来都是至关重要的角色，活动种类及/或发展出的项目取决于当地的环境、需求和举措。Archis Interventions在这些项目与举措上起积极促进作用。在深圳，我们将组织两场我们认为与城市及双年展主题相关的活动。

Archis特邀参与活动之#15：隐形却极真实的边界

呼应活动：探寻想法与行动。特写：双年展，Archis与你！

城市里充斥着无数起初并不可见的边界——贫富之间，种族之间，高低之间，疏密之间，简言之，它们存在于中心与外围地区之间。但是是谁、是什么定义了这些边界？它们是否存有疑问？是否隐含着内情？我们来看看蛇口与深圳的边界。

Archis特邀参与活动之#16：自建建筑

呼应活动：探寻想法与行动。特写：双年展，Archis与你！

现在的人们越来越倾向于亲自打造身边的环境，这种"自建建筑"(Self Building Building)将目前自上而下的建筑惯例，转变为一种更加灵活的、自下而上的系统。活动探讨如何建造作为个体或群体能负担得起又不至于成为违法或危险结构的建筑，探讨如何与邻居协调、与政府协作。

这两场活动由Archis与澳门圣约瑟夫大学建筑设计学院院长托马斯·丹尼尔(Thomas Daniell)合作组织。Archis特邀参与活动是在世界范围内进行的策略性干预。每项活动的形式取决于场地与人群的特点，以及响应的规模。对内容作出回应，你的回应将帮助我们决定活动的实际形式——从大规模集会到跑酷，从巡行到表演，从大型活动到快闪，都有可能。

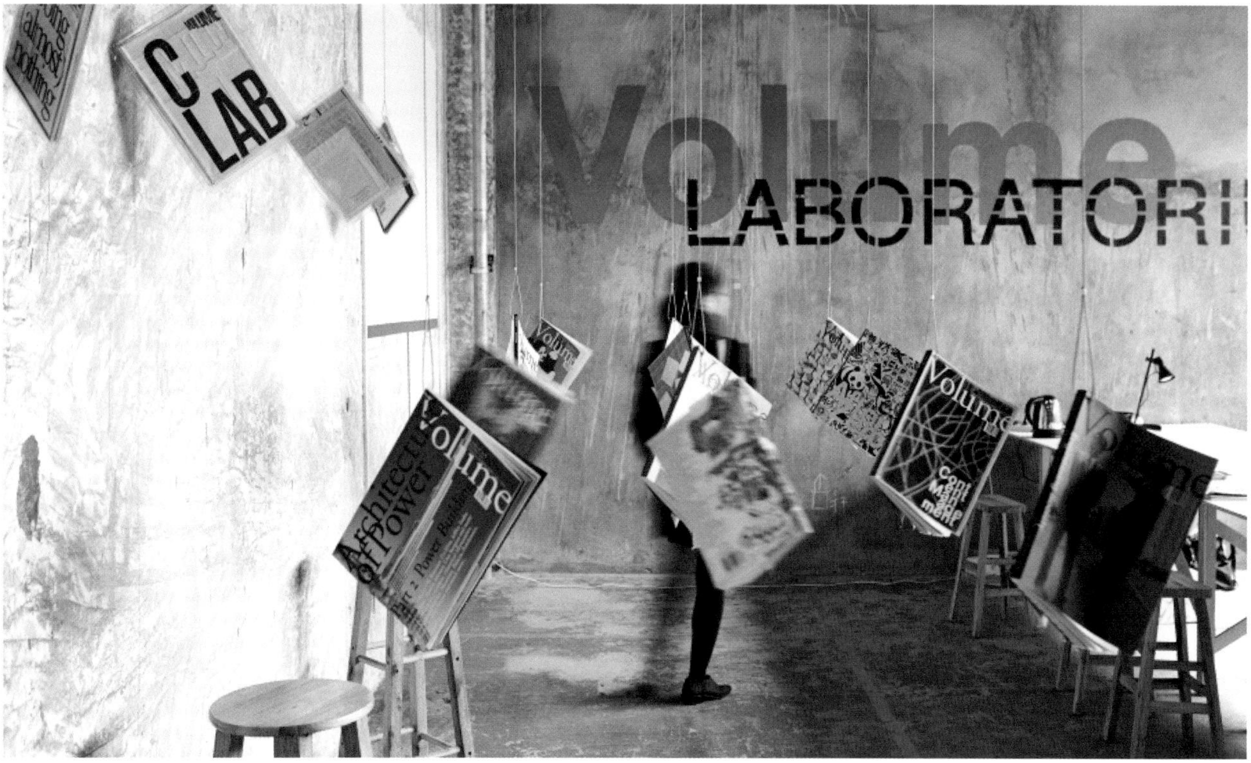
Volume
LABORATORI
C
LAB
Volume
Architecture of Power

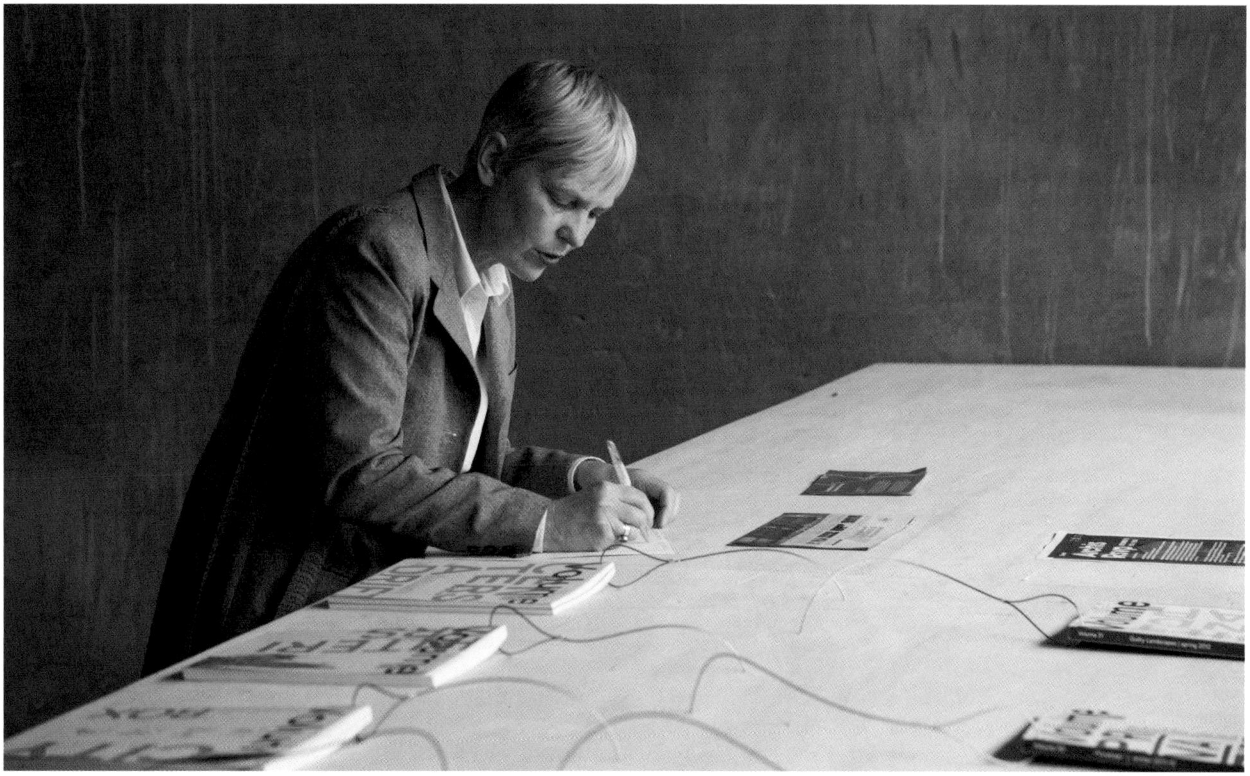

差异增长：城市扩张策略

项目伙伴：纽约现代艺术博物馆（MoMA） A10

到2030年，世界人口预计将突破80亿，其中2/3会居住在城市，而且大部分都是穷人。这种发展的不均衡将会成为全球社会面临的最大挑战之一。在今后的几年中，城市管理者、规划师、设计师和其他世界要人都必须共同努力，避免一场社会和经济的重大灾难，确保这些急速扩张的城市地区更为宜居。然而城市失衡的问题仍在加剧，我们不得不问，设计思维、建筑和其他城市实践怎样才能加入这一讨论，为人们的日常城市住居作出有效贡献？

MoMA认为，需要拓宽世界主要艺术机构的责任范围，以便帮助理解即将发生的文化变化。为此，作为MoMA“当代建筑议题”系列的第三次讨论，“差异增长”项目邀请了建筑设计师，来共同反思：“战略城市化”的出现形式如何才能应对全球急速且不均衡的城市发展。来自五大洲的研究与从业人员组成国际团队，探索并生成项目，通过“设计场景”，面向更广泛的公众公开讨论，他们提议转变建筑师和设计师今后要面对城市演变时所担当的角色。

“差异增长”将在全球范围内组织工作坊，2014年11月将在MoMA举办一场成果展。它的关注点在于，面对愈发随意的增长，国家干预能力似乎在减弱的同时，新的设计倾向如何能成为对眼前城市化问题的潜在回应。项目的工作坊、展览和出版物同时也将关注一些相关问题：当前的城市开发如何能激发新的空间创造力？城市的随意性如何能成为知识来源？“设计思维”如何为社会各阶层的城市居民赋予权利？萎缩的资源及其不均衡分布会如何影响这一设计思维？

项目过程将有部分在本届深港双年展上展出。整个项目过程强调将现有城市化的战略形态视为“设计工具”，这种工具，若从广义的范围来理解，能够充分应对城市环境里面临的诸多问题：公共空间、住房、流动性、空间正义、环境条件等等。如此，参与项目的“合作体”就是在挑战目前关于如何为主要城市领域的居住者进行设计的设想，并针对性地提出解决方案，这些提案彻底改造了我们对城市发展的正式与非正式、由下而上与由上而下、日常或是专业需要的思维方式。

MoMA对各城市差异化增长的研究，上图从左至右（顺时针）依次为：纽约、香港、巴西Rua和孟买。

项目伙伴：麻省理工学院高级城市研究中心

MIT高级城市研究中心(Center for Advanced Urbanism)提出了一个针对工业结构融入社会的假设。通过内置与再占用过程，建筑慢慢将新的价值、形式与符号渗入了原本墨守成规的城市秩序中。由于当初并非为了人文或文化用途而设计，这些建筑物呈现出一种异化感，而这构成了一种从约定俗成、陈词滥调与传统中解放出来的形式力量。也就是说，这一假设暗示着，工业结构在社会摆脱自身教条中扮演着重要角色。

高级城市研究中心的工作人员选出了一些近期的项目，涉及手工艺品与工业遗产基础设施的“后制造”未来，我们从工业建筑类型中认识并内化了这些项目融入的方式。这些项目包括：

Antón García Abril — ENSAMBLE事务所 — 读者之家 - 西班牙，马德里市；

Alan M. Berger — P-REX and P-REXlab — “大盒子生物燃料” — 马萨诸塞州，剑桥市；

Alexander D' Hooghe – ORG - 比利时阿塞市“大盒子” - 马萨诸塞州，萨默维尔市；

Adèle Naudé Santos - Santos Prescott and Associates - Naudain Street Loft — 马萨诸塞州，萨默维尔市；

Nader Tehrani - NADAAA Inc. — 丹尼尔斯建筑/景观/设计学院 — 马萨诸塞州，波士顿市；

Brent D. Ryan — 汽车王国的终结：底特律汽车制造业格局的衰亡 — 马萨诸塞州，剑桥市；

每一个项目都被转化并在概念上简化为原型策略，最大限度地利用固有的自由性与不确定性进行再占用，定义工厂地面的布局。因此“基础设施”本身呈现为一片连续的柱状排列，形成不偏不倚、无拘无束的帆布覆盖结构，使公众可以使用和了解，同时也在邀请公众参与和帮助地上原型物的排序与聚集。换言之，工厂建筑物固有的灵活性将得到尽可能最大化的使用，以期设想并呈现出一系列完全水平、形态自由、无拘无束、好玩的建筑，在工厂建筑未被恰当使用时，就已发现和确定了此种建筑类型中蕴含的解放潜能。

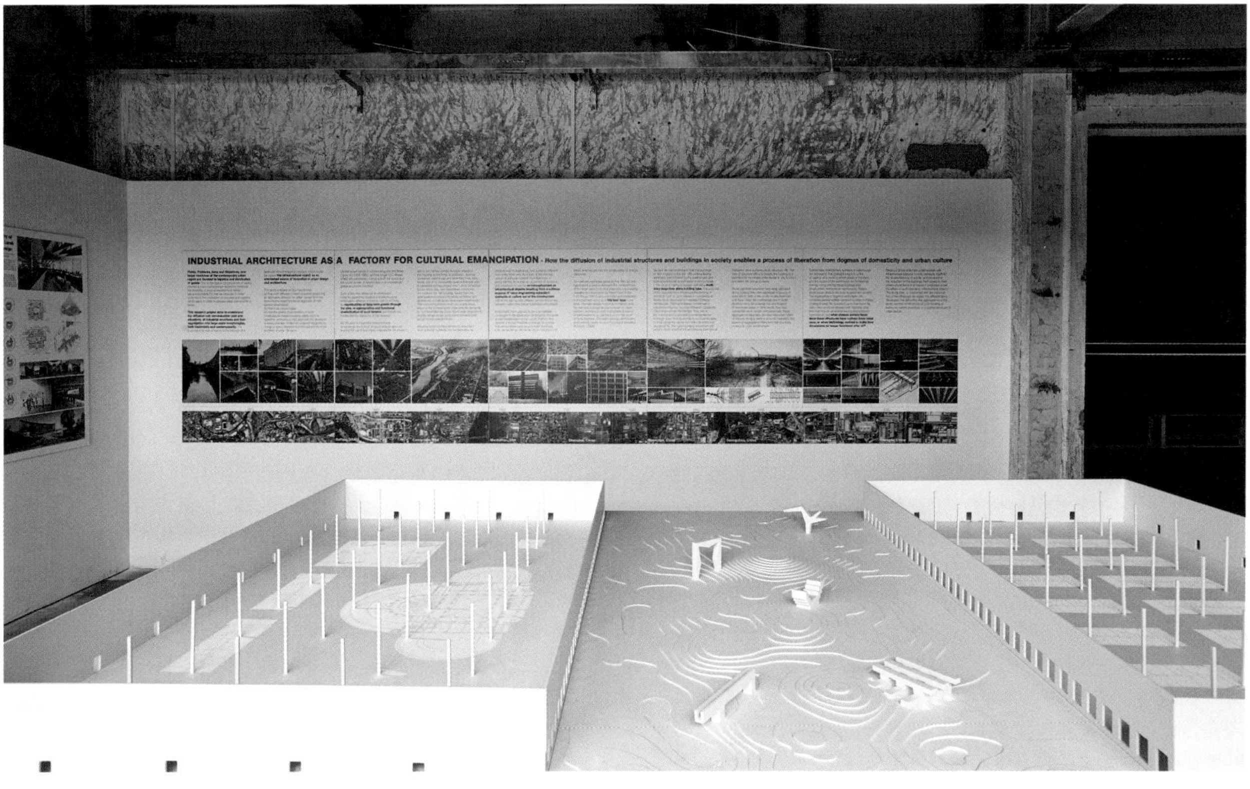
INDUSTRIAL ARCHITECTURE AS A FACTORY FOR CULTURAL EMANCIPATION - How the diffusion of industrial structures and buildings in society enables a process of liberation from dogmas of domesticity and urban culture

POP-UP, STUDIO-X深圳

项目伙伴：Studio-X，哥伦比亚大学建筑规划及保护研究生院 A12

Studio-X全球分布图

Studio-X于2008年在纽约市区成立试点项目工作室，如今它在全球已拥有八个颇具影响力的实验室，通过研究、活动、展览、跨学科实验与合作，探索建筑环境的未来。

这些实验室地处纽约、北京、安曼、孟买、里约热内卢、伊斯坦布尔、约翰内斯堡和东京充满活力的市区核心地段，使Studio-X成为第一个真正的全球网络，就我们这个世界所面临的最迫切问题进行新型对话。

每个Studio-X都因其所在环境而富有活力，并试图通过鼓励和启发当地的、区域性的和全球的社区来给予回报。Studio-X形成了一种新建筑，使区域性领导城市之间的项目、公众以及想法可以实时交流。它让哥伦比亚大学最优秀的人才可以和拉美、中东、非洲、东欧及亚洲最出色的同行一起共同思考。该网络已密集开展了多次活动，不同中心点之间的相互连接正成倍增长。随着全球网络不断进化，第一个全球智囊团研究城市未来的梦想已经实现。

在本届双城双年展，深圳临时Studio-X 在整个区域内探索、展览并鼓励全球或地方的深化讨论，形成思考与共享的新模式。2014年1月，在双年展展场举办了“跨边界教育工作坊：分享的建筑”，来自香港中文大学建筑学院的近100位学生参与了工作坊，以“网络地图”(Networked Map)的形式探讨当前急速城市化、城市转型背景下的城市问题。

"THERE ARE INVISIBLE LANES IN THE SKY, SOME SHIFT WITH THE CLOUDS, OTHERS MATERIALIZE IN THE OVERFLIGHT."
HAD INEVITABLY DEFINED AN INSIDE, OUTSIDE, AN UP AND DOWN."
POP-UP STUDIO-X SHENZHEN
"WE IMAGINE THE CITY AS AN ENGINE OF GENEROSITY; AS AN ARCHITECTURE OF SHARING
"WE ARE MOVING, NOT VERTICALLY, HORIZONTALLY, UPWARD OR DOWNWARD, BUT AT A SPEED OF NEARLY 30 KILOMETERS
SEEMED TO BE RELEVANT ONLY TO DETERMINE OUR TIME ZONE. NOW IS HERE, YET IS ALSO NOWHERE.

"THERE ARE INVISIBLE LANES IN THE SKY, SOME SHIFT WITH THE CLOUDS, OTHERS MATERIALIZE IN THE OVERFLIGHT."
"WE IMAGINE THE CITY AS AN ENGINE OF GENEROSITY; AS AN ARCHITECTURE OF SHARING."
"OUR GEOGRAPHIC LOCATION SEEMED TO BE
OUR TIME ZONE. NOW IS HERE, YET IS ALSO NOWHERE."

项目伙伴：新研究所

荷兰的国家级创意产业研究机构“新研究所”(The New Institute)邀请了“移动城市”(The Mobile City)研究团队，来帮助其在中国与荷兰的建筑师、媒体制造商和设计者之间，开展一次关于智能城市理念、空置工厂重新规划的持续对话。来自荷兰的参与者包括新媒体艺术家桑德·汾霍夫(Sander Veenhof)、来自Monobanda游戏工作室的尼基·施密特 (Niki Smit)、以及OSCity (开源城市)的马克·凡·德奈特(Mark van der Net)。他们将与中国同行探索新媒体技术在参与价值工厂这类工业遗产重建上的应用。

“我们制造”旨在通过展览、对话，与创意人士在网络文化、设计、建筑与规划方面的合作，推动双方文化与知识的交流，促进市场关系的发展。在中国，对于老旧工厂的有效改造是一项巨大的挑战，它所面临的形势似乎比其他任何地方都要严峻。究其原因，一部分是因为中国国内现存大量重工业、手工业的厂房，其他因素还包括国际经济需求的浮动、工作与环境相关法律的变化、极高的劳动力流动性等等，这些都要求建筑具有灵活的适应性，并且进行高效的所有权交替。

同时，和其他地方一样，中国的城市已经被数字技术所覆盖，包括移动电话、无线网络、射频识别卡、手机游戏、地理位置服务等等。中国所面临的挑战在于，如何将这些数字媒体技术应用到工业遗产改造这样的集体性事务当中，并提升人们对于这些地方空间、功能与社会特征的认知。

“我们制造”在中国及其他国家举办关于智能城市的讨论，将“所有权”作为一种设计手段，推动智能城市与社交城市的发展(见http://virtueelplatform.nl/ownership)。这里的所有权并非是一种独占性的物权，而是更广义的，包括城市人口对于城市空间、同城居民与复杂城市事务的责任感。我们应当如何采取(暂时的)智能媒体手段，促使人们进入城市建造者与所有者的角色，不再袖手旁观？荷兰与中国的设计师在北京、深圳与荷兰合作一个为期半年的项目，在新媒体产品与社会化设计方面进行创新，唤起人们对于老旧工厂的兴趣与归属感，引导他们感觉到，自己是这里的主人翁。

2013年9月，在中华世纪坛数字艺术馆的协办之下，“我们制造”项目于北京设计周上亮相。项目召开了跨领域的研讨会，并在首钢旧址举办了为期两天的工作坊。在深圳，“我们制造”项目通过开放的工作模式，将设计过程变成了一项公众活动，对广东浮法玻璃厂的前身进行了一系列改造，这家工厂作为第五届深港城市\建筑双城双年展(深圳)的场地之一，本身也是一件精彩的展品。

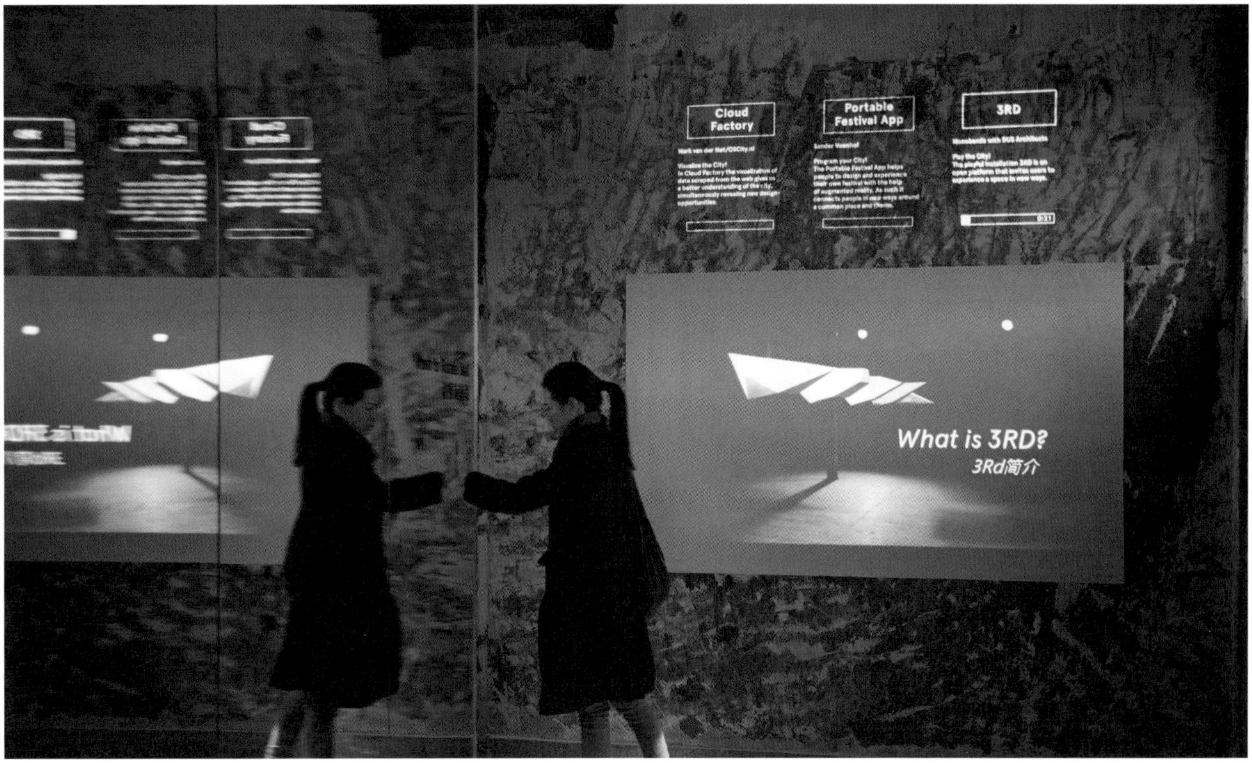
Cloud Factory
Portable Festival App
3RD
What is 3RD?
3Rd简介

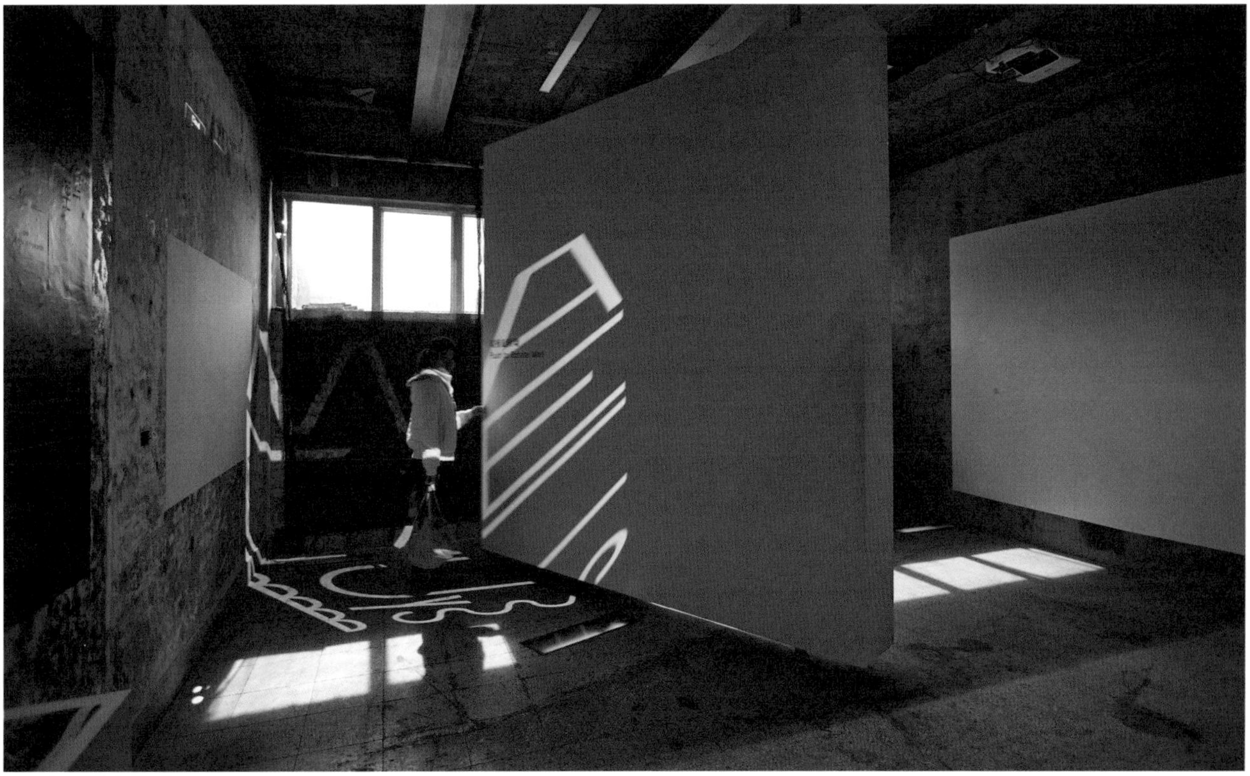

圣保罗建筑双年展聚焦于正在经历深刻转型过程的当代城市的形成和运用模式，特别是巴西城市，质疑过去十年在经济、社会和政治方面的力量，目标是为未来的选择和价值提出问题。

在深圳双年展期间，圣保罗双年展将提供一个平台，把巴西城市（特别是中型城市，重点为巴西北部与东北部）与世界其他城市环境相比较，来进一步讨论城市转型中出现的问题。这一发展伴随着一种实现快速增长、克服世界体制危机的经济政策。

展览假定这一在过去十年里实施的政策已经形成了从空间上影响疆域的过程。那么，我们所说的是哪些过程呢？

1. 基于消费而非生产的快速经济增长。2012年GDP的正向增长归因于农业、畜牧业及矿业活动，它们极大改变了以往缺乏活力的小型城市的面貌。

1-1. 东南部地区之外与全球出口生产工业轴心相连的新型全球分散行业。

巴西东南部地区传统上集中着工业生产行业。近来国家强化市场国际化，也称为全球化；度过了之前作为工业基础的制度累积的危机；经济代理商带来日益增长的可能性，通过提高金融领域的资金来增加其资产。

1-2. 机械采矿企业，因其在内陆城市缴纳的税费使城市GDP快速增长，而此前内陆城市一直被认为经济不够活跃。新运输设施的连接使这种快速转变成为可能，使内陆城市可以接收这类工业生产业务。

1-3. 商品农业经济受到国际出口市场与相关大宗农产品转变的剧烈影响。

2. 主要能源与运输基础设施，其规划力图将生产流程基础设施分散。工业生产的分布流程与基础设施过去都集中在东南部。

基础设施规划目前面临集中在东南部的问题，正努力促进生产流程与基础设施在全国的新定位，主要是矿业与农产品出口生产。从理论上说，结果将是进入东北、北部与中西部地区的新的生产区域化。

我们想要探索的一类能源生产基础设施就是贝罗蒙特水利发电大坝（Belo Monte Dam），特别是这项工程在帕拉州阿尔塔米拉市的影响。目前正在建设的贝罗蒙特大坝项目是要建一座辛谷河水库，它将成为世界第二大水坝（仅次于中国的“三峡”）。工程约动用2万名工人。水库排水的过程要经过渔民活动区域、河流沿岸和土著地区，在很多方面影响了这些地区的人口，需要对他们重新安置，将可能影响到土著居民的生计。

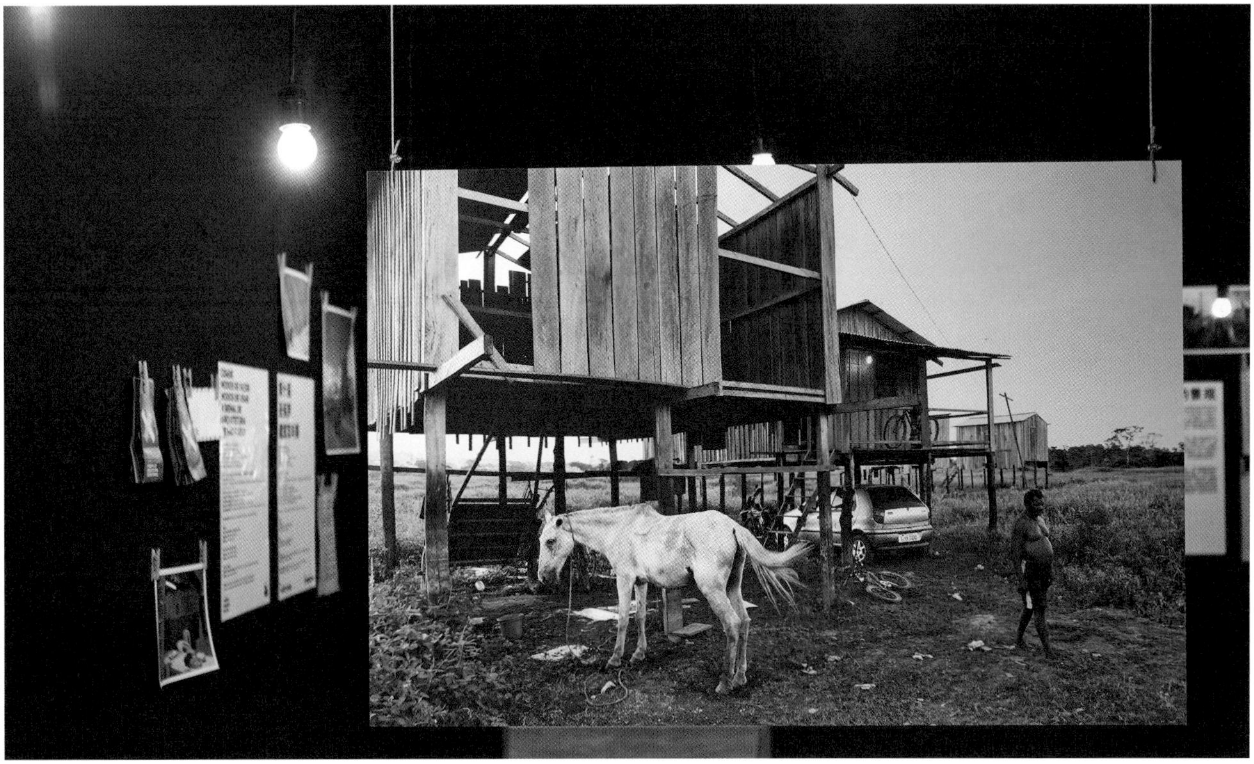

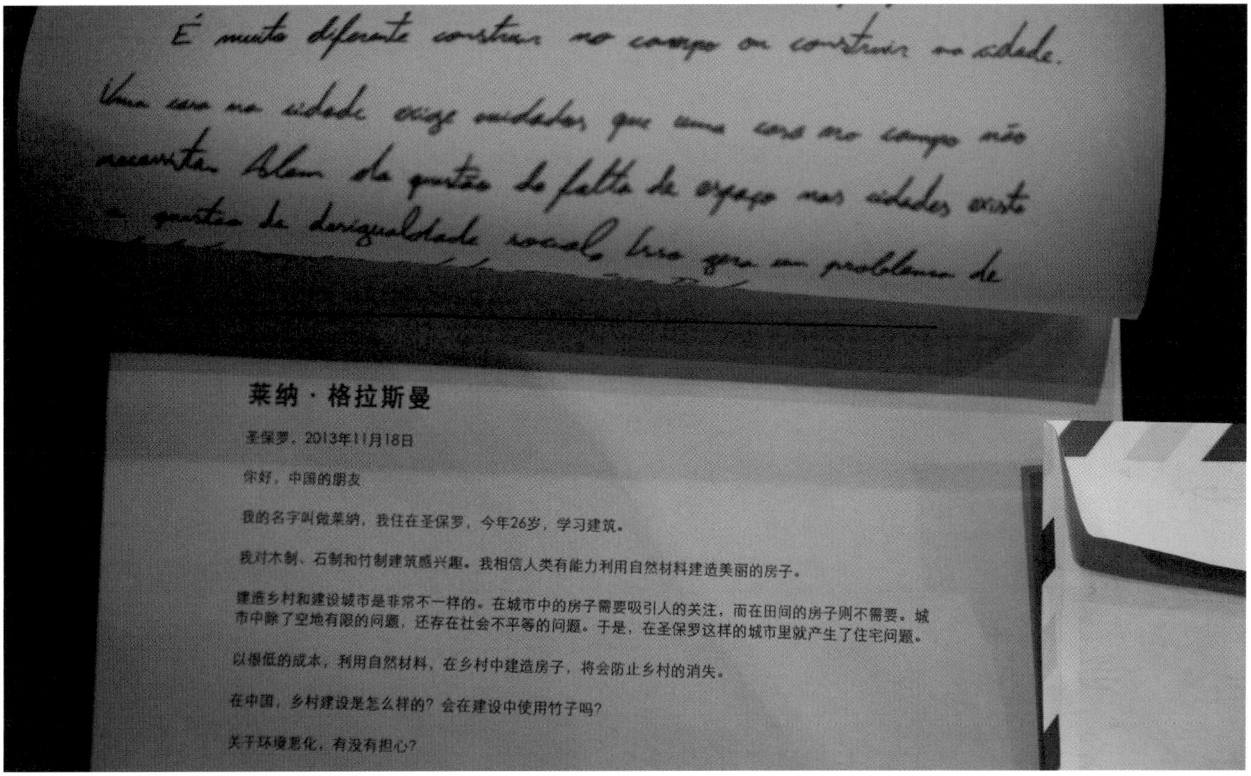
É muito diferente construir no campo ou construir na cidade.
Uma casa na cidade exige cuidados que uma casa no campo não
necessita. Além da questão da falta de espaço nas cidades existe
a questão da desigualdade social. Isso gera um problema de

莱纳·格拉斯曼

圣保罗，2013年11月18日

你好，中国的朋友

我的名字叫做莱纳，我住在圣保罗，今年26岁，学习建筑。

我对木制、石制和竹制建筑感兴趣。我相信人类有能力利用自然材料建造美丽的房子。

建造乡村和建设城市是非常不一样的。在城市中的房子需要吸引人的关注，而在田间的房子则不需要。城市中除了空地有限的问题，还存在社会不平等的问题。于是，在圣保罗这样的城市里就产生了住宅问题。

以很低的成本，利用自然材料，在乡村中建造房子，将会防止乡村的消失。

在中国，乡村建设是怎么样的？会在建设中使用竹子吗？

关于环境恶化，有没有担心？

项目伙伴：深圳市城市设计促进中心　A15

“熔合”是浮法玻璃制作过程的一道重要工序，是将各种原料混合加热、发生化学反应、产生新物质的过程。

深圳双年展是一个探讨和解决城市问题的平台，今年的展场“价值工厂”是策展人将停产的浮法玻璃厂重新启动来生产创意的地方。深圳市城市设计促进中心SCD获邀作为内容合作伙伴，试图在价值工厂中探索新的“熔合”反应：如果作为开放平台的SCD，邀请伙伴X——如政府成员、开发商、专业者、公众及NGO机构等——把他们关心的城市问题带到双年展价值工厂中，进行搅拌、催化、加热，在双年展的学术气氛催化之下，会发生什么化学反应？生产出什么价值工厂新产品？这一熔合过程可用以下公式表示：

(SCD+X)×U=V

其中U=UABB双年展，V为输出产品价值。

成立三年多的SCD一直以跨学科和开放协作的态度，来探索其能够影响和提升城市宜居品质和可持续发展的工作方法。结合这一段时间所委托或接触的城市课题，SCD计划在双年展展览期间，在价值工厂展场内，以SCD的四种创新活动品牌和格式，组织四次“熔合”活动：

1. 酷茶Cool Chat：深圳的边缘社区；
2. 深圳竞赛DCS：描摹边缘新区大鹏半岛的未来；
3. SCD工作坊：用积木搭建多地面城市Multiple Ground City；
4. 设计与生活D&L：较场尾民宿建筑小旅+综合整治研讨会。

同时SCD还会将所负责的玻璃厂内容合作区开放出来，破除人为边界边缘的限制，邀请愿意到双年展来讨论问题的X伙伴们，共同举行活动。这些活动会陆续通过新媒体和现场进行预告。“熔合：SCD＋X”所有活动过程及出品都会在价值工厂展示，所有X伙伴们都会以项目协作伙伴的方式标注出来。

“游猎深港”是一次探索香港东铁线和深圳罗宝线周边生态的自助游。东铁线和罗宝线穿梭于蛇口港和维多利亚港之间，途径多种多样的城市生态系统，线路两旁是红树林、城中村、深圳沿河的渔场、边境市场以及一片片位于高处的鸟巢。“游猎深港”项目向观众展示了声音和地图资料，表达了城市生态系统的复杂性、生物多样性、冲突与潜力，相关内容可在www.safariSZHK.org查询，并为个人用途、游猎深港团队组织的团体活动提供下载服务。

全球可持续发展、农村人口向城市的大量迁移、食物与淡水资源危机、碳排放过量，都是如今炙手可热的话题。有一点已经毋庸置疑：城市与公共交通才是我们的未来！可持续发展不仅仅关乎高科技策略，而是在于认识并梳理环境、健康、商业、土地使用和人类与动物行为之间的关系。假如我们的世界只剩玻璃摩天楼，没有了翱翔在周围的鸟儿，那将是多么难以想象？如果植物不再有辛勤的蜜蜂和蝙蝠为之授粉，它们该怎么办？我们的食物能从哪儿来？没有了丰富的动植物种群，我们的公共空间又将多么枯燥乏味？

“游猎深港”邀请深圳和香港的居民加入，研究这座城市是如何以出其不意的方式繁荣起来的。对于相关地区城市生态系统的调研将以大尺寸图片和音频装置的形式，在双年展香港展场展出。旅行的记录载体——地图和音频，可以通过智能手机和MP3播放器在地铁站进行下载。双年展的观众可以在这一场“自助游”中，在乘坐公共交通或收听在线广播时，与深圳展场进行连线。通过这些方式，搭乘日常公共交通的乘客也成为双年展的观众。

“游猎深港”是香港大学建筑系、哥伦比亚大学城市景观实验室、MTWTF工作室的合作项目。香港大学的学生与研究人员由杜娟教授带领，由哥伦比亚大学城市景观实验室的Janette Kim担任顾问。其他顾问还包括相关大学建筑景观项目的成员。

“游猎深港”是Safari7系列活动的第四站，这一系列于2009年始于纽约，在2011年来到北京，2013年来到圣保罗。游猎内容遍布公共交通网络，合作方包括2010年的纽约交通运输管理局，以及2011年的北京地铁。关于Safari7的更多信息，请访问：www.safari7.org

设计中心
是什么?
1995
2005
2013

海豚湾
The Cove
'Micro' Urbanism
Mudskippers
Dragonfly Mirage
Dens at the Edge

QIAOCHENG EAST - 僑城東

彈塗魚

Mudskippers

The Mangrove Seashore Ecological Park was once a beautiful mangrove zone before 1980. However, many mangroves died rapidly due to the reclamation after the civilization of Shenzhen. In 1999, the area of the park was supposed to be a part of infrastructure of the Binhai Mainroad, but the Government realized the importance of the conservation of mangrove. Therefore, they decided to set back the road 200 m to the north. As west side of the site was reclaimed, the government transformed this reclamation land to an ecology park and aim to provide a living environment and food supply.

PODCAST : by WONG Kinman.

As the Mangrove Bird Nature Reserve is forbidden for the human activities, the mangroves grow well itself without disturbance.
The Mangrove Bird Nature Reserve has been recorded more than 180 kinds of birds, 20 kinds of which are international and domestic protection of rare species. In each year, the white piano Heron and other 189 kinds, approximately 100,000 migratory birds stop here to rest for southward migration during winter.
The fishermen use the bamboo for fixing the sand bags which aim to making a barrier to defend the ownership of lot boundaries. However, this method made the area, which is behind the sand bag barrier, become too dry for mangrove growing if the level differece between the sea and the land is more than 600mm.
PEDESTRIAN
(STONE TILE)
GREEN AREA
(SOIL)
CYCLE TRACK
(CONCRETE)
RETAINING WALL
(CONCRETE)
(ROCK, SAND & MUD)
BARRIER
(BAMBOO & SAND BAG)
(MUD)
RETAINING WALL
(CONCRETE)
HELP !!!
HELP !!!
Detail of mud fish and crab cage
Cage entrance

Concrete construction for reclamation

As the retaining wall and floor are hard landscapes, this set a boundary to forbid the mangrove growing more inner.

Besides, the sewage water outlet makes water pollution at this area, such as heavy matel:Cr, Ni, Pb, Hg, Cd. This may be one of the reasons to make the mangrove cannot grown well.

However, Mangrove have their ability to increase their anti-oxidization system for strengthen the resistance against the

Shekou Port— 蛇口港
海豚灣
The Cove
Intelligent white dolphins, usually played in groups in Shenzhen Bay before the Shekou Peninsula reclaimed from the sea. Unfortunately, the fresh environment disappeared with the intervention of human activities and the increasing urban construction. I Intend to describe changes about Shekou port in the past 4 decades and reflect issues in different industrial stages through the perspective of dolphins. After that, seek a way to keep balance between nature and industrial.
S3-DREDGING
S2-EXPLODING
S1-RECLAMATION
DOLPHIN
DEATH
S4-NOISE
MECHANICAL
SOUNDWAVE
S5-OVERFISHING
S6-WASTE
INDUSTRIAL
[Scene-3] Dredging
The dredging operation of the sea sand for the construction badly affected the local ecological environment. Fishes, prawns and sea weeds would be dragged away during the operation.
[Scene-5] Overfishing
Overfishing year after year leads to extinction of species. There is not enough food for the white dolphins, and sometimes the prickly nets could hurt them badly.
As an important harbour, thousands of vessels scudded across the Shekou port every day, which disturb the dolphin's peaceful life. The mechanical noise influences their echolocation system and some are even hit by barges.
il-spill happened nearby brings harm to their health, which destroys their respiratory system. The original homes have disappeared, as a result, they can only choose to leave or die.
In the original ocean system, the wave will wash the silt to the shore. But after reclamation and industrial construction, the border of coastline is extended to the intertidal zone so that the silt will accumulated along the shore.
[Scene-6] Waste
The normal ecological activities of white dolphins are interfered by the massive industrial waste which is

火热大浪：来自大浪社区的轮滑、舞蹈及音乐表演

项目伙伴：国际新城研究中心

大浪社区位于深圳市中心以北的龙华新区，拥有44万新移民。这里的居民具有显著的流动人口特性和年轻化特色，98%的居民来自中国其他地区和城市，半数的外地务工人员年龄在20到29岁之间，只有6%为40岁以上。

正如深圳其他地区，大浪目前正着力提高工业和城市基础设施水平，但是针对打工者的社会文化活动及公共设施匮乏的问题比较明显。由国际新城研究中心发起，香港大学、中国脑库以及荷兰阿姆斯特丹大学参与的研究项目发现，大浪地区的开放式文化使得该地区自下而上的市民活动蓬勃发展。这种现象由流动人口的混合构成、年轻化的社会以及起远程辅助作用的政府促成。

文娱活动的形式和深圳居民的要求正迅速发生变化，尤其是那些想自我发展、学习新技能和找到更好工作的年轻人。大浪政府努力回应这些新的需求以创建可持续性发展社会。政府资助了一个拥有17名全职社工的社区服务中心，由此扶持4个负责教育和文娱活动的志愿者小组。

劳动人民广场是这些活动的主要场所。2007年政府投资建设了该广场，为当地居民提供一个休闲场所。每天晚上和周末都有上百名群众到这个广场来滑旱冰、跳舞、唱歌、打麻将、打羽毛球，或者参加比赛、义卖活动以及饺子聚餐。

当地轮滑用品店和音响店的店主是组织大浪劳动人民广场上的各种文娱活动的关键角色。他们与当地志愿者组织有着密切的联系，但是他们组织活动更具独立性。他们通过活动建立起了一个广泛的社交网络，同时也为群众提供音乐和轮滑教学，因此轮滑、跳舞和音乐是大浪地区年轻打工仔的重要文化生活。这些活动使他们能够接触同龄人、结交朋友，扩展原来狭窄的社交圈子，扩大工作机遇，提高交流能力，获得更多的自信，以及享受空暇时光。

国际新城中心邀请这些店主参与“价值工厂”项目。该项目将展示由打工仔构成的年轻化的社区之潜力，它并非是人们通常认为的问题地区；项目还将展示鼓励自发文娱活动的可能性，这正是深圳的活力因素之一。同时，我们也将着重讨论空闲工厂如何改造为急缺的公共活动场所。在大浪地区自发市民活动的基础和成就之上，我们还需要创造什么样的条件以便更好地促进它们？怎样才能将空闲工厂改造成为像劳动人民广场这样能唤起归属感的场所？

国际新城研究中心
INTERNATIONAL NEW TOWN INSTITUTE
火热大浪
DA LANG FEVER

Jorn Konijn

价值农场

项目伙伴：香港中文大学，香港大学

A18

屋顶农场，实地拼贴图

价值农场的根本概念在于在土地上开垦新价值，探索都市耕种在城市的可能性，以及如何与社区互动连结。构思灵感来自两个香港元素，包括在高密度市区中日益兴起的"天台农场"热潮，以及有170多年历史的香港中环嘉咸街正经历重大再开发的活跃街市肌理。

价值农场意图把嘉咸街整个2100多平方米的露天集市街區屋顶转化成一块块肥沃的田地。在高度城市化的香港，将天台空间作为"新耕作场地"的想法，是"后城市化"时代注入新活力的尝试。这项目设计理念将已被清拆的街區楼层抽象和高度压缩，移植到深港双年展的展览基地上，按屋顶面积和格局区别划分土地，地块高低错落反映楼层高度，原来楼梯间露出天台的部分转化为清水砖平台和开放院落。农场除了主要种植功能，还配有灌溉水池、洒水系统、苗圃苗床和相关设施。

这项目设计初衷是一种对土地治疗性的改造，试图发掘场地原有特质和条件，及善用现有资源，复苏土地的产出能力，从而赋予新价值。农场上自给自足，亲自躬耕的"修道院"式生活，正是时下备受港人欢迎的新生活方式。农场上种植的是港人爱吃的健康食物品种。利用身边弃置空间耕种，不仅可以让久居城市的居民体会农耕的乐趣，还是对食品安全的一种保障。

价值农场带活了以往弃置的浮法玻璃厂中的废地，也是价值工厂整体中与自然融合的地方。在对农场进行构思，建设和维护的同时，策展团队更组织了 "播种"，"品尝"与"丰收"等一系列公开活动。等到收获的季节，这块因其占地三亩而被市民亲切的叫做"蛇口三亩地"的价值农场，将是色香味俱全的试验田，亦可说是一项极具互动与实践性的"后城市化"新生活价值平台的尝试。

Land+CivilizationCompositions（L+CC）是一家致力于城市设计、建筑设计与学术研究的事务所，在荷兰和土耳其均设有办公室。他们在最近的一个项目中，研究了经济转型期中城市在宏观尺度上发生的变化。研究焦点集中在土耳其一项新政策会带来的可能性变化，这一政策将650万栋建筑列入了改造和拆除范围。L+CC与荷兰建筑学院、联合国人居署及土耳其当地合作方协作，组织了一次公路旅行，途径土耳其多个城市，在当地开展了走访、实地调研、讨论、工作坊等活动。

此次在价值工厂，L+CC放映公路旅行途中拍摄的影片《异境恐惧症》（*Agoraphobia*）。影片通过近距离的解读，记录了土耳其住宅区改造的历程及对土耳其的影响。2014年1月，L+CC在双年展展场举办工作坊，价值工厂学院的学员以智能手机拍摄深圳城市中的“边缘”情景，并剪辑成片，与早前的土耳其影片进行跨地域的比对及交流。

深圳的非政府组织（NGO）锐态（Riptide）在双年展展期内，围绕它举办的一系列活动，为市民与当地社群提供空间，使他们能够参与这场针对“城市”议题的全球性反思。这个草根节日是一个实验平台，通过艺术、设计、独特的解决方案，来增强市民对城市发展的意识和话语权。该组织希望展示当地社群能够在城市（再）开发中发挥更大、更重要的作用。

蛇口文化节的目的是在城市各方力量——政府、开发商、设计师和当地居民之间架起沟通桥梁。这种参与式的区域性节日在深圳是首次举办，包括来自不同背景、国籍及实践领域的多个团体与组织：DJ、慈善组织、艺术家团体、独立艺术家、音乐家、建筑师、设计师、媒体公司、表演者等等。他们因对这座城市的共同热情而团结起来，希望通过这次节日，为能促进公民权和城市主人翁精神的本土项目赢得更多关注。

文化节期间的每项活动，目的是在蛇口城市更新的初期，通过不同的方案，为公众提供重新发现和体验这些后工业化区域的可能。这些活动为场地带来了新的生命和表现方式，加强了人们对它们的背景认识和理解，确保各方之间能进行更深层、更有意义的对话，并最终刺激、启发、丰富它们的设计。

这种方式在公民中间慢慢灌输了一种所有权意识，在设计过程中也对他们的意见给予尊重。这一过程除了产生独特的项目，也在设计与建设阶段形成积极而广泛的媒体报道。这种合作开发的方式为民众和场地赋予了生命和话语权，使其能够记录、创造自己的历史。文化与社会调解方式将场地的过去和未来联结起来，并能够打造出崭新而生机勃勃的城市形象。

文化节于2013年11月举办工作坊，选出一些艺术家、设计师、学者体验当地生活，与当地居民就蛇口问题交流了想法。随后，参与者自由发挥想法，为蛇口文化节策划一场特别演出或活动。这些活动包括：音乐会、慈善活动、Electroshock（电音派对）、创意工作坊、社区烧烤、露天电影、Pecha KuchaNight（吱吱喳喳读图夜）、表演、展览及会议等等。

ElectroShock电音派对是蛇口文化节的首场活动，邀请当地居民和参展者来庆祝本届双年展开幕，在全新的电音体验中享受蛇口的复活。声与光将在旧玻璃厂内组合出不同凡响的数字景观。

COASTER RAID工作坊第六版：“占领蛇口”！
Coaster Raid是一次创造性的城市探索，邀请人们通过创意（重新）发现蛇口的独特性。它的目的在于形成一场关于城市身份与开发的公共的、开放的思考。Coaster Raid最后一场活动将在价值工厂内，展现和讨论Coaster Raid与蛇口文化节的活动成果。

密斯·凡·德罗基金会位于欧洲，向当代建筑、城市设计领域的讨论与研究提供资助。这一组织在欧洲已经十分活跃，又随着价值工厂项目开始了在亚洲的旅程。基金会组织的活动包括评奖、会议、展览、工作坊以及装置艺术。

自1988年起，密斯·凡·德罗(Mies van der Rohe)基金会一直负责组织颁发欧盟的当代建筑奖-Mies van de Rohe奖。

密斯在价值工厂的展览包括Mies van der Rohe奖档案中的项目精选，围绕"城市边缘"以历史评判以及欧洲社会经济发展时间线为视角例说城市的发展过程。档案是欧洲历史社会经济发展的一面镜子。它给我们带来了很重要的欧洲当代建筑历史视角。具体地说，密斯基金会从1988年至2013年的项目中挑选与城市边缘以及基建(港口、海岸、联运站)或与城市附近改建成公园或文化项目的工业区相关的进行展览。档案中的案例涵盖东、西欧，全部都反映出了城市再生给城市发展和他们的经济带来的正面影响。

2014年2月，密斯·凡·德罗基金会在深圳以"边缘、价值与品质上的欧洲：在建筑中发现品质"为题组织一场辩论，深入挖掘文化遗产以及它在欧洲和世界范围内的交流所带来的影响和状况。

价值工厂的增值与验证

项目伙伴：THNK、设计村、招商局蛇口工业区

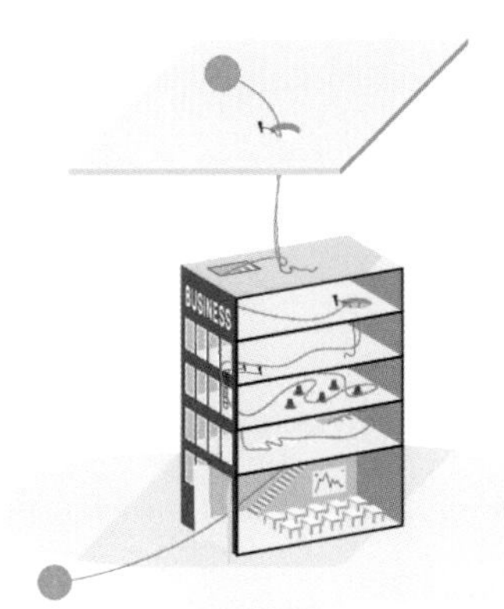

阿姆斯特丹创意领导力学院（THNK）与设计村（TDV）已经建立起合作，旨在于瞬息万变的城市中，寻找发挥创意领导力的机会，本届深圳双年展正是这样的一个机会。今年的双年展将再次担当城市催化剂的角色，因此不可避免地，它将不同于一般的文化节或意识唤醒活动，时间跨度将不仅限于展览期间。“价值创造”是此次双年展的核心，致力于产生持续而深远的影响。

THNK和TDV将对这一潜力进行调研，为它的进一步发展提出建议。两家机构与招商局集团共同组织为期两天的研讨会，探索增加、验证工厂本身价值的多种形式。研讨会审视如何评估，甚至测算价值工厂的附加价值，也将向股东们提出一系列创新的策略，更好地提升价值工厂在蛇口、在深圳发挥的作用。这些研究也为价值工厂的中、长期发展提供蓝本。

在一个你有什么就是什么的世界里，二手货、握手楼、摊贩市场怎样和人对号？深圳市胖鸟剧团带着这些问题走进白石洲，一个比邻深圳最昂贵的高档住宅区——波托菲诺的城中村。在这里居住着超过14万从全国各地来深圳打工的人。他们向往的深圳梦和他们的邻居一样——名牌缠身，豪宅处处，终日在shopping mall或者什么"会所"里打发无聊的时间。在深圳的街上走着，你会看到"来了深圳，就是深圳人"的公益广告，但很多人都知道的事实是：来到深圳你就是城中村人，出了城中村才是深圳人。谈论物恋实际上是要解析我们欲望的神秘性。就像当初照相机被发明出来，是为了忘记人(过去的画家)必须靠着手、眼和脑的劳动才能捕捉到事物的形态或灵魂。欲望看不到光也看不到自己，它只看到了事物的外形，因此就认定那就是想要的对象。因此，我们要明白物恋的魔力，就必须洞察我们内心的欲望和外在的光影独自运行以及相互影响的机理。

《物恋白石洲》这个作品试图通过追踪物品的意义、形态和对人的塑造力量，表达关于城中村这个特殊空间对人的边缘性定义。演出之后，胖鸟剧团艺术总监杨阡和(CZC)城中村特工队Mary Ann O' Donnell博士主持了一次关于白石洲"生活、劳动与欲望"的交流对话会。

在整个演出筹备期间，深圳市胖鸟剧团艺术总监杨阡在白石洲文化广场定期主办创作工作坊与访谈。

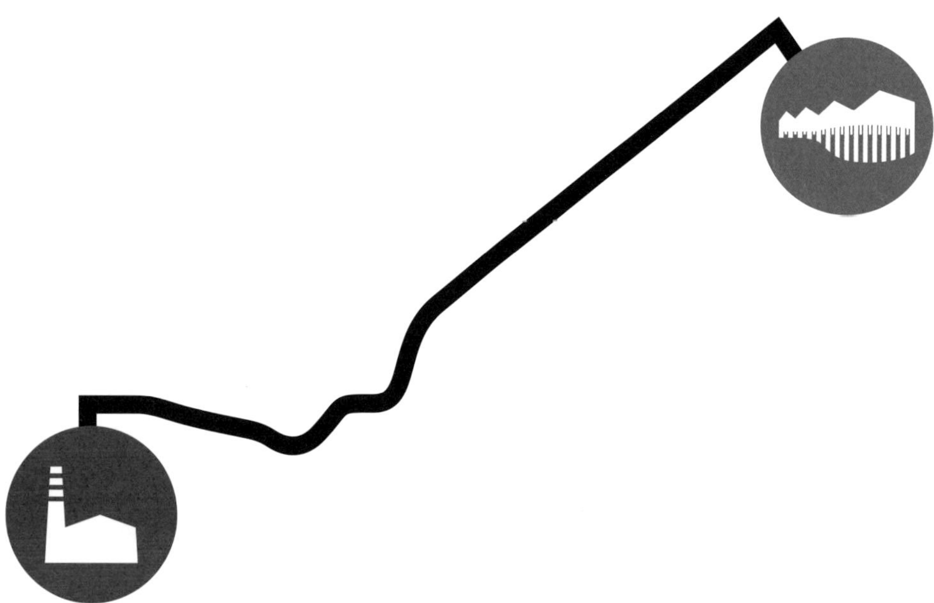

停车场 3000㎡
地面做基本硬化处理
入口观景平台
木栈道向西延续约57m
见详图
Wi-Fi地下管道
约2.1km
绿道景观节点
需做气球、壁画
A馆
B馆
3000
1
2
3

SILO

1750米
价值工厂
自然
深港双城双年展
价值工厂
生产车间
仓库
ANDKEYNO
Love
The GIRLS
ANDKEY

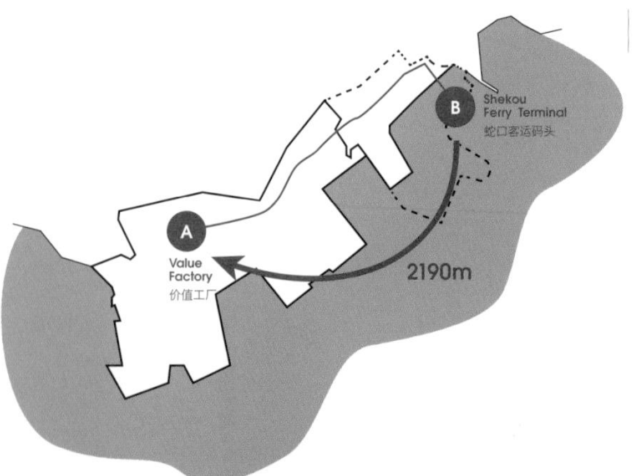
B
Shekou
Ferry Terminal
蛇口客运码头
A
Value
Factory
价值工厂
2190m

绿道

第五届深港城市\建筑双城双年展（深圳）在两处展场举办。A馆－价值工厂（原广东浮法玻璃厂）由奥雷·伯曼团队策展。B馆－文献仓库（蛇口客运码头旧仓库）由李翔宁＋杰弗里·约翰逊团队策展。两个展场间的道路由奥雷·伯曼团队通过平面设计来策划。这一设计将来也可做其他用途，例如交通指引、市场或地图展示等潜在用处。

NATURE
VALUE FACTORY
蛇口港 南海大道
松湖路 兴海大道
赤湾 妈湾港
P

价值
工厂

地铁 / SUBWAY

蛇口线（2号线）直达蛇口港站（蛇口客运码头）

Subway Shekou Line [Line 2] is now in operation and offers a direct trip to the Shekou Port Station [Shekou Port Passenger Ferry Terminal]

展馆B — 文献仓库

Venue B - Border Warehouse

展馆A — 价值工厂

Venue A - Value Factory

到达展馆B后乘坐UABB穿梭巴士、公交226专线沿绿道前往玻璃厂（价值工厂）站。

From Venue B, please take the shuttle bus, bus No.226 to the Glass Factory [Value Factory] Station.

停车 / PARKING

赤湾路展馆A入口对面停车场

Chiwan Road, opposite the entrance to Venue A

BORDER WAREHOUSE 文献仓库

对城市边缘的多重历史角度解读

策展人：李翔宁，杰夫里·约翰逊

城市可以被不同的专业所解读。多视角的阅读提供了各种丰富的叙述。文献没有单一的故事和方法。关于“城市边/缘”的主题，我们将去探索不同视角的“边界”，希望通过本次双城双年展，探讨一个既包含实体空间，又包含社会学和文化意义上的城市。这种双重关系更体现在中文里：“边缘”一词复合时更多地反映一个边界的概念，这种边界既是城市的实体边界、疆域和领域的划分，也是多种不同亚文化和身份认同的差异。当我们将边/缘拆分时，实际上是凸显了“边缘”这个词在本身强调的边界和差异（“边”）之外，更具有关系、联系和彼此的机缘的含义（“缘”）。

我们试图再次强调研究在建筑和设计语境中的重要性，在这次深圳双年展上集中诠释。展览将通过文献和城市图片、项目、实验性尝试及文字的展示，唤起对过去、现在甚至对未来的解读。在全球化的今天，我们见证着复杂的“边缘”状况，我们希望通过这些阅读与解读，将未来的“边缘”定义为可以激活创意和灵感、宣扬活力互动和交流的载体。边缘渐渐向多种形态学和意识形态层面转变，这些转变为边缘提供了新的发展特征。

本次展览将构想从一个真实的“边界”到多重历史性角度阅读城市，将从历史的角度探索当代城市形态的边缘。国内外很多城市都有城墙，即便城墙已经垮塌，在经济、文化、政治、地理等多种因素的作用下，又会形成新的边缘。今天我们能看到多种边缘状态：位于城市与农村之间、充当厚厚边界的“边缘城市”；有的城市因战争、信仰、政治等原因一分为二；有些一度在空间和经济双重层面上代表着城乡分界的老工业区，现在脱胎换骨，孕育着新的生机；一些处于严格控制之下、特征鲜明的飞地隐藏在城市中；越来越多的封闭社区出现在城市与郊区之间；还有一些城市，比如深圳，被划定为自由贸易港口或经济特区，依靠边缘控制作为本地特征，同时通过全球化的网络自由拓展；福柯眼中的“异托邦”，在城市中自成一派……我们将邀请建筑师、规划师、社会学家、艺术家和摄影师等多个学科的参展者，通过众多的案例研究、影片、多媒体、实践项目和实地考察，批判性地呈现多种状态下的城市边缘。案例研究将深入探讨边缘形成的根源、带来的效应以及对城市公共空间的影响，探讨边缘化空间及城乡边缘的现实状况。我们试图通过“边缘”这个概念，呈现对于同时跨越空间和文化的认同，即在接受分割和差异的现实的同时，更探寻一种修补和弥合这种差异的可能性。

展馆B——文献仓库
蛇口客运码头旧仓库

落成于1984年，占地面积9500平方米，总建筑面积约4000平方米的文献仓库(蛇口客运码头旧仓库)是当年蛇口工业区开发建设最早的仓库之一。经历了深圳三十年来的发展与社会变迁，蛇口客运码头旧仓库也储藏这一段峥嵘岁月。而在本届双年展中，策展人、学术总监李翔宁与杰夫里·约翰逊的策展将从多样的历史角度探索“城市边缘”，解读有关“边缘”的理论阐释。这一后工业时代的场馆为本届双年展提供了绝佳的背景。双年展的场地位于这座经历了改造的工业建筑之中，既是对历史痕迹的阅读，也是对城市未来的展望。当下，中国的工业与经济正处于不断演变的过程之中，工业遗产、工业建筑与城市的关系也变得愈加重要。学术总监希望通过文献仓库来探讨，这些建筑将会以怎样的方式融入未来的城市，并且成为创新的发源地、历史的记录者。

城市边缘 创意蛇口
关注全球唯一城市\建筑双年展
穿越城市边缘
CROSSING
URBAN BOUNDARIES
V9843

场馆地图

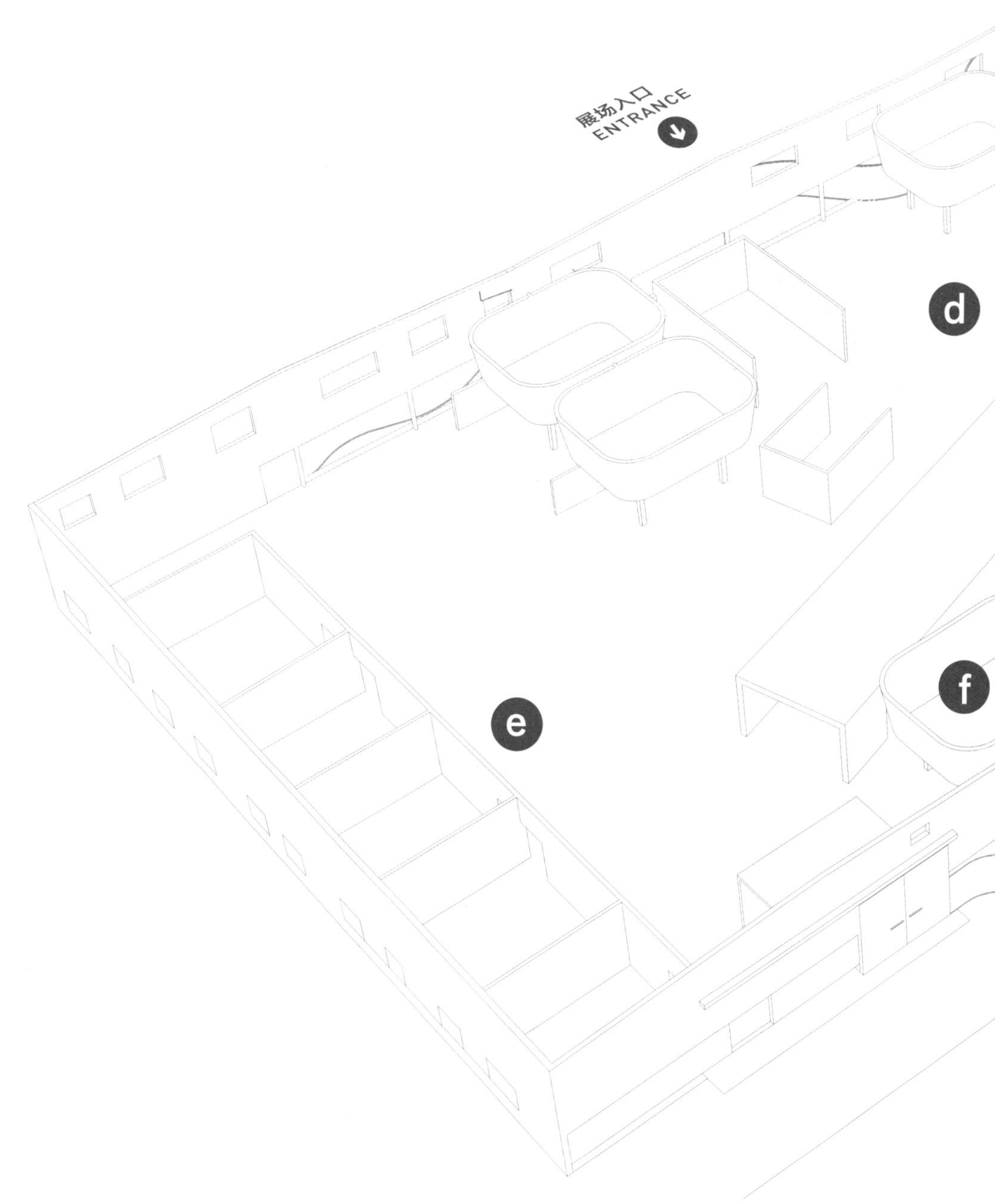

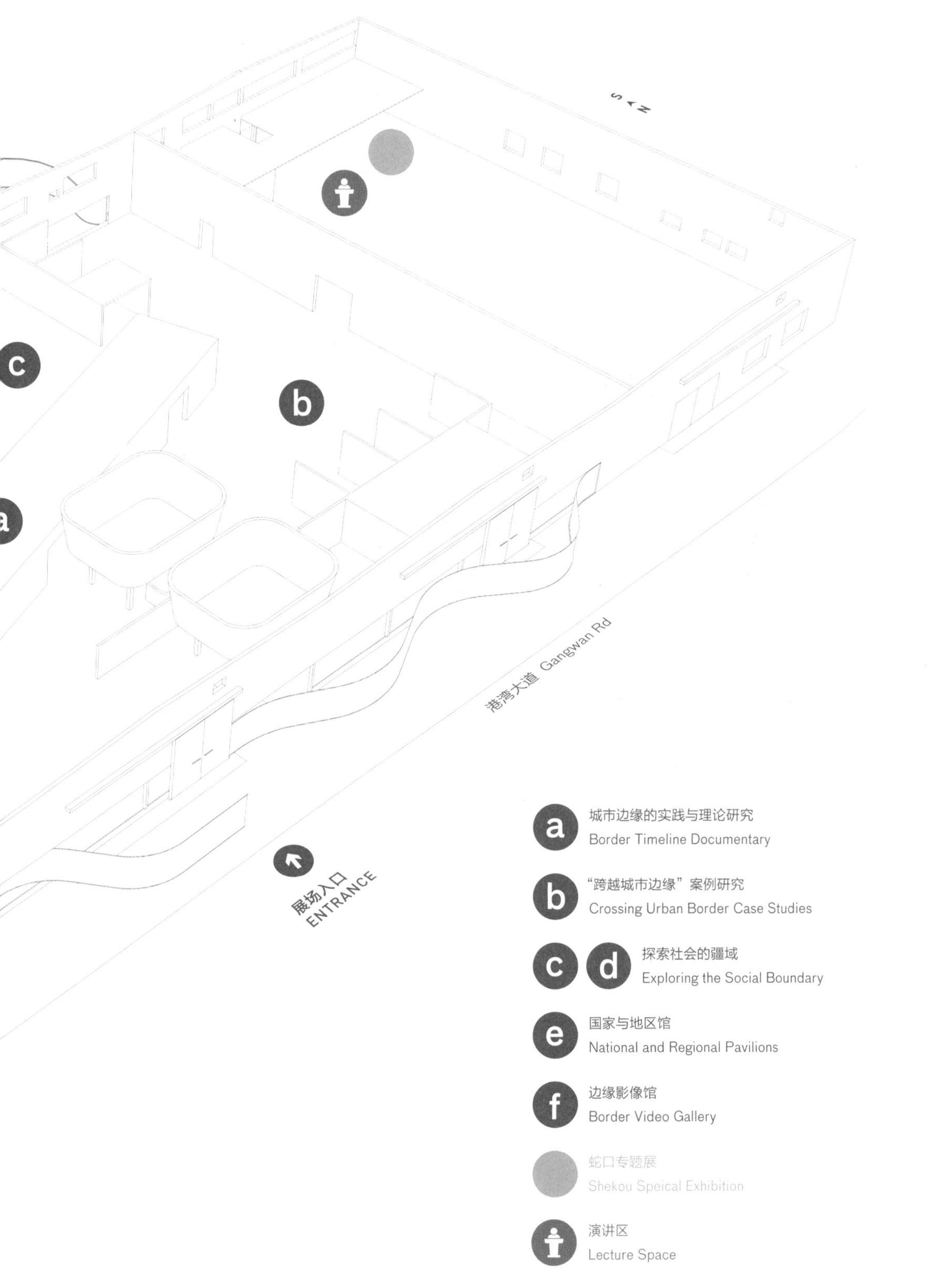

a 城市边缘的实践与理论研究
Border Timeline Documentary

b “跨越城市边缘”案例研究
Crossing Urban Border Case Studies

c d 探索社会的疆域
Exploring the Social Boundary

e 国家与地区馆
National and Regional Pavilions

f 边缘影像馆
Border Video Gallery

蛇口专题展
Shekou Speical Exhibition

演讲区
Lecture Space

城市边缘理论
实践研究
BORDER TIMELINE
DOCUMENTARY

20世纪“城市边缘”的建设实践与理论研究

策展人：
杰夫里·约翰逊，李丹锋

B1-3

展览包括三个部分：“历史回溯”、“理论阐释”与“城市案例：过去、现在与未来”。每一部分都从独特的视角出发，通过审视历史上城市边缘形成的决定性时刻，探讨城市边缘的主题，分析对于城市边缘的当代解读，城市边缘在社会、政治、地理、心理等领域中的作用，以及这些作用与建筑师、规划师之间产生了怎样的相互影响。在浩瀚的城市图像与文字中，评论过去、正视当下、又幻想未来，以特定的方式描绘了无数历史与理想城市中的某种“边缘”状态。这种边缘，促发着各种事件的实验和发生；这种边缘，活力与创造力正在相互交融，蓄势待发；这种边缘，未来或消失不见，或涅槃重生，或循环往复。所有的这些边缘状态在时间的印记中，留下各种转换的印记，变化是“边缘”的语言和常态，呈现出真实的，特异的，没有被虚夸的城市和历史。

历史回溯

交流或对峙，关于城市边缘的时间线

李丹锋，周渐佳，Yearch Studio

自19世纪现代城市规划创立伊始，学科的先驱们便意识到了城市边缘自文艺复兴以来不断扩散和消解的现象。当遭遇敌人时，人们本能地寻求庇护所，建造起有城墙的城镇或城市，甚至是可以保卫整个国家的巨墙；从长城到马奇诺防线，坚实的城墙提供了安全的防御。但是这些防御性墙体因为攻击武器的改变而逐渐失去效用；工业革命以来的现代交通工具加速了这一过程。速度的出现，迅速打破了西方传统地理空间以及与土地和谐共处的社会生活框架，城市边缘快速扩张或是面向消亡。

然而，城市边缘无论有形或无形，只有当其被触动之时才产生其作用和意义。哪些要素曾经构成了城市的边缘？哪些事件一次次地促成了城市边缘的改变？哪些状况重塑了一代代学者对城市边缘的理解？本研究项目以城市边缘的两种形态："边境"和"边界"作为具体的研究对象。"边境"往往意味着可以进行交流或交换差异的物质性场所，而"边界"总是代表着维持对峙的线性界限。

诚如科林·罗曾经所言，唯以拼贴的方式将对象从背景中抽取出来，是如今应对乌托邦和传统两者难题的唯一途径。在展览现场，各条线索以层叠的方式拼贴出一张巨大的历史图景；从天花上悬挂而下的城市边缘图像打印在透明材质上，在空间中形成一道虚拟的边缘。

上图：城市理论演变示意图解；下图左：历史上的著名边界；下图右：历史上改写边界的旅程

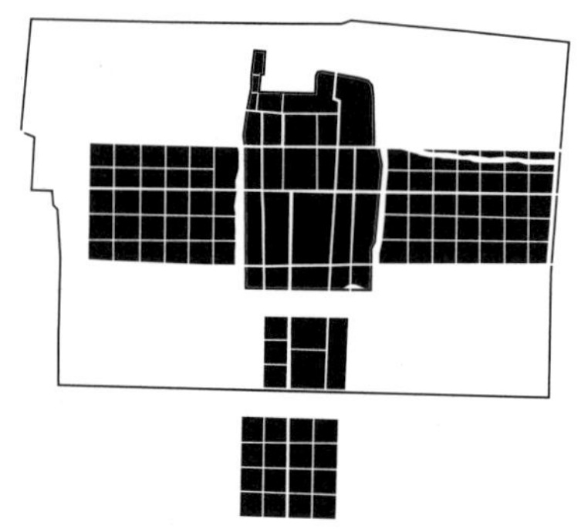

汉魏 洛阳

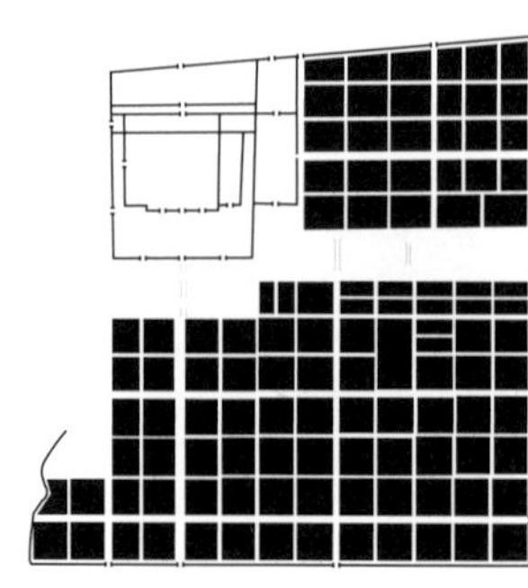

唐 洛阳

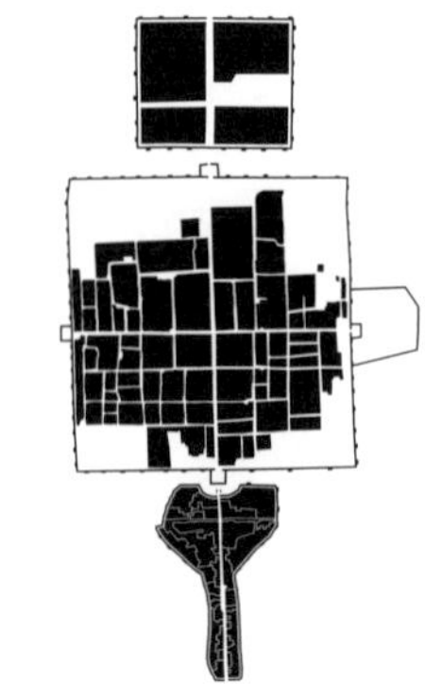

明 大同

理想城市（斯派克） 1589

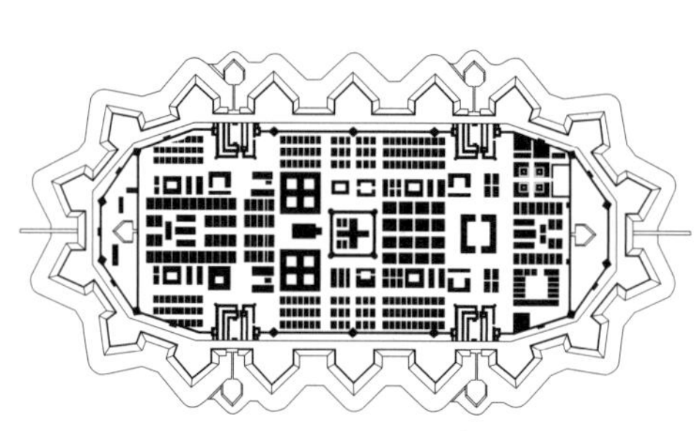

理想城市（费登巴哈） 1650

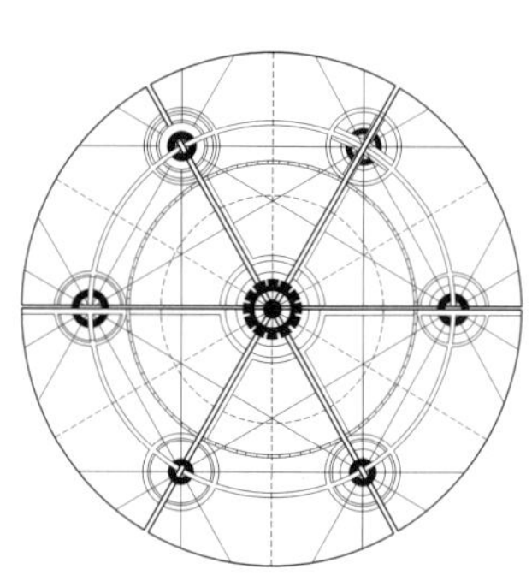

田园城市（霍华德） 1902

雅典 450BC

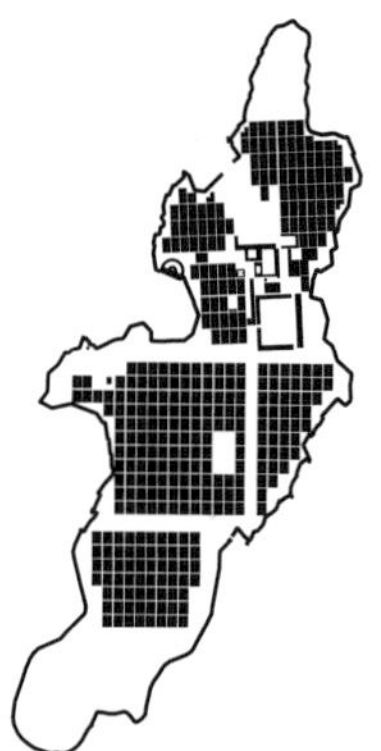

米利都 400BC

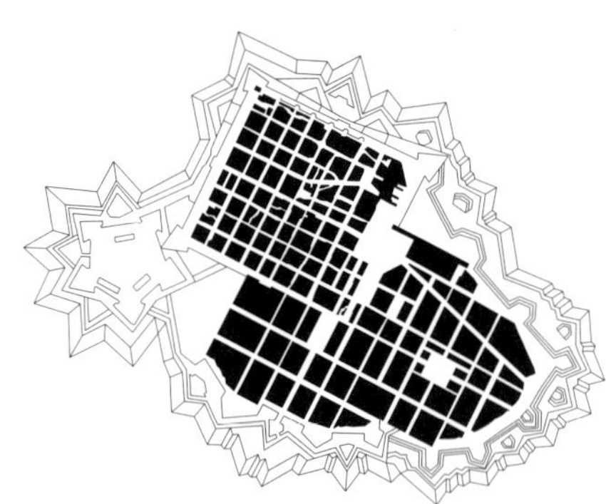

都灵 1670

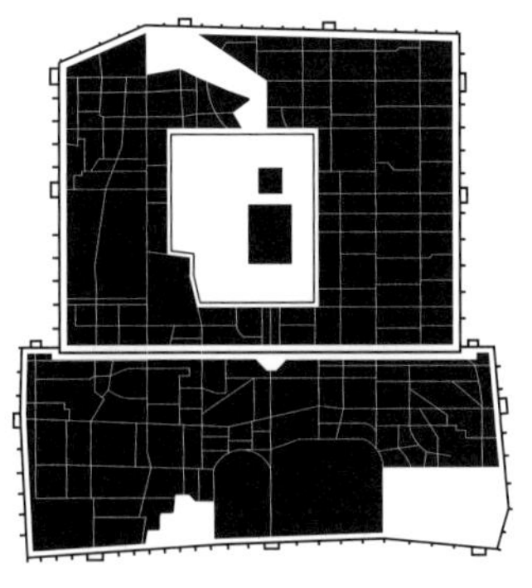
清 北京

上海县城 1929

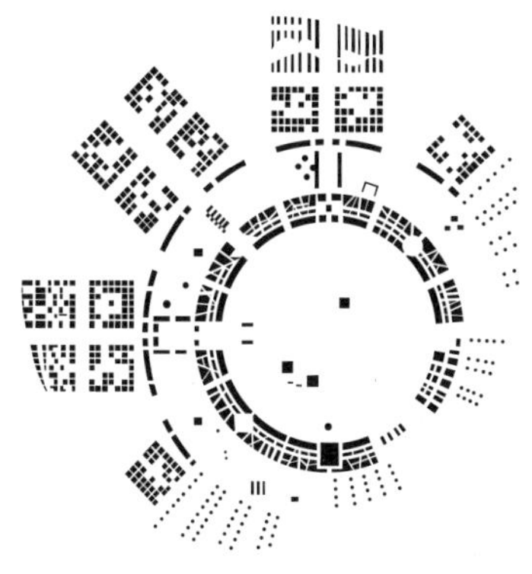
临港新城 2002

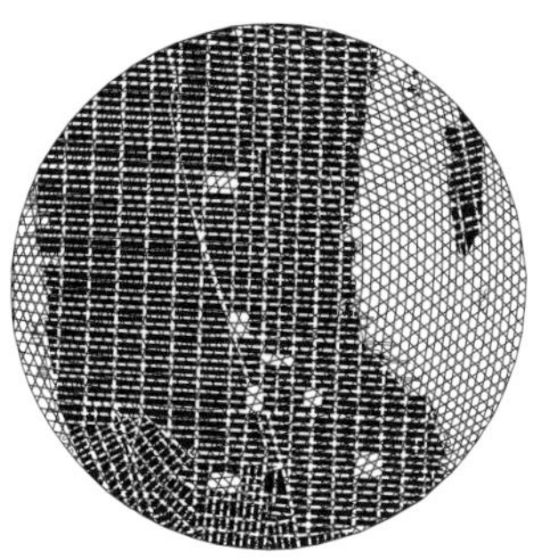
曼哈顿穹顶(富勒) 1959

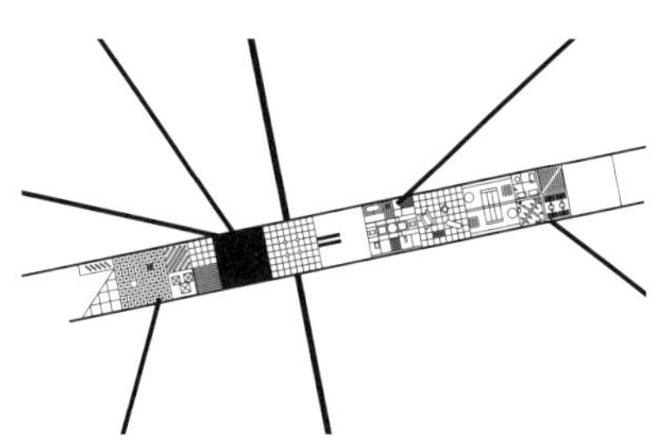
逃离或自愿的囚徒(库哈斯) 1972

燃烧人节庆 2012

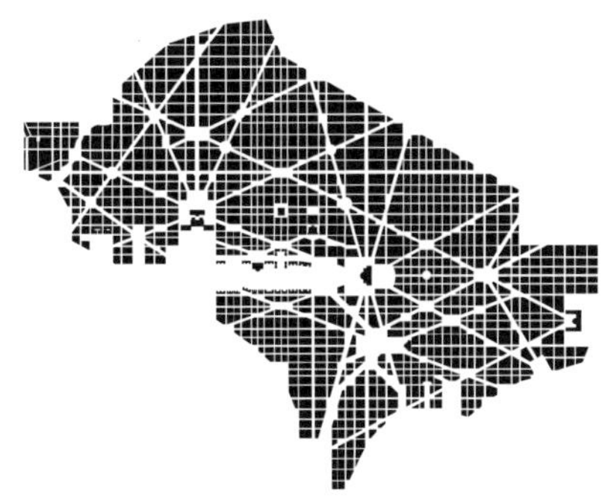
华盛顿规划 1792

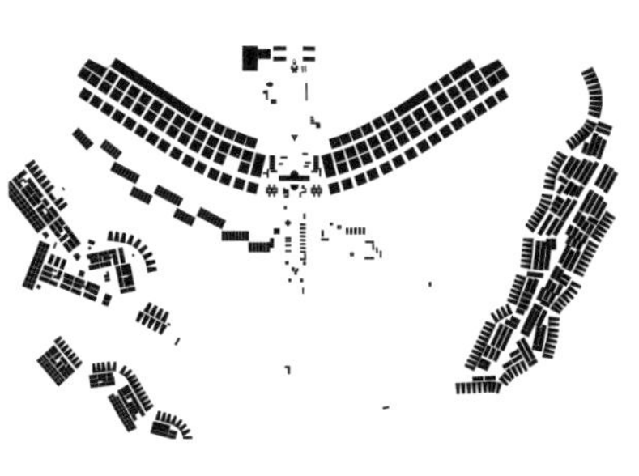
巴西利亚(科斯塔) 1956

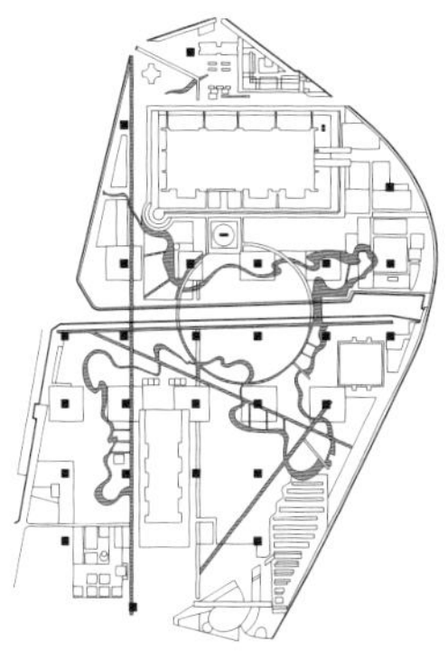
拉维莱特公园(屈米) 1982

平常性／访谈：丹尼斯·斯考特·布朗(Denise Scott Brown)，雷姆·库哈斯(Rem Koolhaas)，塚本由晴(Yoshiharu Tsukamoto)

这一项目回顾了1972至2002年之间有关当代城市的三本专著，包括：《向拉斯维加斯学习》(1972)、《癫狂的纽约》(1978)、《东京制造》(2001)。之前与丹尼斯·斯考特·布朗、雷姆·库哈斯和塚本由晴进行的一系列对话将被呈现出来，试图梳理出建筑理论的实践脉络——这种实践基于对所谓“现有条件”的详细审视(即“向现有的景观学习”)。可以证实的是，这些实践已经大致甄选并记录了一座外围性的城市——这座城市先于理论诞生，但建成状态又恰恰代表了某种理论——而且这种记录成为了发掘新建筑与新城市的宝库。这些对话审视了以上书籍中的论点，向其中的主要假设提出问题，也审视了“真实的”城市如何影响我们对“未来城市”的想象。同时，这些对话还提出这样一个问题：这种模式是否还蕴含着机会，或是已经走完了上一个十年的周期，成为当代建筑文化中的一种“既有观点”？

观念／访谈：伯纳德·屈米(Bernard Tschumi)

拉维莱特公园(1983—1998)项目建成30周年以及《建筑观念》(2012)的出版促成了本篇对谈。它建立在《屈米论建筑：与安里克·沃克对谈(2006)》一书的采访上，探索了建筑实践中对观念的理解。

受访者：Bernard Tschumi，塚本由晴，Denise Scott Brown，Rem Koolhaas

城市案例研究
过去、现在与未来

Zoe Alexandra Florence

B3

14位来自全球14个城市的建筑师参与了这一部分的案例研究。他们各自针对一座城市，研究城市边缘在过去、现在、未来的状态，并以短文 + 辅助图片（图解图、拼贴、渲染图、草图、图表等）的形式言简意赅地表达出来。研究对象包括：

1. 新加坡／机场与领地：
新加坡—柔佛—廖内三个不同国家地区的跨境流动
（作者：Anna Gasco，苏黎世联邦理工学院建筑系未来城市实验室）
2. 休达／休达，从西班牙殖民地到欧洲检查点
（作者：Anna Vincenza Nufrio，马德里理工大学；Ainhoa Díez de Pablo，马德里理工大学；Jose Miguel Fernández Güell，马德里理工大学建筑学院；Alice Buoli，米兰理工大学）
3. 莫斯科／莫斯科：1970—2013—2050
（作者：BUROMOSCOW）
4. 香港／城市建筑，建筑城市
（作者：SKEW Collaborative）
5. 巴黎／巴黎综合症
（作者：Freaks Free Architect）
6. 东京／东京与富士山
（作者：Go Hasegawa and Associates）
7. 北京／城市边缘：北京的过去、现在与未来
（作者：韩涛）
8. 墨西哥城／空间边界—时间边界
（作者：Somosmexas Collective）
9. 底特律／边缘城市
（作者：Interboro Partners: Tobias Armborst, Daniel D'Oca,Georgeen Theodore with Riley Gold）
10. 仰光／界与无界之间
（作者：Leong Leong）
11. 温尼伯／温尼伯的建设：一个进出边界的地方
（作者：Lisa + Ted Landrum）
12. 纽约／天气（不）可控：后飓风桑迪的“空气权”
（作者：MODU: Phu Hoang and Rachely Rotem）
13. 深圳／打造边界：深圳临港岸线边境建设者都市策略之演化
（作者：Ting Chen, Singapore ETH）
14. 上海／上海城市中心的微型城市边界：
全球化与本地框架之间的分界面
（作者：周颖，Singapore ETH）

蛇口 SHEKOU
以港口服务和工业生产为支撑的实验型社会
An Experimental Society based on Port Services and Industrial Production

深圳大学 SHENZHEN UNIVERSITY
以向大众传播知识为己任的开放式校园
An open campus without walls to disseminate knowledge to the wider public

车公庙工业区 CHEGONGMIAO INDUSTRIAL ZONE
A industrial Zone built to attract machinery and light industries

盐田港 YANTIAN
以国家最主要的国际深水港之一为依托的全功能城镇
A comprehensive town to make the country's major international Deepwater Port

南油 NANYOU
An Comperhensive new town to support oil exploration and accommondate dirty industries
南油

华侨城 OVERSEAS CHINESETOWN
A experimental garden city friendly for industrial working and living
OCT

上步工业区 SHANGBU INDUSTRIAL ZONE
电子工业部的轻工业和电子工业生产和研究试点
A Test field for coorperation, production and research on the electronics goods and elements under the ministry of Electronics Industry
CEC

1979
1990

海月花园 HAIYUE GARDEN
新加坡风格封闭式高端住宅区
Singapore-style gated communities

欢乐海岸 OCT BAY
High-end Facilities for Entertainment, Gastronomy and Shopping Activities, Luxurious Clubhouse & Villas
OCT

京基100 KK MALL
Tallest office& Tower complex of the city

大梅沙片区 DAMEISHA
A cluster of entertainment facilities, resorts, luxurious housing, themepark, etc.
OCT

海岸城 COASTAL CITY
巨型购物娱乐综合体
Gigantic complex consisted of shopping malls and entertainment facilities

御景华城 ROYAL VIEW CITY
封闭式高端住宅区
High-end Gated Communities

万象城 MIX CITY
高端购物综合体
High-end Shopping Complex

前海
Bay-Front

深圳湾
Shenzhen Bay

后海
Back Bay

落马洲河套
Lok Ma Chau Loop

Following Years' Construction Focus

1979
1990
2000
2010

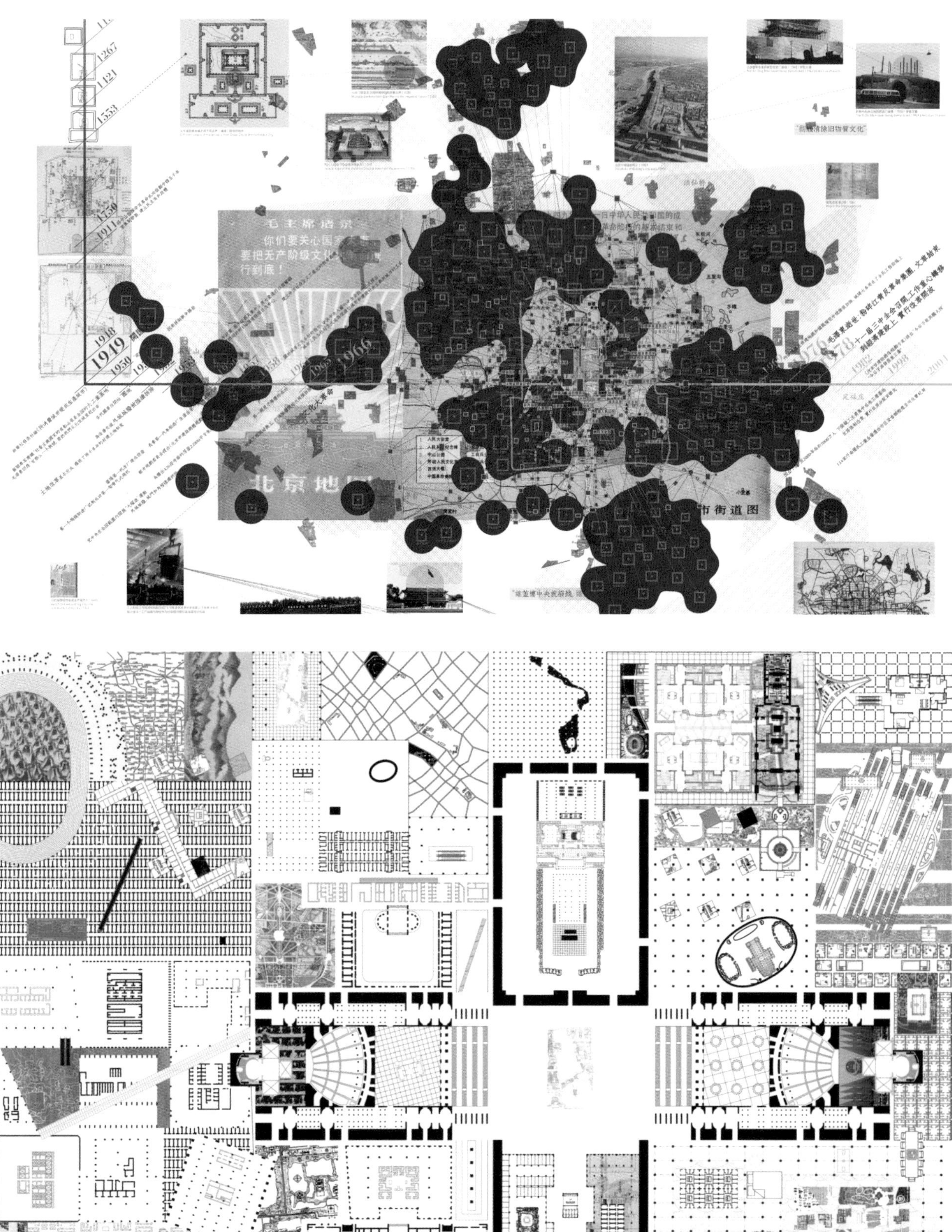

北京／城市边缘：北京的过去、现在与未来

1519 TENOCHTITLAN

SPACE BORDER / TIME BORDER

Tenochtitlan was an exemplary case of integral urbanism, characterized by sophisticated technologies that allowed sustenance of the Aztec empire above the lacustrine basin. The city's frontiers were marked mainly by natural topography and traversed by water or land through the five main roads that connected with main land.

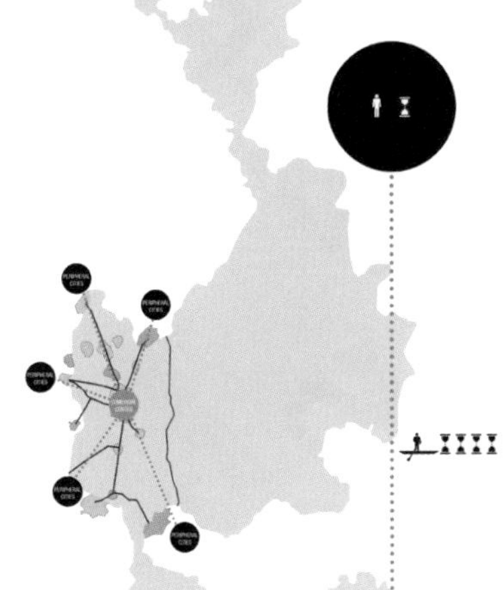

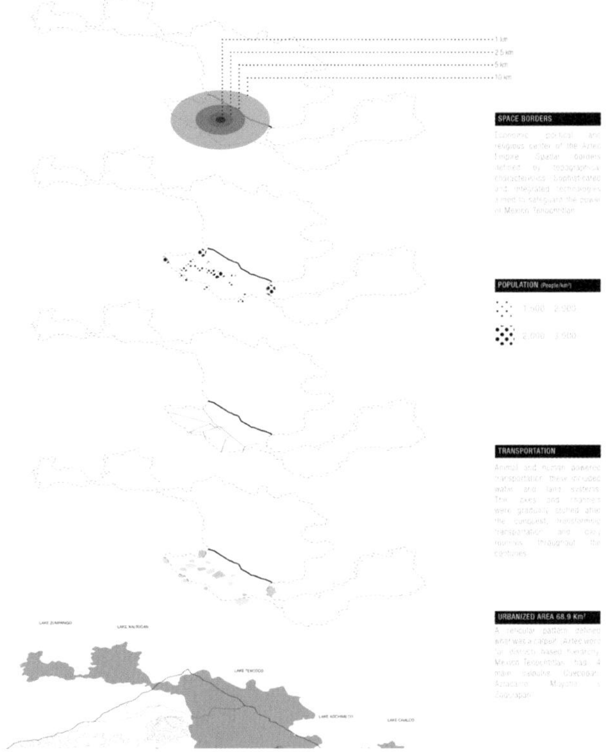

SPACE BORDERS

POPULATION (People/km²)

TRANSPORTATION

URBANIZED AREA 68.9 Km²

2150 MEXICO CITY

SPACE BORDER / TIME BORDER

If the construction and demographic rates continue as they are in the present, total collapse is imminent within the next few decades. We propose an urban plan based in the removal of actual conflict through the restoration of fundamental environmental elements: water currents and settlements, interconnecting a modular urban system only achievable by an intense long term plan of decentralization.

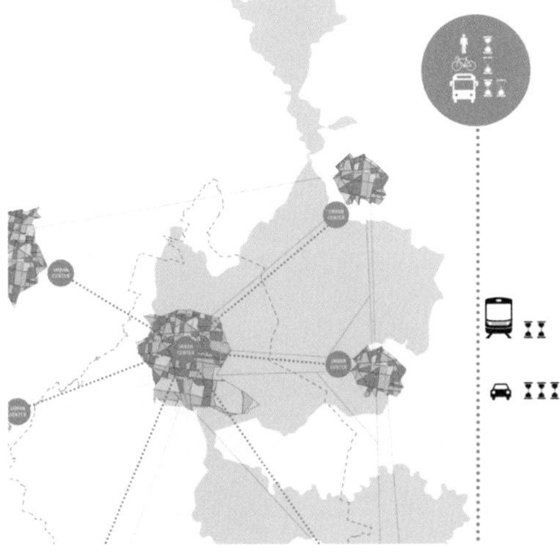

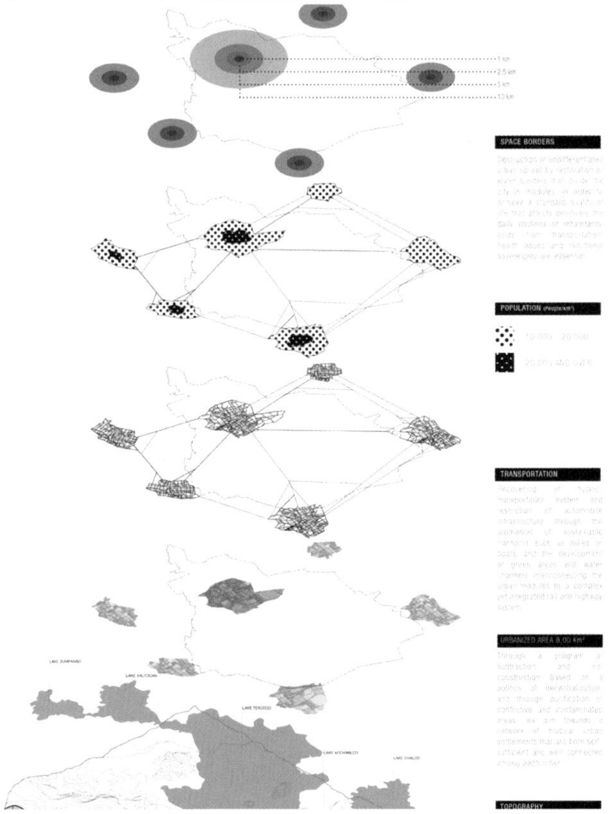

SPACE BORDERS

POPULATION (People/km²)

TRANSPORTATION

URBANIZED AREA 8.00 Km²

TOPOGRAPHY

墨西哥城／空间边界—时间边界

穿越边界案例研究
CROSSING BORDER
CASE STUDIES

“跨越城市边缘”案例研究

B4-35

策展人：
李翔宁，杰夫里・约翰逊，倪旻卿

几百年来，无论是在看得见摸得着的建筑领域，还是在更为宏观的规划领域，城市边缘一直是设计学科中重要的研究对象。城市边缘无所不在，且形式多种多样。它们同时凸显着内与外、包含与排斥——这是空间实践每天都会遭遇的矛盾。在当代城市中，城市边缘恰好为城市扩张与历史的冲突提供了舞台，这种冲突无时不在挑战着传统的中心秩序，用交融、混合与突变取而代之。这种变化令人不快，却能激发灵感，它从多个角度定义了当代城市的空间状态。从中心秩序桎梏中解放出来的城市边缘，是一个名符其实的建筑实验室。

“跨越城市边缘”由30多个国际性的案例研究构成，展示了一幅多样的城市边缘图景。建筑师、城市规划师、学者与艺术家展示了大量对于城市边缘的解读、干预、推断和观察的成果，为理解当代城市边缘的现状提供了思考框架。这些项目不仅描绘了城市边缘的物理状态，也展现了城市边缘在社会、政治、经济、文化等方面的意义。

此部分展览分为四个主题：

城市边境：城市与农村之间，同时具有物理意义和政治意义上的界线。促成这条界线的原因多种多样，可以通过观察不同的城市边缘归纳出来。那么，是什么形成了城市边缘？

边缘建筑：几百年来，城市边缘一直对建筑师提出着种种挑战。城市边缘最容易以建成的形式显现出来，那么边缘建筑是怎样的？这种愈演愈烈的现象又给了建筑师怎样的灵感？

隐形边界/跨越边界的技术：哪种城市边缘是存在却隐形的？有时，这种边缘比物理意义上的更加牢不可破。我们如何才能穿越这些边缘，让它造福大众？

深圳/香港边界问题：随着边境的开放，深圳和香港之间的城市边缘也成了一个充满争议的话题。这一动态的边缘兼具门户和过滤作用，它是如何运转的？建筑在其中扮演着怎样的角色？这样动态而充满活力的城市边缘，又将激发出怎样的城市状态？

在今天谈论“社会公平”，必须包括资源的再分配，同时也必须涉及知识的再分配。当今世界最迫在眉睫的问题之一，就是机构、专业、不同人群之间的知识交流危机。“政治赤道”以城市教学研究的形式，建立起知识交流的通道，使得专业领域机构的知识、社会政经人士的见解和边缘化社区的政治智慧得以交流，将各方在环境与政治方面的冲突显现出来，为公众参与提供新的渠道。

PE3装置是对“政治赤道3号会议”的视觉叙述。会议于2011年6月，在圣地亚哥、加利福尼亚、提华纳之间的美国—墨西哥边境召开。这些会议的形式包括游牧式城市行为、辩论、表演以及在各个争议区域的散步。政治赤道3号会议期间最具标志性的集体行为，是一次前所未有的边境穿越——利用美国国土安全局刚刚建设的一条下水道，让参与者从圣地亚哥毫无障碍地进入提华纳，从提华纳河三角湾(美国一个环境敏感区域)进入Los Laureles峡谷，墨西哥境内一个约85 000人的贫民聚居区。这条下水道是一条新建高速公路的配套设施，这条公路与边境围墙平行，围墙边则是150英尺宽的走廊，9·11事件之后这里的管辖权就划归国土安全局。边境巡逻队在走廊周边系统地建设了一系列大坝，许多跨越边境的分水岭所形成的峡谷被拦腰截断。当我们试图接触官方条约和区域时，这一异常地带上的公共行为使得下水道担当了临时(却是官方的)入境口的角色。此次穿越行动是我们与国土安全局、墨西哥移民局长时间沟通协调的结果。活动参与者逆着污水排放的方向往南，到达墨西哥移民局官员在下水道南侧、墨西哥境内设立的临时帐篷。随处可见的污染、限制区内的护照盖戳、旧河口与贫民窟之间的通道都显示着河口、监视设施与临时居所之间的冲突，也放大了国家安全、环境保护与公民权利之间的矛盾。

美国—墨西哥边境监管设施近年来的更新，进一步边缘化了边境附近的社群，同时减损了跨边境分水体系。通过这一通道的建立，政治赤道3号不仅暴露了日常城市化、军事化与河口的严重冲突，也阐明了对共生策略的急迫需要：墨西哥的非正式移民，能否成为美国提华纳河口区的守卫者？

Regional Border:
地区边界:
60 Linear Miles of Trans-Border Conflict
60英里线性跨界冲突
The Political Equator Meetings
Trans-Border Itinerant Dialogues
Global Border:
The Political Equator
B1

未来城市的空洞：费城

Srdjan-Jovanovic-Weiss, E-Thaddeus-Pawlowski, Jason-Freedman

B5

边缘引导着一座城市的演变。费城的郊区源源不断地吸引着城区的居民、资金与资源，在接下来的30年中，费城将有25万英亩的开阔地被开发成为城郊住宅，且不必向城市支付任何费用。NAO由此提出疑问：那么它们能为城市提供什么？渣土也许可以算作一种回报。可否将城郊住宅开挖基础的土方运到城区空地，使之发挥积极的作用？

"山顶乌托邦"的概念非常简单：富足的郊区同意将建设工程的土方捐赠出来（并免收税费），用于在城区空地上堆积成人造山丘。此方案的基本策略在于为（贫困化的城区和富裕的郊区之间的）长远关系提供资金支持和动力，并为城市的空白区域在空间性和识别性方面找到新的表达方式。

在一座平坦的城市里，种族和阶级通常成为邻里沟通的障碍，被忽视的群体常常被隔离出去。如果在城市空场中设计出起伏的地形，邻里关系就会因新的地理环境而得以萌生并加强，原本被割裂的社群将借助人造山丘和山谷建立联系。这些小山的土方和名字均来自郊区的捐赠方。

由山丘维系起来的社区将满足人们对于娱乐、私密与安全的多重需要，居民人均可占有土地面积也将提升30%。小山不仅带来新的空间，也保证了私密性。山顶是休闲娱乐的绝佳去处，提高了城市生活的品质。山丘的存在让社区与下城区之间形成了缓冲，对老旧基础设施的改造保证了居民的安全，区域内现有房屋也将通过改造而更加节能。空置的建筑结构通过覆土手段，成为向公众开放的"洞穴"。外墙覆土提高了墙体的隔热性能，地热盘管则设置在房屋之间、土丘下方。绿地同时兼具中水处理的功能，中水可用于社区花园的浇灌，或是过滤之后注入泳池。

NAO为深圳"穿越城市边界"展精心设计制作了一套装置，它的组成如下：a. 三个直径1.1米的圆形手动式旋转模型；b. 使模型与地面保持30至60厘米距离的组装圆桌；c. 三台实时记录模型旋转的相机，在桌子上方再设置三个实时投影屏幕；d. 六个与计时器相连的台灯，以及一定数量的座椅。整个装置的直径约4米，外加容纳座椅、播放实时录像及公众流通的空间。

“拉斯维加斯”是当地人对塞维利亚市贫民窟最核心区域的称呼——也就是广为人知的“三千蜗居”。这片位于城市东南角的住宅区自20世纪60年代末至70年代中期建成后，逐渐沦为西班牙最成问题的城市片区之一，法律在此也鞭长莫及。这一窘境源于失败的公共搬迁政策，而该政策又受迫于当初房地产投机的压力。它让这片城市区域由此成为低收入者和各种问题人群的聚居地，成为被遗忘之地。

构成“三千蜗居”区域边界的不仅有物理空间元素(铁轨、城市环线高速路等)，还包括难以摧毁的无形的社会界限。这些界限形成了巨大的财富落差，边界两侧的世界通常有着天壤之别，彼此之间的联系也微乎其微。跨越这些界限绝非易事。

目前提出的方案旨在整体地展现这座中等规模的南欧城市内部错综复杂的城市境况。装置作品试图反映进出贫民窟的途径是如何艰难，以及贫民窟内部给人的幽闭恐惧感。影片则结合了录像艺术和纪录片的特征，重点关注前面已经提到的围绕此区域的强烈的城市反差，关注相隔仅几百米却截然相反的现实世界，关注人们如何努力打破区域退化的恶性循环，以及一些人如何走进贫民窟参与区域复兴的过程。

涌现的城市边缘

袁烽

设计团队：沈杰、徐唯

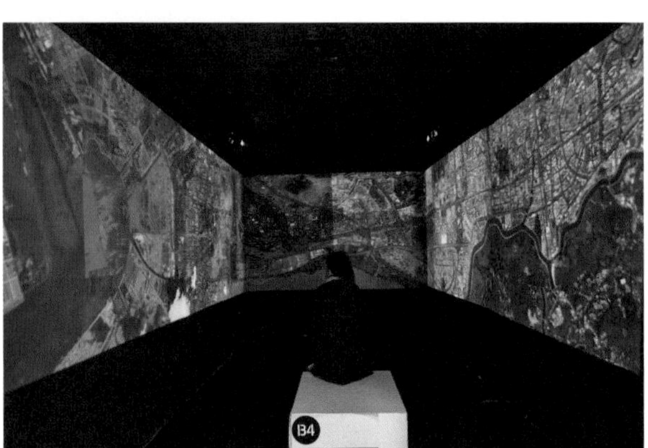

城市边缘的扩张是人类活动范围扩展的物质表现形式。在历史发展中，人类的活动不断对城市边界进行重新定义与赋值。未来城市会如何发展、如何演变，这一直是一个非常有趣的课题。

通过观察深圳与香港近十年的城市版图演变，以multi-agent系统的算法生成，模拟人流动向，再现了城市边缘的生长。在此方式下，我们重新认识了人与城市的关系，并试图探讨人对于城市发展的影响，以及未来城市可能的发展形态。以现有的城市肌理、地理环境、人口分布等作为系统的input，模拟过去至现在的城市生成过程，查看结果并测试该系统的可靠性。延续此套逻辑继续发展，推测出未来城市的可能形态。

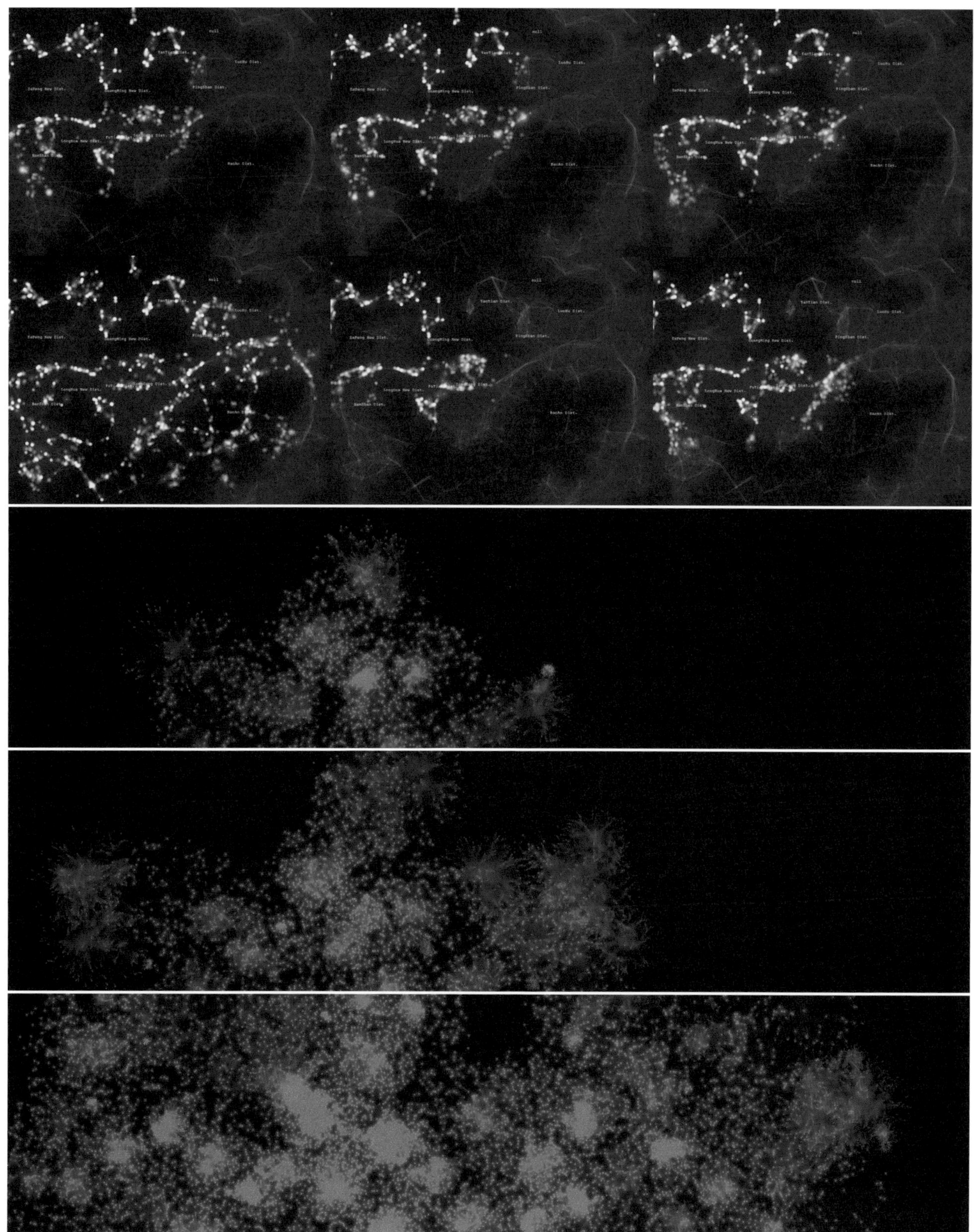

multiagent系统算法模拟人流动向

困与闲：关于深圳流动性与边界的研究

刘珩
南沙原创建筑设计工作室有限公司

B8

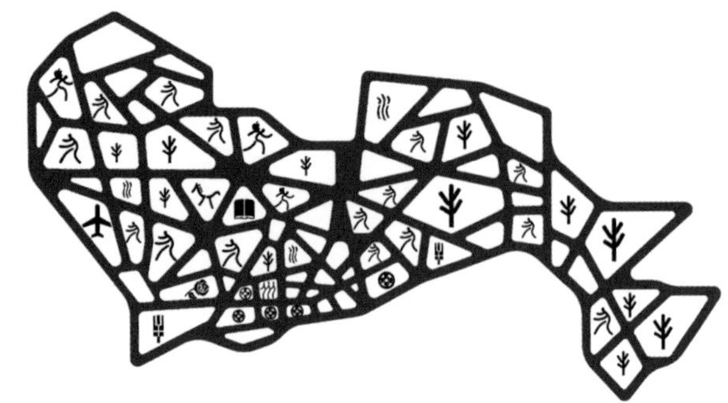

这是一个关于中国城市未来的故事，也是一个关于城市的生命、空间、边界与流动性在发展中不断冲突与平衡的故事。深圳，这个快速发展的城市，因单一功能的城市规划，大面积的交通基础设施导致土地资源大量消耗，城市空间生硬划分，社区孤立，并导致过度依赖进口资源。在深圳，很多城市道路尺度超出想象，单一的交通流动方式导致城市内的隔离和城市土地的浪费。在有形界面与无形界面的转换过程中，原有的大量道路空间可为城市提供更多样的活动空间，使城市居民可以与农田、果园、动物、游乐场、河流等联系在一起。这样人们就有更多的时间和空间去享受城市和自然，同时将经济、社会和生态发展提升到更高的维度。

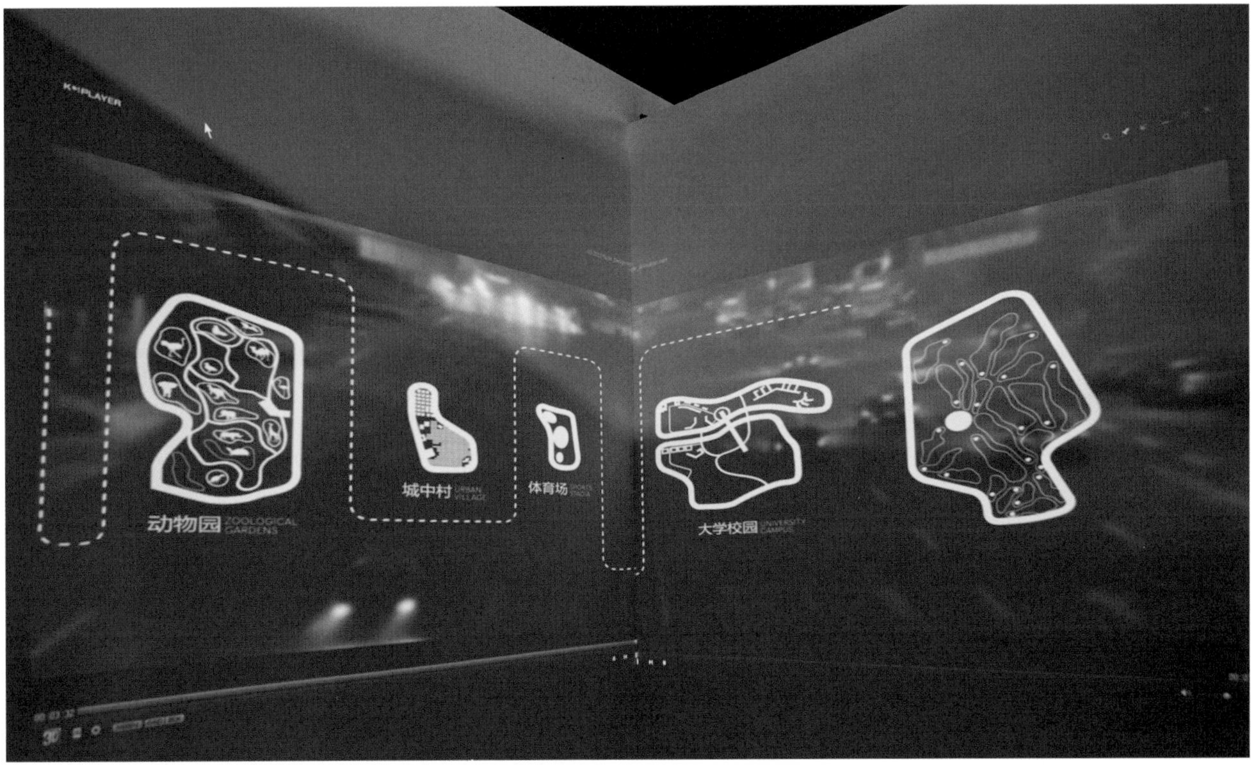
K•PLAYER
动物园 ZOOLOGICAL GARDENS
城中村 URBAN VILLAGE
体育场
大学校园 UNIVERSITY CAMPUS

困 闲
K•PLAYER
已移动至 01分 49秒 (25%)...
建设用地面积
BUILT-UP LAND AREA
81700 HA

“收缩的城市”研究计划

Philipp Oswalt;
同济大学出版社群岛工作室

B9

自从大约两百年前工业化开始以来，人口、经济、财富水平、工业国家的城市一直处于持续增长状态，且大多增长迅猛。增长似乎已经成为自然而然之事。现代性的特征依然表现为对增长的坚定信念，这种信念也就构成了现代社会行为、理论、法律和实践概念的基础。

然而这一史诗般的进程正面临终结。一些老牌工业国家——如意大利、德国、日本和俄罗斯——的人口正在减少。在过去的半个世纪里，全球有四百多个大城市损失了大量人口。和城市扩张一样，城市的收缩也可能会导致一些根本性的转变，带来新的指导原则、行动的模式以及全新的实践，最终形成社会发展的另一个方向。由德国联邦文化基金会支持的“收缩的城市”计划首次在全球范围内对城市收缩过程的成因和变化进行探讨，历时六年，研究了城市收缩的过程、原因及影响，努力寻求发展的新范畴，并已通过在北美、欧洲及亚洲的十余场展览、多本书籍及无数场活动，全面深入地展示了项目的丰硕成果。其中项目出版物《收缩的城市》第一辑中文版已于2012年9月由同济大学出版社出版。

本次“收缩的城市”展览特别选出全球四个代表性的城市区域案例，每个案例都对应着一个典型的收缩原因：底特律——郊区化过程；曼彻斯特/利物浦的前工业地区——去工业化过程；俄罗斯伊万诺沃纺织业地区——后社会主义变革；原东德的哈勒/莱比锡地区——以上三种因素加之人口老龄化。

特律城以北10英里外的郊区特洛伊，它是区域不断蔓延的体现。2003年

底特律市中心的Brush Park，1995年

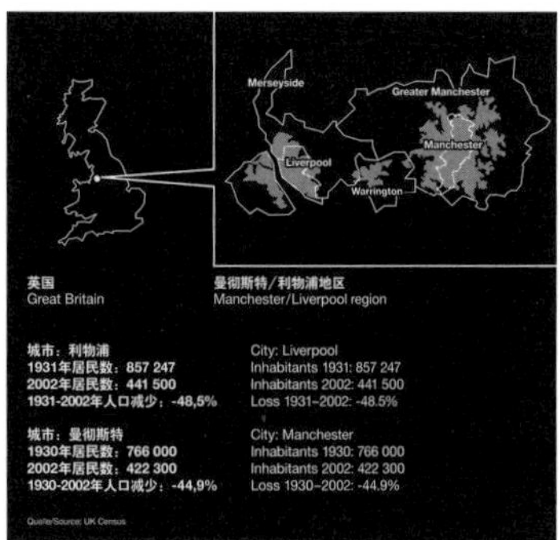

曼彻斯特和利物浦周边地区是英国19世纪工业增长的代表性区域。1945年之后，该地区又最先遭遇去工业化过程及其后果。

The region surrounding Manchester and Liverpool was the prototype of industrial growth in the nineteenth century. After 1945, it developed into a forerunner of deindustrialization processes and their urban consequences.

去工业化 1960–2000
Deindustrialization

失业
Unemployment

失业率百分比
Unemployment rates in %

Liverpool
Großbritannien
Great Britain

Quelle/Source: Department of Employment Gazette

利物浦码头工人数量及港口运输量
Dock Workers and Port Traffic, Liverpool

吞吐量（百万吨）
Turnover, in million tons

工人数量（百万）
Employees, in millions

15 837 · 11 197 · 6 168 · 3 579 · 1 656

Umsatz
Turnover

Quelle/Source: Department for Transport et al.

随着大英帝国的衰落，该地区开始失去它在经济上的重要性。一些效率不高的生产基地被废弃，导致大规模失业。利物浦港口开始采用货柜运输，吞吐量因此增加，但雇员数量仅占此前数量的极小比例。

With the decline of the British Empire, the region began to lose its economic significance. The abandonment of unefficient production locations led to mass unemployment. With the containerization in the port of Liverpool, the port traffic has increased, but uses only a fraction of the number of workers previously employed.

郊区化 1930–2000
Suburbanization

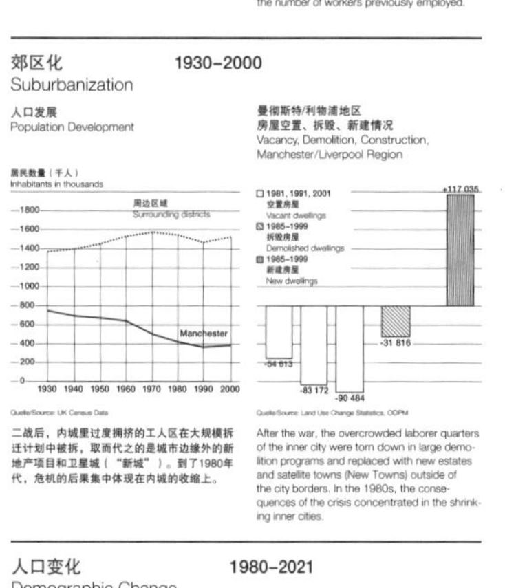

二战后，内城里过度拥挤的工人区在大规模拆迁计划中被拆，取而代之的是城市边缘外的新地产项目和卫星城（“新城”）。到了1980年代，危机的后果集中体现在内城的收缩上。

After the war, the overcrowded laborer quarters of the inner city were torn down in large demolition programs and replaced with new estates and satellite towns (New Towns) outside of the city borders. In the 1980s, the consequences of the crisis concentrated in the shrinking inner cities.

人口变化 1980–2021
Demographic Change

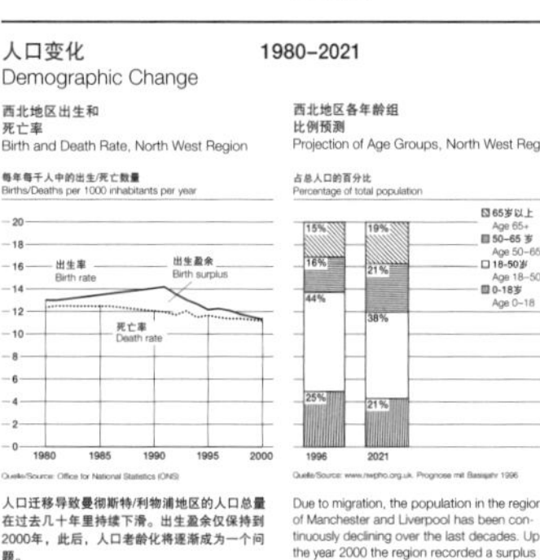

人口迁移导致曼彻斯特/利物浦地区的人口总量在过去几十年里持续下滑。出生盈余仅保持到2000年，此后，人口老龄化将逐渐成为一个问题。

Due to migration, the population in the region of Manchester and Liverpool has been continuously declining over the last decades. Up to the year 2000 the region recorded a surplus of births and overaging will become a problem only gradually.

极化景观
Polarized Landscapes

英国经济转型导致多个层面上的空间极化过程。

The economic transformation in Great Britain resulted in spatial polarization processes on various levels.

国家层面
National Level

净迁移 1994–2002
Net Migration

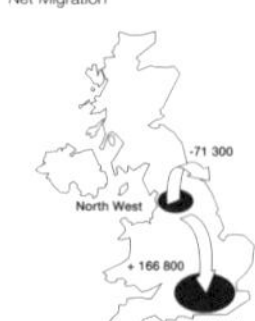

失业率 2001–2002
Unemployment Rate

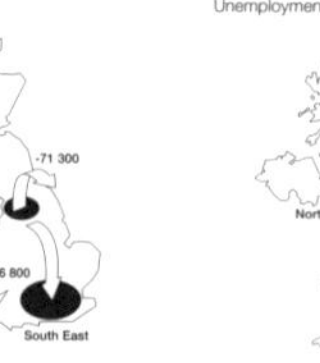

增长的中心区已经从英国北部工业区转移到东南部。

The center of growth has shifted from the northern English industrial areas to the southeast of the country.

地区层面
Regional Level

人口变化 1981–2001
Population Change

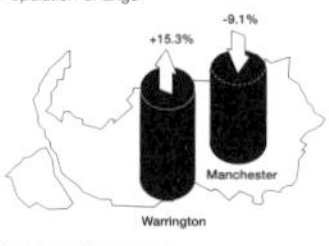

失业率 09/2001
Unemployment Rate

1.9% · 5.2% · Manchester · Warrington

Quelle/Source: Nomis

内城的人口和工作岗位都在减少，与此相对，集合城市外围地区的人口和工作则在增加。

Within the region inner cities were losing population and jobs, while suburban locations in the conurbation were prospering.

城市层面
Urban Level

人口变化 1991–2001
Population Change

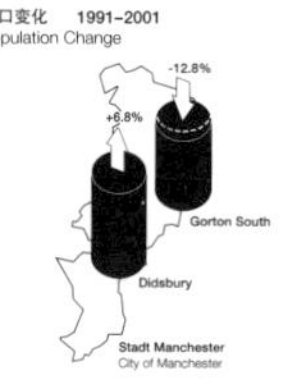

失业率 2001
Unemployment Rate

7.3% · Gorton South · 2.6% · Didsbury · Stadt Manchester · City of Manchester

Quelle/Source: UK Census 2001

城市与城市间也存在着高度差异，成功复兴与持续衰落矛盾并存。

The cities are also highly segregated. Successful regeneration clashes with continuous decline.

曼彻斯特周边废弃的工业基地 2000
Disused Industrial Sites around Manchester

曼彻斯特周边的旧纺织厂是通过一个铁路/运河网与城市联系起来的。如今人们在工业遗产和运河网络中发现了越来越多的新的城市特征。

The historical textile factory locations surrounding Manchester were connected to the city by a canal and railway network. Today new urban qualities are being discovered in the industrial heritage and canals.

Quelle/Source: Association for Industrial Archeology 2000

利物浦工业及服务行业雇员数量 1951–2001
Employees in Industry and Services, Liverpool

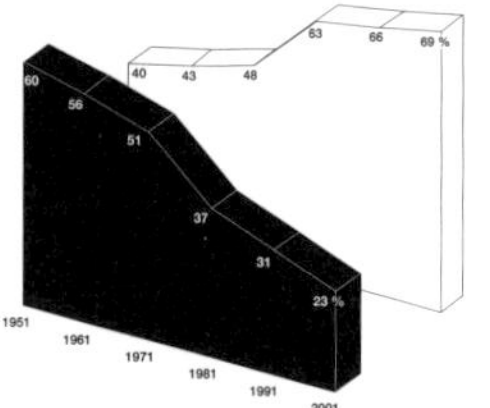

服务行业雇员数量占就业总数的百分比
Employees in the service sector, percentage of total employment

生产行业雇员数量占就业总数的百分比
Employees in the goods-producing sector, percentage of total employment

从1950年代起，工业领域的岗位数量在就业总量中所占百分比下降剧烈。撒切尔政府的新自由主义加速了传统工业的衰落，以及服务行业的兴盛。

Since the 1950s, the proportion of industrial jobs has fallen dramatically. The liberalism of the Thatcher government reinforced the decline of traditional industry in favor of the growth of the service sector.

Quelle/Source: UK Census

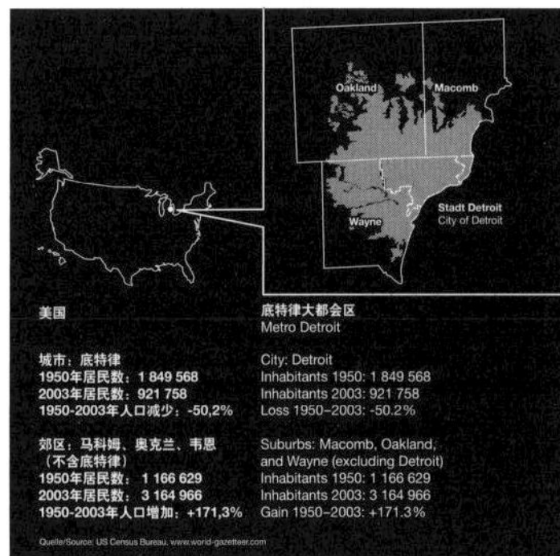

底特律内城衰败的原因，是大量白种居民迁到了郊区。1950年代，汽车工厂、购物中心也开始跟随其后，迁出了底特律城的行政边界。

The decay of Detroit's inner city was caused by the exodus of mainly white inhabitants into the suburbs. In the 1950s, automotive factories and shopping malls began following them beyond the city's administrative borders.

去工业化　1960–2000
Deindustrialization

失业
Unemployment

制造和服务行业的就业情况
Employment in Manufacturing and Services

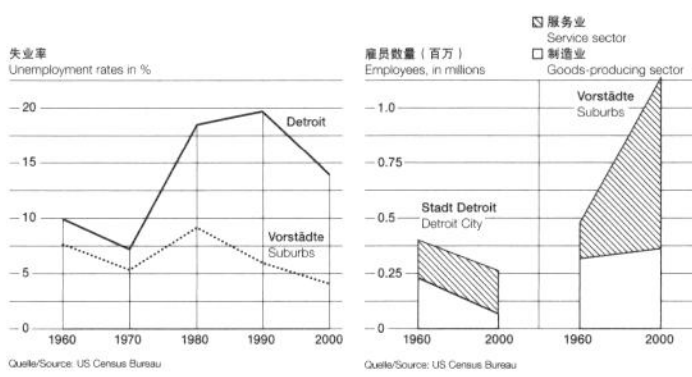

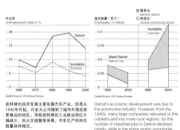

底特律的经济发展主要依靠汽车产业，但是从1940年代起，许多大公司搬到了城市外围或者更偏远的地区，导致底特律的工业就业岗位大幅减少。但从区域整体来看，汽车生产和岗位数量保持稳定。

Detroit's economic development was due to the automotive industry. However, from the 1940s, many large companies relocated to the outskirts and into more rural regions. So the number of industrial jobs in Detroit declined rapidly, while in the entire region automobile production and the number of jobs has remained stable.

郊区化　1900–2000
Suburbanization

人口发展
Population Development

房屋空置、拆除及新建
Vacancy, Demolition, Construction

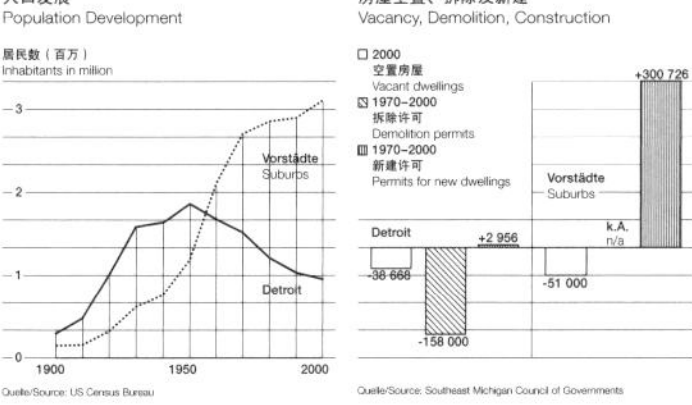

除了种族偏见和对犯罪的恐惧，不算高昂的土地价格、国家支持的贷款也是把人们赶往郊区的原因。如此就导致内城出现极高的房屋空置率，并伴随着建筑朽坏、故意纵火、拆除构件等行为。

In addition to racial prejudice and the fear of crime, inexpensive prices for land and state-supported loans drew people to suburbia. This resulted in high vacancy rates in the inner city, accompanied by decay, arson, and the demolition of the building fabric.

人口变化　1990–2030
Demographic Change

密歇根东南部的出生和死亡率
Birth and Death Rate, South East Michigan

底特律大都会区各年龄组人口比例
Projection of Age Groups, Metro Detroit

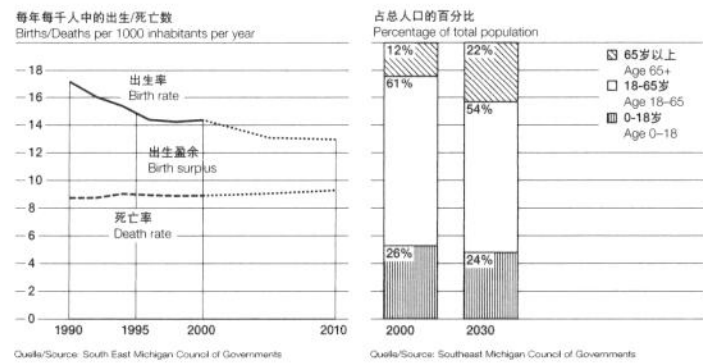

底特律市及周边地区的出生率均高于死亡率。区域整体人口正在增加，但城市本身因人口外流而大幅收缩。据目前预测，这种收缩趋势尽管会减弱，但毫无疑问会持续下去。

In both Detroit and its surrounding areas, the birth rate is still higher than the mortality rate. The area as a whole has an increasing population, while the city itself has shrunk significantly due to continuous migration. According to current predictions this trend will weaken, but it will nonetheless continue.

房价　2000
Housing Prices

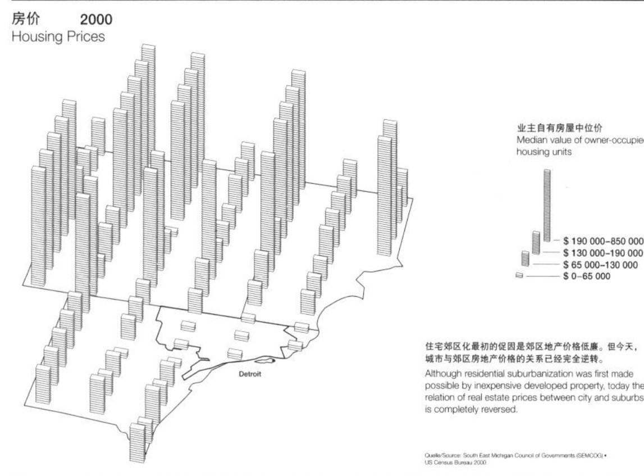

住宅郊区化最初的促因是郊区地产价格低廉。但今天，城市与郊区房地产价格的关系已经完全逆转。

Although residential suburbanization was first made possible by inexpensive developed property, today the relation of real estate prices between city and suburbs is completely reversed.

Quelle/Source: South East Michigan Council of Governments (SEMCOG) • US Census Bureau 2000

底特律人口发展　1970–2000
Population Development Detroit

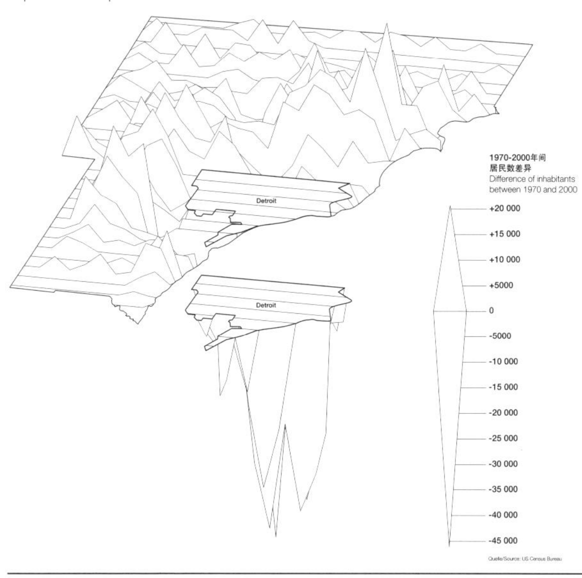

Quelle/Source: US Census Bureau

白人与黑人比例　2000
Share of White and African American Population

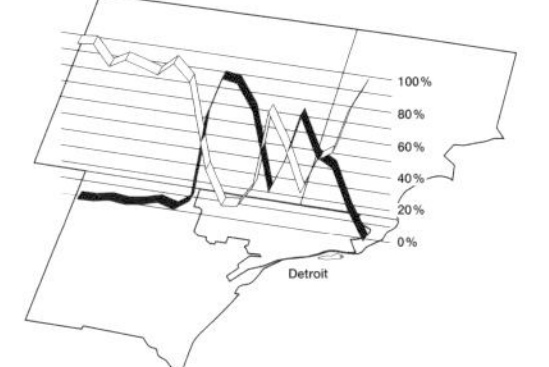

白人所占百分比
Share of white population, in %

黑人所占百分比
Share of African American population, in %

种族隔离和对社会风气败坏的恐惧，使得内城出现了“白人逃离”现象。图表显示了在一个穿越城市与郊区的地带里，白人与黑人人口的比例。

Racial segregation and the fear of social decline resulted in "white flight" from the inner city. This diagram shows the share of the white and African American population along a section drawn through the city and suburbs.

Quelle/Source: Wayne State University • US Census Bureau 2000

购物中心
Shopping Malls

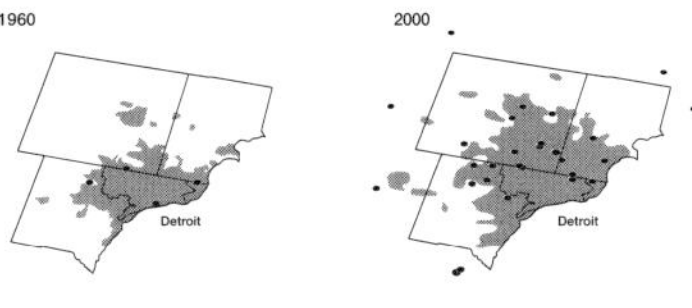

● 零售面积超过1万平方米的购物中心
Shopping mall with more than 10 000 m^2 retail space

聚居区
Settlement area

1954年，“北地中心”在奥克兰市索斯菲尔德开张，成为全世界第一家购物中心。1985年，底特律市最后一家百货商店关张。

In 1954, the Northland Center in Southfield, Oakland, was opened, the first shopping mall worldwide. In 1985 the last department store in the city of Detroit was closed.

Quelle/Source: The Detroit Almanac, Detroit Regional Chamber

M.E.D.:
新欧洲对角线

马德里建筑学院，
马德里欧洲大学

B10

M.E.D.展览空间

1、新MED城市：新的媒体中心

此项目从一个整体视角出发。首先，采用了适用于马德里建筑学院所有项目研究的主题——新“欧洲对角线”：未来欧洲。同时，引入了其他技术性的学科，帮助学生们迅速转入未来的研究。此一整体视角也使得教师、学者和学生组成了一个同步工作的大型工作室，形成一个包含9位演讲者和近百位参与同一课题研究的学生的网络。工作描述中清楚表达了项目设想：研究一个“元疆域”，此疆域内包含着一个由城市网组成的巨型城市，即：21世纪的新欧洲对角线。此项目作为与都市基金会合作项目——“欧洲对角线”的延伸，试图重新激活“欧洲对角线”，关注欧洲近些年涌现的超大尺度城市。一种全球超大结构正在重新调节欧盟的平衡，而这些城市正是其中不可或缺的组成部分。

2、从宏观尺度到微观尺度

……从宏观出发……产生了一种新的欧洲超尺度格局，新的宏观城市。这些城市之间通过车流与信息流实现沟通，超越了地域的局限（里斯本—柏林—莫斯科）。马德里与欧盟超大城市结构的再平衡不可割离。它通过新型的虚拟信息网络与高速铁路、高速公路以及新的大型基础设施构成的系统，成为了欧洲与拉丁美洲、与亚洲的接口。马德里已经建立了超尺度的对外连接，从它与其他大洲的关系中就可以看出。一种关于新马德里的概念已经建立，并深深植入欧洲的新对角线中：它超越了欧洲的地理边界，成为了“超马德里”，它既是全球化的，也是本土的。在微观方面，马德里成为了一个先进的集散中心……一个可被植入到任何一座MED城市中的单元，并且通过与“元对角线”的交错联系，产生交替的人流，催生大量的聚集中心。这一 “全球+本土化”的尝试可以跨越文化差异，根据各个国家的不同情况因地制宜，让各个城市都在全球化的背景下联结起来。

21世纪城市的新理念……未来已经到来……

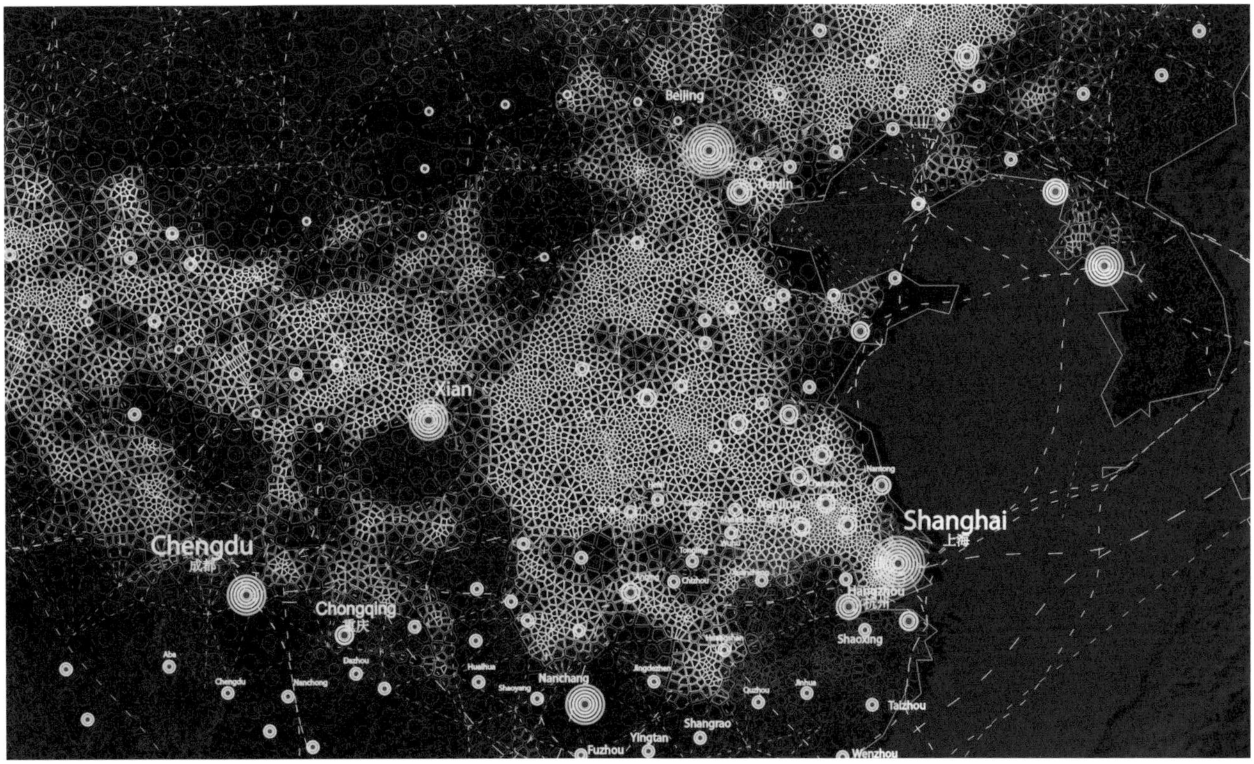

M.E.D.中国局部规划

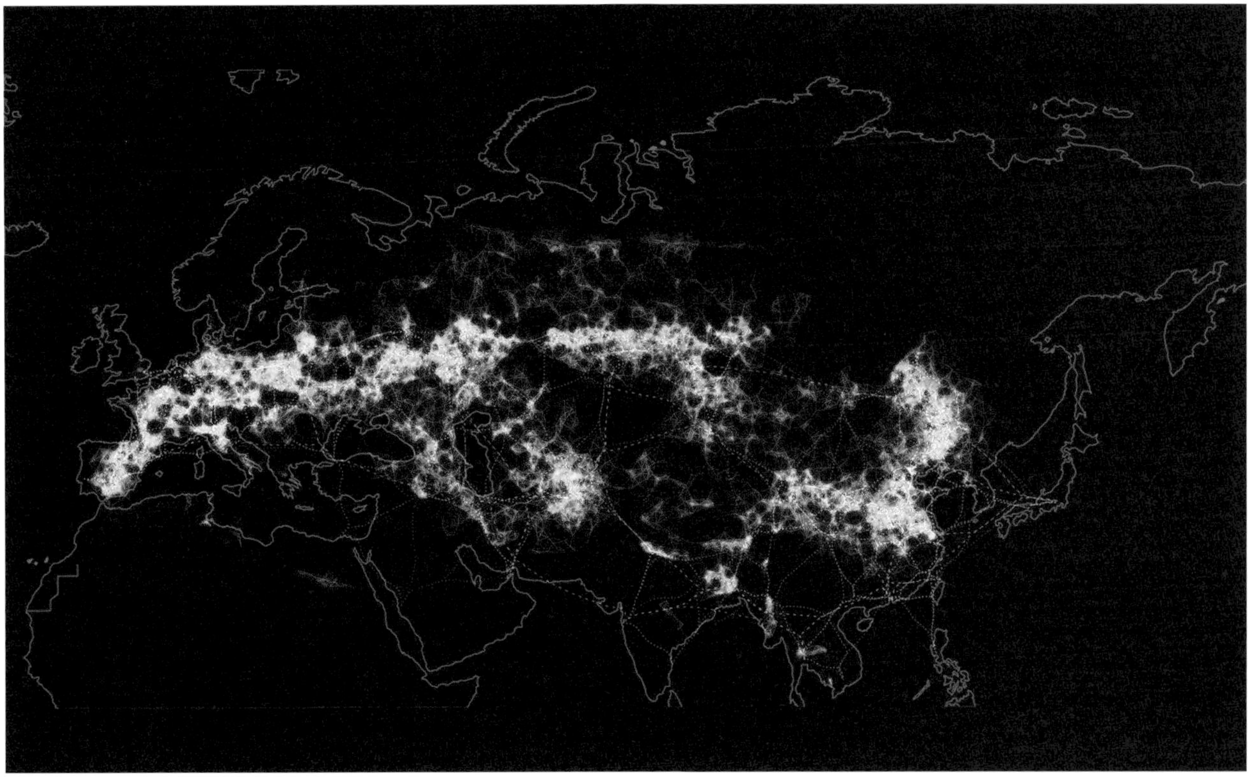

M.E.D.整体规划

防浪堤，地中海港口城市

Rafi Segal, Yonatan Cohen,
Maayan Strauss, Savina Romanos

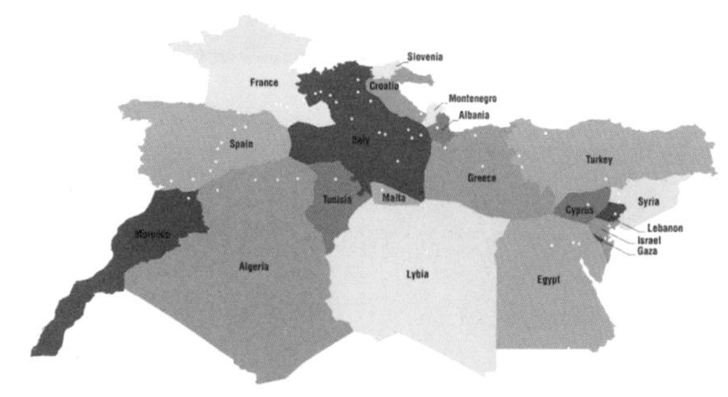

几个世纪以来，地中海为周边的区域赋予了共同的文化与地理特质，它把这些区域联结在一起，提供了商品和文化交换的开放平台——它是一片坚实的土地，在周边国家边界之外，却又兼容并包。近年，随着民族国家的兴起、殖民力量的衰退以及交通、航运路线的发展，地中海港口城市在仲裁文化差异方面的历史角色也黯淡下来。一套后城市时代的区域性系统，可以重新唤起地中海融合差异的能力——将地中海的逻辑向内陆延伸，接近半自治状态下的区域个体。我们的项目设想了一种地中海地区的新型组织方式：港口城市结成联盟，抛开国界限制，形成地区性的网络。因此需要重画、重塑地理，将整个区域视为一个新的整体，港口城市在其中是节点而非分界。地中海再次发挥它的凝聚力；海平面再次将周边城市汇集在一起，超越了空间与时间、国家与国界。

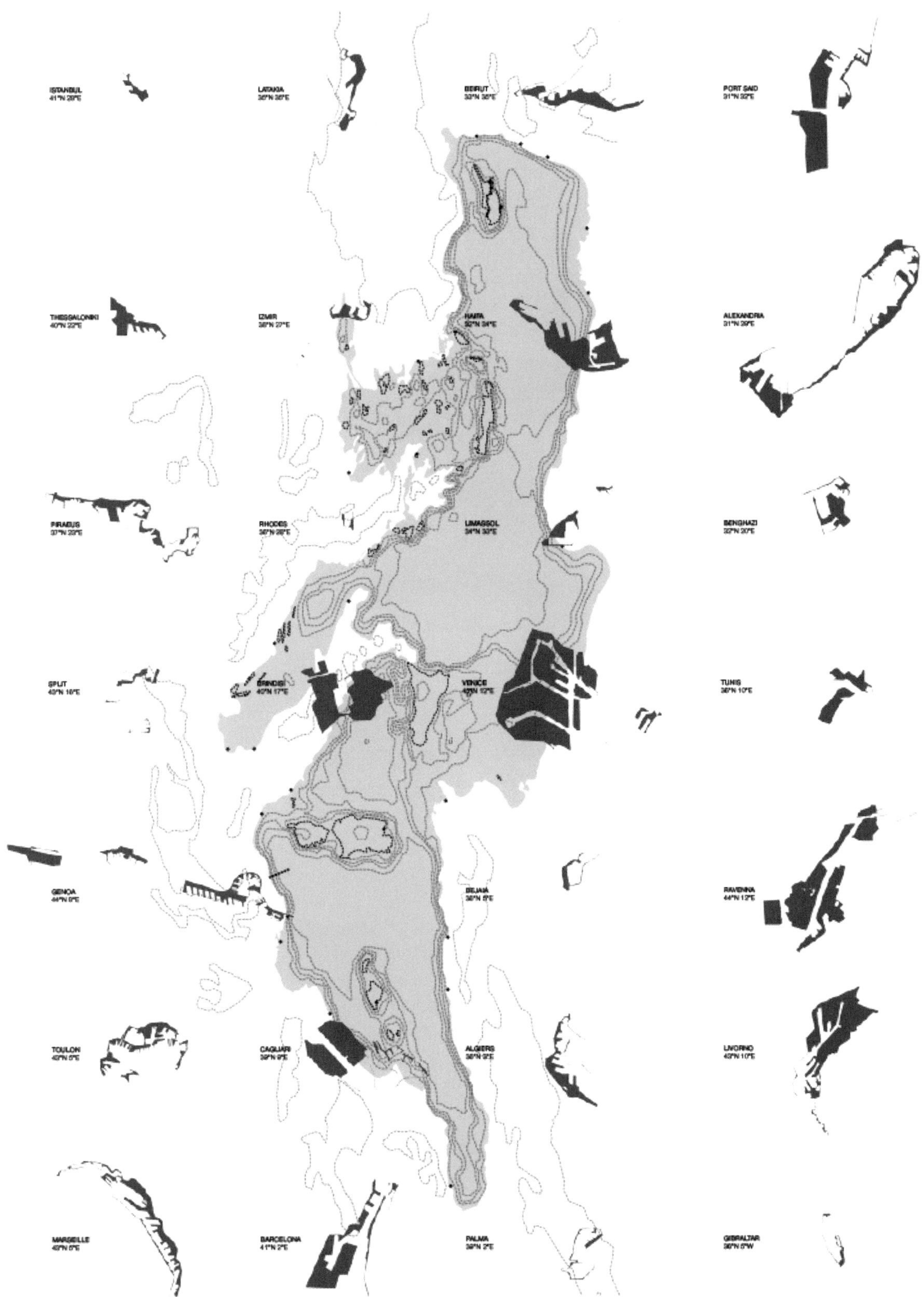

地中海港口城市（绘图： Savina Romanos）；对页左下图：海陆主权图

边界医疗+杂交空间：广州城市研究的四个样板

广州美术学院建筑艺术设计学院，法国拉维莱特建筑学院研究生院MAP课题组

B12

在过去十几年期间，中国经历了空前快速的城市化变迁，原有城市的周边地区出现了乡郊城镇与城中村，以及大量人口流动的特殊现象。广州美术学院建筑学院和法国巴黎拉维莱特建筑学院城市设计MAP研究课题组的师生一起，在广州寻找了四个样板区域展开研究。他们试图通过日常城市空间的研究，分析人们在这样的城市空间中的行为模式，找到其运行的空间系统，最终从10个不同的角度提出空间整治策略。全程工作是通过测绘民居、影像和问卷调查的方式进入这样的日常空间，然后选取若干有特性的微区进行深入考察，寻找、识别、验证这种日常城市空间系统的质量和潜力，以及构成这种空间系统的建筑学、社会学、人类学及文化因素，最终在综合分析的基础上，发展出这样的空间系统构成机制来完成城市设计。

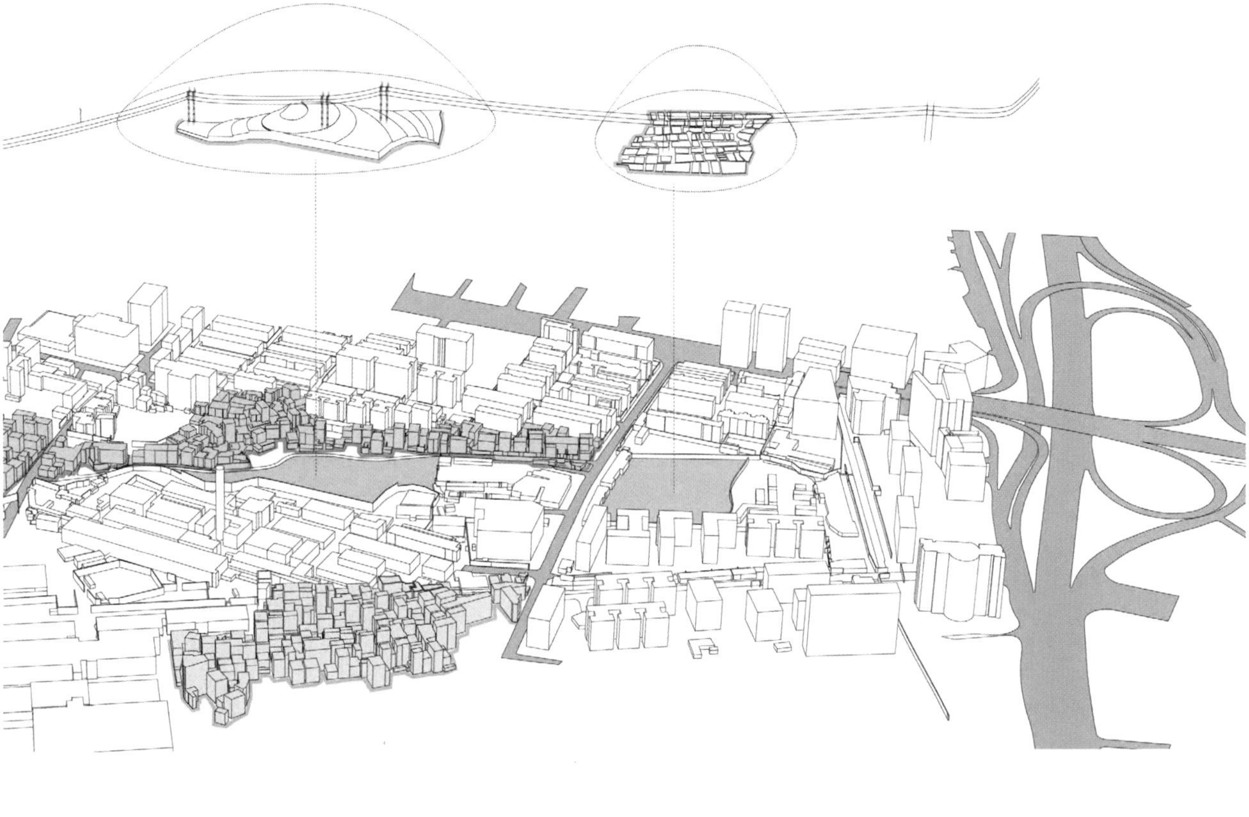

AP-7高速公路上的10个收费站及顶棚，加泰罗尼亚South La Jonquera- Salou段

Bru Lacomba Setoain

B13

本项目旨在使每个收费站成为基地的一部分，建筑在体现先进技术的同时充分表达了对环境和景观的尊重。新收费站的设计受到了ACESA高速公路的启发，该公路在一种自然/郊区的文脉下，被塑造出一种“折叠起来的土地”的感觉，因地制宜地行走在不同自然地形、不同场地环境之间。

这10个ACESA收费站的形象很好地融入了集体回忆之中，这点有别于其他地区的公路。在当下的文脉中，塑造出一种品牌形象具有决定性的价值。

本项目着重体现了一种双重性：既强调了其本身的技术感，同时又是充分融入自然的，达成了两者之间的和谐关系。

这条公路积极地传播了多样的信息，又引导了人们去欣赏当地的景观，同时还讲述了ACESA公路自身的故事：路边的信号屋，水平线的延伸，不同地段的色彩（信息牌，不同车的型号）等等。

如果说收费站是现代化社会才出现的一个特殊形象，那土地规划的意义就变成决定性的了。这块区域所表现出来的色彩将增强整条公路间的交流和识别性，同时也改善了周边环境和景观的质量。通过这种途径，项目呈现了丰富的色彩肌理，提供了不同的使用功能，又传达了多样的信息。

图片摄影：Adrià Goula

可量化的东西容易制定标准，而标准化能为一架机器的有效运转提供必要的参数。社会也是一架机器，这架机器有效运转的条件是把人变成方便使用的零件，这需要以牺牲人的自然属性为前提，人作为组成社会的一部分，也正在按照某种标准化的规定身处其中并习以为常。这种标准化的参数体现在时间、距离、速度这些可量化的单位上，同时也大张旗鼓地出现在作为自然情感传达的面部表情上。

在安徽高速公路收费站，我在收费员的面孔上看到了一种训练有素的表情——标准化微笑。这些收费员每天面对过往的车辆，表情千百次切换和重复，当这种统一的表情反复出现在不同的面孔上时，它便成为一种规定性表情操作，一种与传达真实情感无关的面容招牌。这是一道人为摆设的风景，规模化和重复性使他们的面孔就像一朵朵生产线上的人造花，美丽绽放但与季节无关。

abertis
SETOAIN s/p

西班牙洛格罗诺高铁站。©Jose Hevia

西班牙洛格罗诺高铁站

车站作为城市新项目的一个起点，恢复了洛格罗诺南北两区的连接，从而产生了一个大型公共公园。车站平台成为融于整体的一部分，其体量与公园的几何形态及地势特点紧密相关。通常所有设在地面上的车站都是一种对城市空间延续性的突然打断；尽管其初衷是为了联系整合城市，但最后却留下了加深城市与社会隔离的、缺乏内容的空间。将车站埋于地下意味着从另一个角度去重新思考车站设计的类型。这个车站给我们提供了一个改变城市的机会，创造公共空间与绿化空间，鼓励步行与自行车。通过地景来创造新的机遇，来加强我们对城市作为一个共同体的体验。这个项目的特别之处在于，从设计伊始，它就聚集了基础设施与城市、景观与建筑、生态性与经济性等多方面的要素。也就是说，我们通过一种管理模式和整体设计，试图寻求项目各个阶段中的质量与创新，去满足质与量上的双重需求。由此，通过这个项目，我们可以说获得了地景建筑和生态都市主义的前沿经验，并反映了我们的建筑与城市规划理念。

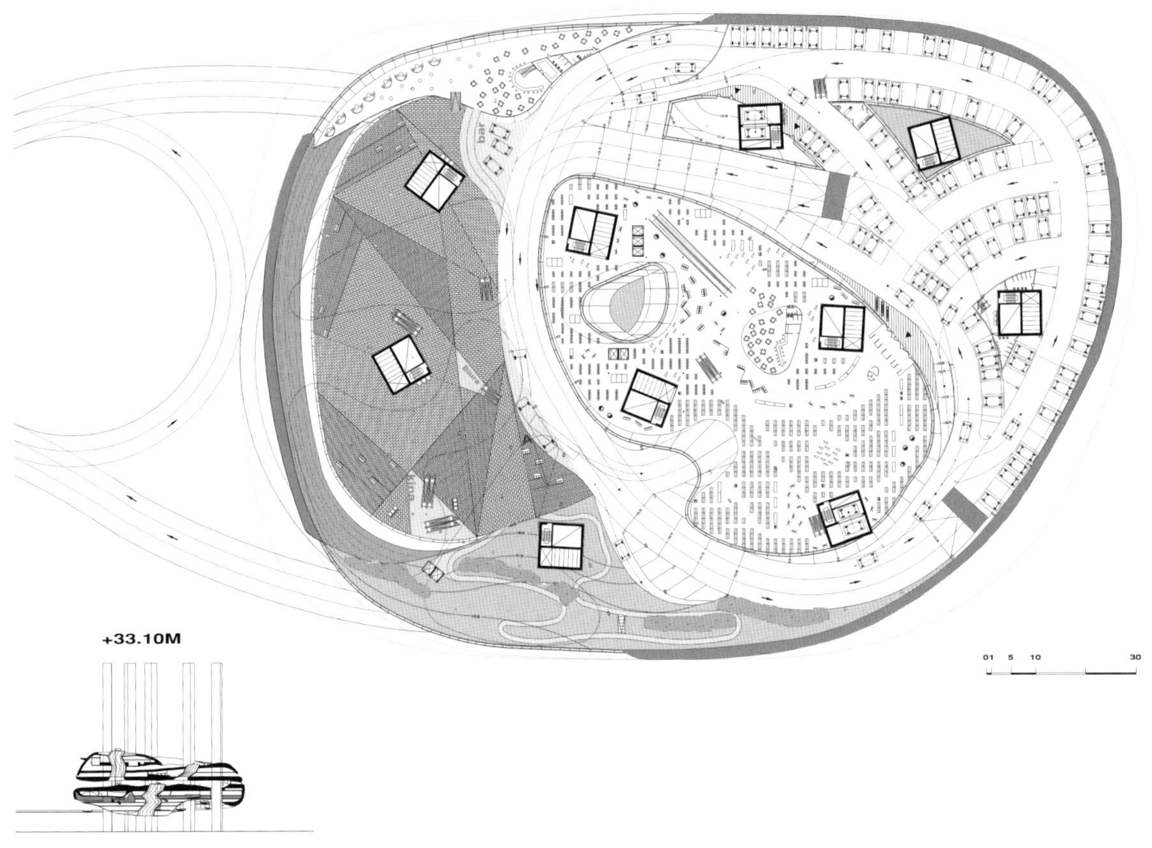

马德里M40公路的酒店会议中心

M40公路酒店会议中心位于马德里郊外的一片荒漠景观带中，它悬挂在空中，只与M40公路相连，与地面没有任何联系。主体量从周边环境获取的纹理与颜色，由10个修长且穿越主体的塔楼支撑着，塔楼中每层有一间酒店客房，由反光玻璃围合使其与天色融合在一起。主体量中穿过的公路可以经过各种汽车与公共空间相关的郊区公共活动功能：购物中心、电影院、会议展览中心、体育设施等等，并延伸到屋顶。中央空间有一个巨大的门厅被切成两半，形成一个有遮盖的室外公园。阳光、雨水和空气透过这个大型的体量培育着这片人工景观。

边境风景

Juergen Mayer H., Wilko Hoffmann

B16

海关检查站位于格鲁吉亚面向土耳其方向的边境，即黑海海岸。格鲁吉亚的政治与文化似乎直接从过去跳进了未来，正兴致勃勃地期待着将要发生的一切。海关检查站的存在，似乎是为了欢迎人们来此聚集，而不是将两个国家分开。悬挑的平台是俯瞰水面和陡峭海岸线的地方。除了海关的基本功能之外，检查站还设有自助餐厅、员工休息间和会议室。这座建筑欢迎人们进入格鲁吉亚，它象征着这个国家的奋进，将自己融入周围的美景，也成为这个正向未来敞开怀抱的国家的地标。

建筑与设计从来都是关乎未来，也推动着社会、经济、美学或其他各领域的进步。建筑还应该是催化剂，带领人们从被动接受模式切换到积极参与模式。

J. MAYER H.的参展项目“边境风景”，对格鲁吉亚Sarpi边境检查站进行了一番有趣的表现：这座建筑的外形（包括一座塔楼）从起伏不定的周围环境中一点点冒起，成为格鲁吉亚—土耳其边境的地标。Sarpi缺少自然的分界（例如一条河），而边境检查站就成了一条人为划定的边境，一条人工的“景观国界”。

上海制造

李翔宁、李丹锋、江嘉玮、杨旭、杨熹、倪正心、王智聪、白菲、张子岳

B17

“上海制造”都市研究计划旨在发掘这座城市最为人关注和最容易被忽视的都市基因：从城市地标建筑到违章建筑，从公共空间到建筑废墟，我们收集城市的名片和不为所知的废弃物。这些既典型又非典型的建筑和空间，彼此分离、并置、侵入、交叉、覆盖，共同组成了一个异质混合、重新呈现的上海。而最后通过抽取的基因再组合成的城市图景，经过了折射、过滤和变形，显得既熟悉又疏离，不同的观者都可以从中找到自己独特的上海记忆、欲望和想象，一个拼贴的异托邦。如果说东京更像是一个将不同建筑体量和空间并置后而具有不同特征的城市区域，那么在上海，这些异质的空间类型则以一种更“像素化”的方式被打散后揉在一起。在东京清晰可辨的高层、多层、低层区和大中小不同尺度的地块，在上海几乎可以在每一个地块中找到，所以上海成为了一座绵延密布着异质混杂建筑类型的都市。或者换一个角度说，任选一张特定尺寸的城市街区的总平面图，根据其尺度、建筑高度和空间组合模式这些信息，你基本可以猜测出可能是在东京哪几个地段。而这在上海几乎是不可能的，因为每一个混合了不同建筑类型的地块，彼此之间又是那么一致，几乎成为一种“通属”的地块。上海每一个地块上所容纳的基因都差不多。

东京制造

塚本由晴、贝岛桃代、黑田润三 犬吠工作室

B18

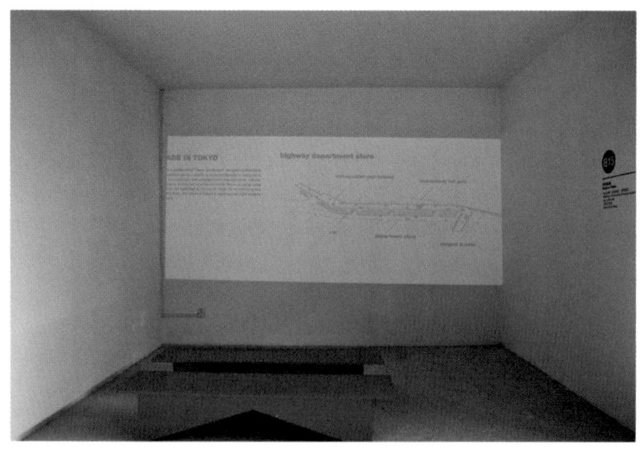

1991年，我们发现在一个悬于陡峭斜坡上的棒球场的下面，蜷缩着一间狭小的意大利面馆。意面馆和棒球场在东京都很常见，但二者一起出现就让人觉得费解。尽管结合之后有着明显的便利，可是朝着对面的酒店击球、挥汗，然后在意面馆填饱肚子，这似乎完全没有必要。而且，也很难说这种结合到底是一件搞怪机器，还是一个奇怪的建筑。这个建筑物让人既怀疑它毫无意义，又期待它欢乐而恣意的活力。不过，伴随着这种含混之感，我们也感受到了这些建筑是多么的"东京"。它们的奇妙趣味吸引了我们，于是我们开始拍摄它们，就像是初次来到这座城市的游客一样。这就是《东京制造》的缘起，它是对这座城市中无名的奇怪建筑的调查。

吸引我们的是那些以憨直地对应周遭环境与规划要求为优先目标，而非执着于美学或形式的建筑。夹杂着爱与轻蔑，我们决定称它们为"滥建筑"。它们中的大多数是无名建筑，不好看，也不被当今的建筑文化所接受。实际上，它们恰恰是那类"建筑不该如此"的典型。然而，从透过建筑形式观察东京现实这点来说，它们胜过任何建筑师设计的建筑。我们认为，虽然这些建筑无法被东京这座城市解释清楚，但它们却说明了东京是个什么样的地方。因此，借由对它们的搜集和排列，东京都市空间的特质或许就会浮现出来。我们的兴趣在于，那些形成、利用城市中一体环境的多样性方法，以及那里表现出来的城市生态。其中包括，跨类别混合形成的出人意料的功能联接，单体结构中不相干功能的共存，几座相异的相邻建筑与结构的联合利用，或者是单体建筑中奇特城市生态的组合。

在东京的城市密度下，有些一体性的范例，跨越了类别或有形建筑的界限。它不同于独立、完整的建筑。或者说，任何一座此类建筑都能在多个城市场景中执行多个角色。它们无法被明确归类为建筑，或是民生工程、城市或景观。我们决定将这种一体性联接环境称为"环境单元"。我们也注意到了使用如何形成网络的问题：公共设施可以散布于城市中，同时与周遭环境产生交叉。生活的空间可以渗入各种城市实体，并于其中建立起新的关系。城市住居的可能性也随之扩展。

パラコン
オーディオフロア
3F
大感謝祭
パソコン
プリンター
ワープロ
絶対安い!
2F
Sale
サトームセン
パソコン
ナカムラパーツセンター
大特価

金町自動車教習所
イトーヨーカドー

那里没有升降机，我们要爬八层的楼梯。走最后一段楼梯，喘不过气时，我俩望着对方，禁不住犹豫：我们为何要到这里来？

天台上，窄窄长长的通道穿插在金属片、木板、砖块或塑料皮搭成的寮屋之间，形成迷宫似的空间。当中还有台阶或梯子连接寮屋的上层。我们迷路了。Rufina拿着我们的单张，敲门，然后是一连串广州话对答。Stefan这个外国人站在一旁，只是微笑，可不明白一字一句。对方听罢，报以微笑，请我们进他们的家去。后来，我们从对面的一幢大厦俯瞰这个天台。天台很大，一间一间的寮屋聚在一起，形成一条村落似的。那天台上住了三四十户人家吧。从外头又哪知道里头有些什么：他们会上网吗？他们有洗手间吗？当然，更无法知道他们的故事。

谁勾勒顶楼加盖屋的模样？谁给顶楼加盖屋留下记录？有时，报章会刊载一篇有关顶楼加盖屋的报道或文章；有时，非政府组织会推广一次跟顶楼加盖屋有关的行动；有时，政府部门会为所谓的“违例建筑工程”存盘，用不脱色箱头笔给顶楼加盖屋编号，并——拍下照片。然而，这些档案不会对外公开；居民或会一读，为了知道何以要拆掉他们的家。顶楼加盖屋居民鲜有记下自己的生活空间。看他们的家庭照，家人对着镜头微笑，背景可能是向日葵花间，可能是中国大陆某条村，可能是街上某人的汽车旁，只不过不是他们的家。

再走那些楼梯。我们不再在通道中迷路了。我们弄懂居民如何改建和修葺他们的家。他们当中，有人在顶楼加盖屋中住了二三十年，曾投入建设这个城市；近年，不少从中国大陆、东南亚或巴基斯坦来的移民接下这个任务。20世纪70年代，他们当中有人参与建造地下铁路。现在，他们当中有人在高楼大厦的建筑工地工作。

香港不少旧区都在重建。有些大厦看似摇摇欲坠，因为它们用了以咸水搅拌的混凝土来建筑；另一些大厦就要让路给更高更能赚钱的大厦。很少顶楼加盖屋居民介意入住新落成的高楼大厦，只是他们负担不起。他们都怕被安置到偏远的新市镇，那里谋生的机会可能更少，小区网络也有限制。

我们再走那些楼梯。顶楼加盖屋是都市传奇，说的是香港的故事，是中国大陆政治巨变的故事，是市区重建的故事，是人们希望和城里生活所需的故事。

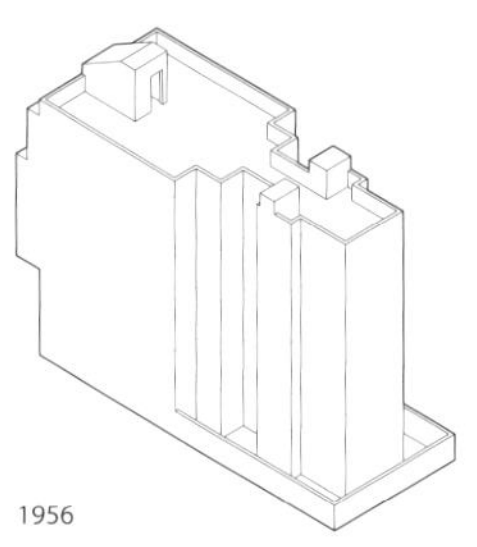

1956

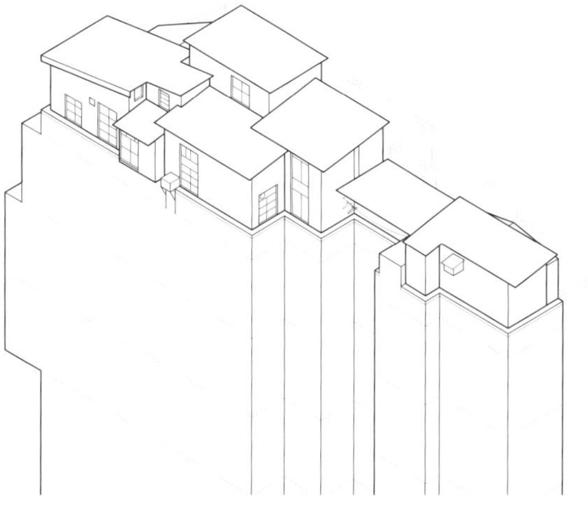

2008

墙馆

OFFICE Kersten Geers, David Van Severen & Bas Princen

B20

我们两家事务所在实践中，对于围墙和边界一直很感兴趣。墙体的存在隐含着明显的等级秩序，它似乎是居民与周边景观关系的核心。如果说城墙的范围与领土的边界几乎重合，那么城市边缘则更为模糊，更加难以把握，因为它是不同密度的人口、不同程度的发展共同形成的动态。

因此，城市边缘的概念是瞬间的、暂时的，在越来越拥挤的世界更是显得有些过时。在我们拥挤的世界之下，城墙的残余——这一代表了等级秩序的片段，依然左右着我们的视角，引导着我们的生活方式。

我们都喜欢组织架构，于是城市的围墙(无论概念还是实体模型)吸引了我们。我们坚信，即便是围墙的残余，也可以引出一套秩序。它们是大地艺术的碎片，提醒着我们隐藏在这些宏大工程背后的力量。这种宏大对于生存与腐朽的机制永远具有重大的意义。所留下的，也许是一些并未有意建造的物体，仿佛一扇供人们窥视的窗口。

埃及丹达腊神庙的墙体由罗马人建造，用于抵御尼罗河谷居民的扩张。一层层的砖砌起了厚厚的围墙，经过多年的侵蚀而变成了粘土。墙体似乎在与神庙争锋，它们巨大的体量代表着经年的动态。这个防御物依然宏伟壮观，却让人心感不安，成了毫无意义的古城边缘。

“墙馆”是一处由薄砖墙围合而成的圆筒形空间，内墙微微刷白，上面播放着Bas Princen拍摄的丹达腊神庙照片的投影。墙体虽薄，却在展览空间内形成了一道可以感知的障碍。馆的尺度根据所播放的照片确定。照片里城墙的厚重与粗糙，与展馆墙体的轻盈形成鲜明的对比，这种对比展现了防御工事的两面性：既意味着空间上的边缘，也蕴含了等级的观念。

被重新书写的建筑

戴耘

B21

这个"边缘建筑"矗立在较场尾村的海边，此处是深圳大鹏湾沿岸，众多海滨游乐场、度假村中的一个点。村里的渔民为了吸引游客，将海边的房子重新粉刷、改造、加建，营造出一派地中海风情，如雅典印象、米兰翠鸟等。图片上的建筑原本是一个中式古典亭子，周边配有小桥流水，显然为了与时俱进。主人将这座亭子柱体之间填上砖头，加上爱琴海欧式的窗、门，再刷上蓝白相间的色调，"重新书写"了原有的建筑。混搭后的建筑体里面放有咖啡屋、酒吧样式的桌椅，游人可坐可卧、或品或饮，倒也别有风味。

玫瑰岛共和国发行的邮票

主权是共和国绝对而永久的权力。

—Jean Bodin,《论共和国》

我们今天所理解的"国家主权"的概念,完全成形是在近代的欧洲。它是一场创伤—法国大革命的产物,通过对"国家"概念的锻造,获得了清晰的目标。因此可以说,国家主权的基因里,深深植入了向往自由、对抗暴政的乌托邦理想。

讽刺的是,如今,对自由和解放的向往,往往是通过强大的控制机器来表现的,主权国家借助此控制机器来维持自身的权威。一切只能非黑即白,不能有灰色区域;国家主权必须是连续且分立式的,将整个星球用围栏、墙壁、堡垒、港口、出口加工区和检查站严密缝合。权力的空间分配必须滴水不漏、不容置疑。即便是在历史最久的民主国家,在机场大厅、使馆、公共水域出现了小小的空白,它们似乎更容易屈从于单方权力,让相对清晰的属地法律无能为力。

爱德华·斯诺登(Edward Snowden)、朱利安·阿桑奇(Julian Assange)以及"蓝色马尔马拉"号上的活动家们都证实了这一点。和现代刑事司法系统以刑罚为基础一样,主权的概念也建立在这一明确的事实之上:任何妄图动摇主权的行为都会遭到快速而强力的镇压。20世纪的历史由两种重要的机制写就:一方面,全包围式的体制建设彻底控制了人民、物品及能量的流动;另一方面,规模同样宏大且复杂的技术网络不断革新,让全球信息流摆脱了地理和时间的束缚。划定一个民族国家范围的国境,一直被视为一种保护自由的机制,但在网络时代它具有了截然不同的意义。针对绝对控制的对抗性力量、不断延展的互联交流,促发了一场关于民族、身份之未来的紧迫讨论,同时催生了一批通过建筑手段回应这一冲突的乌托邦项目。

"玫瑰岛考古"重访了其中一个乌托邦项目的遗址—玫瑰岛共和国(世界语:Respubliko de la Insulo de la Rozoj),最近在亚得里亚海的海底被发现。1968年,意大利建筑师乔治·罗萨(Giorgio Rosa)在意大利海岸附近的公海,自费建造了这一面积为400平方米的独立领土,当年5月1日宣布脱离意大利。玫瑰岛共和国的官方语言为世界语,岛上流通自己的邮票和货币。在宣告独立56天后,被意大利政府及警方捣毁。

通过遗留的器物和当今的考古记录,"玫瑰岛考古"提出了这样的问题:在集体意识之下涌动的这种思潮,在当代是否还有意义?

玫瑰岛

残骸

微巨构／城市边缘的巨构尺度

李麟学、刘旸、尹宏德
麟和建筑工作室 ATELIER L+

B23

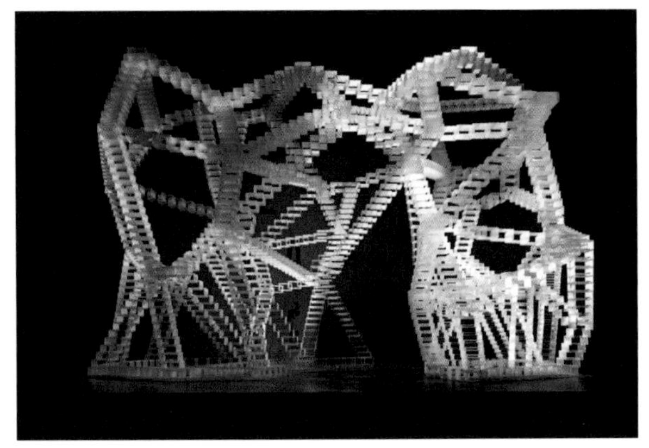

在中国快速突变的城市边缘，建筑呈现出一种引人注目的巨构形态，并使得城市边缘的城市与建筑空间发生着前所未有的突变与挑战。这些巨构形态一方面模糊了城市与建筑的边界，成为满足城市扩张野心的操作策略；另一方面又因其偏重物体性的展现以及环境的疏离，而失去了创造新类型的机会。

重新审视这一城市边缘的巨构形态，以水平巨构与垂直巨构的层面加以文献性总结和批判性的反思正当其时。巨构形态是可持续的吗？巨构形态的政治与经济动因是否正在动摇？巨构形态如何融入未来的都市？巨构形态如何应对自然与生态层面的巨大冲击？

这一反思指向一个新的“自然系统”的构建，并通过“微巨构”（micro-mega）这一装置加以呈现。这一自然系统试图以“知微见著”的精神，从微型物质构建一个巨构系统，这一系统是可更替与生长的，是充满空隙、虚实相生的，是充分融合自然要素并具备完善生态系统的，是与城市边缘系统要素有效整合的。“微巨构”指向城市边缘建筑尺度的反思与一种新类型的可能。

山居城市

张轲
标准营造

B24

标准营造根据中国国土资源部历年公布的年度报告作了一项简单的研究，发现过去15年中国耕地面积急剧减少的状况令人震惊：1996年到2010年全国耕地从19.51亿亩减至约18亿亩，中国减少的1.5亿亩耕地将少养活1亿人！

2010到2015年，全国每年建设用地需求在1 200万亩以上，每年土地利用计划下达的新增建设用地指标只有600万亩左右，土地供求缺口达50%以上，随着城市化的加快推进，建设用地供求矛盾还将进一步加大。

面对急速膨胀的城市空间与急速减少的耕地之间的矛盾，城市规划师和建筑师们应采取何种态度？未来10年国家对农村的大量投资是否会再次加剧耕地的流失？标准营造以质疑的态度面对中国城市的过度扩张，像东村这样的典型的城市扩张能否尽量保留更多耕地？能否通过村庄立体化减小城市化的压力？能否恢复更多的农田？

“山居城市”计划是一个取消城市与农村差别的计划，每户都有宅基地，而宅基地不再以“平方米”计算，取代它的是“立方米”，不管农村还是城市，每户都会分到一定立方米的巢穴空间，自建住房，可在房前屋后养鸡养猪，山下可以耕种农田。“山居城市”是个多少有点幼稚的计划，我们并不天真地认为它可以彻底解决城市化带来的耕地短缺问题，只是希望借此计划激起人们对于将城市“归还”给乡村的美好向往，向往城市与乡村融合的遥远一天……

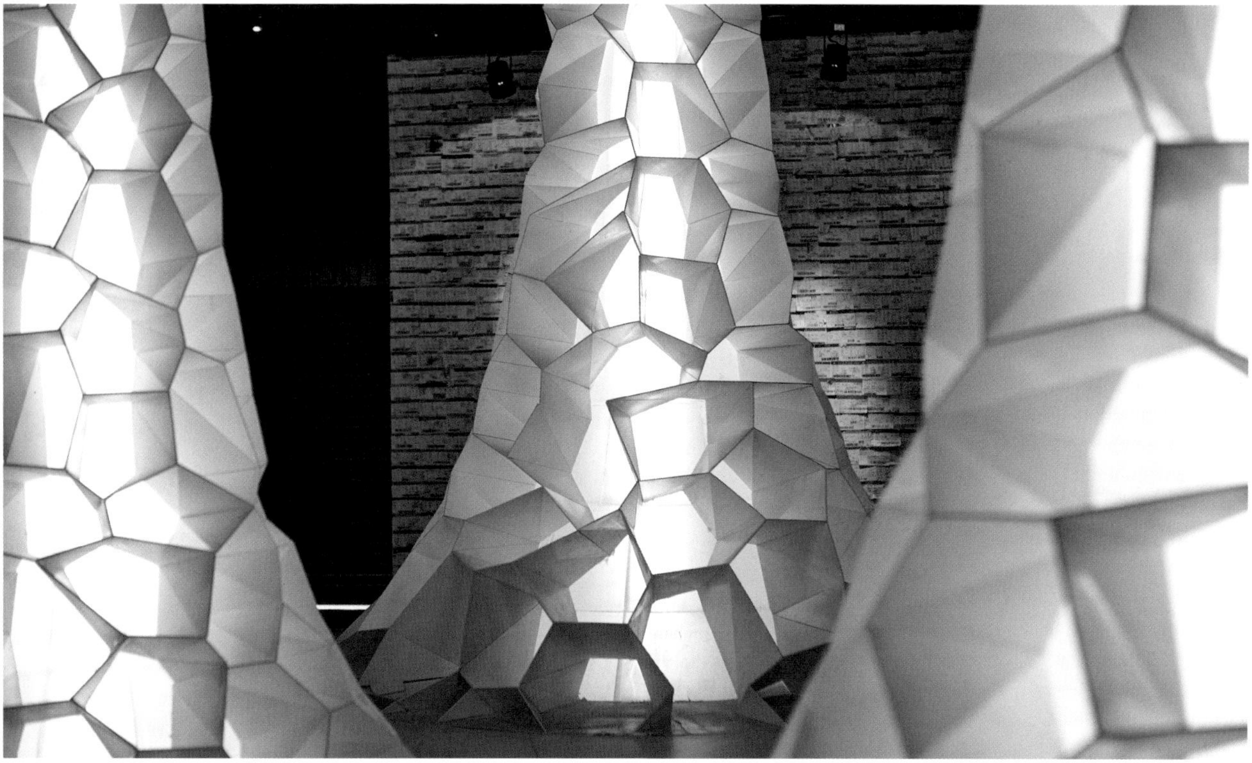

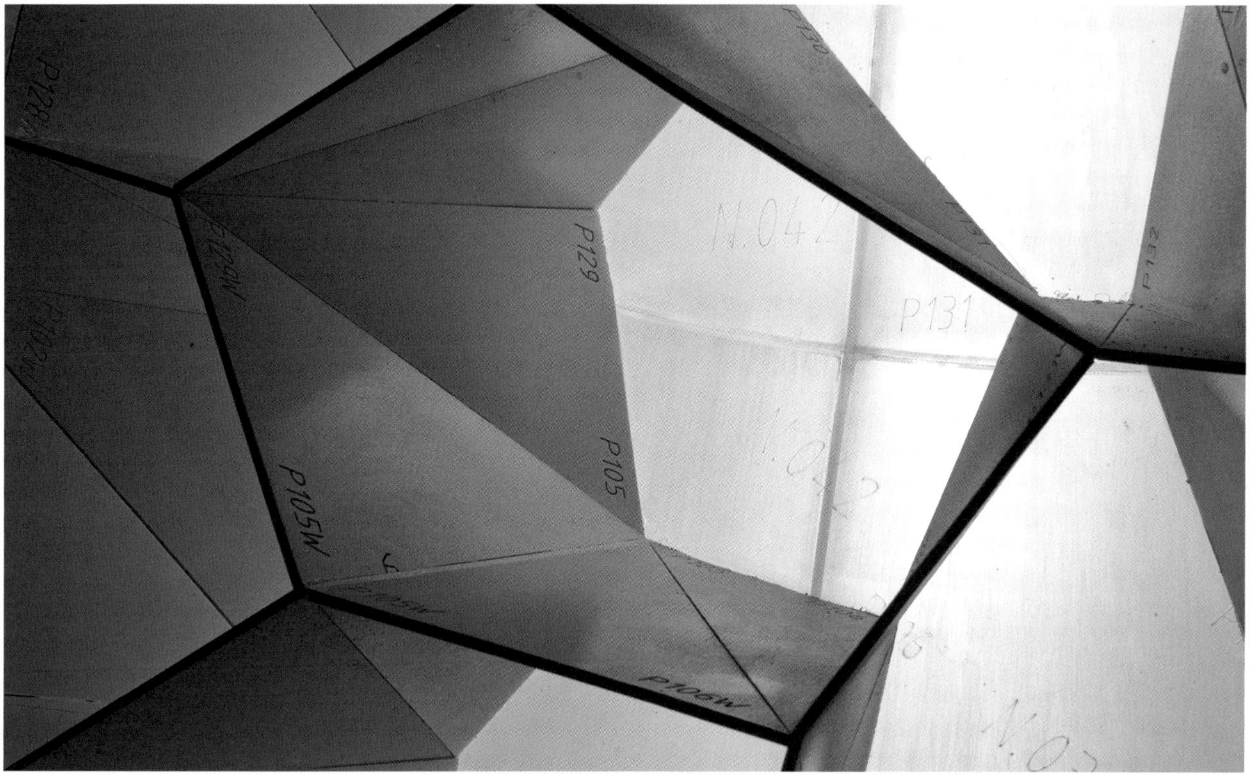

P129
P105
P105W
N.042
P131
P106W

山水·实验·综合体

马岩松
MAD

B25

山水综合体项目位于南京南站的商务区，一反“曼哈顿式”的现代主义CBD模式，它试图把山水自然的诗意注入高密度的城市内部，建立城市中人和自然在情感上的联系。“山水城市”是东方山水自然观在现代城市和建筑层面的重释，它将现代主义观念中人和自然的对立关系化解，在两种文明的边缘寻找一种未来城市的发展模式。它不再强调效率和区分，而更看重人性的回归和环境的整体塑造，这是对“山水城市”理念进行的一次大尺度建筑实践。

西行计划：非洲

Daan Roggeveen,
Michiel Hulshof

B26

据联合国预测，到2050年，非洲城市人口将从2010年的4亿增长至12亿。随之而来的将是基础设施需求的增长，包括公路、铁路、大规模的住房。如果说世界上有一个国家，在近期拥有了大规模城市化以及由农村转变为城市社会的经验，那便是中国。

中国与一些非洲社会主义友好国家之间的政治关系从20世纪50年代就已开始。这种关系后来有了新的变化。2001年中国正式启动“走出去”战略，鼓励大批私有或国有企业去非洲发展。2006年被中国指定为“非洲年”，这进一步明确了非洲将继续在中国的国际政策上扮演重要角色。在2000年以来每三年一次的中非合作论坛上，双方领导人都强调了中非之间牢固关系的重要性。伴随着政府间关系的强化，中非之间的贸易额已从1950年的1200万美元上升到了2011年的1600亿美元。

中国在非洲的参与带来了非常实际的影响，表现在公路、铁路、机场、摩天楼等大型结构上。通过建设或改善基础设施，中国公司已经在很大程度上影响了非洲的城市空间设计。这种建设行为通常采用所谓的安哥拉模式（Angola model）：中国通过国有银行向非洲提供低廉信贷，来换取商品。这些优惠贷款一般有两个先决条件：资金必须用于基础设施建设，且该基础设施必须由中国公司承建。

在2011年出版的《城市如何移向孙先生——中国新兴超大城市》（How the City Moved to Mr Sun – China's New Megacities）一书中，我们分析并描述了中国中西部大城市开发背后的机制。而在目前的研究中，我们重点关注中国在非洲城市化方面的参与。中国正在向非洲输出自身城市模式的某些特征：赞比亚、尼日利亚和埃塞俄比亚的新经济特区，安哥拉或肯尼亚的中国住宅区，以及遍布整个非洲大陆的中国式公路、机场和铁路。此外，还有一种新型的“软实力”，包括非洲的华语报纸和电视台、汉语学校、面向非洲学生和专业人士的大学助学金、中国在非医疗援助项目等。我们认为应当公正客观地看待这一现象，研究它对非洲城市未来发展的影响。

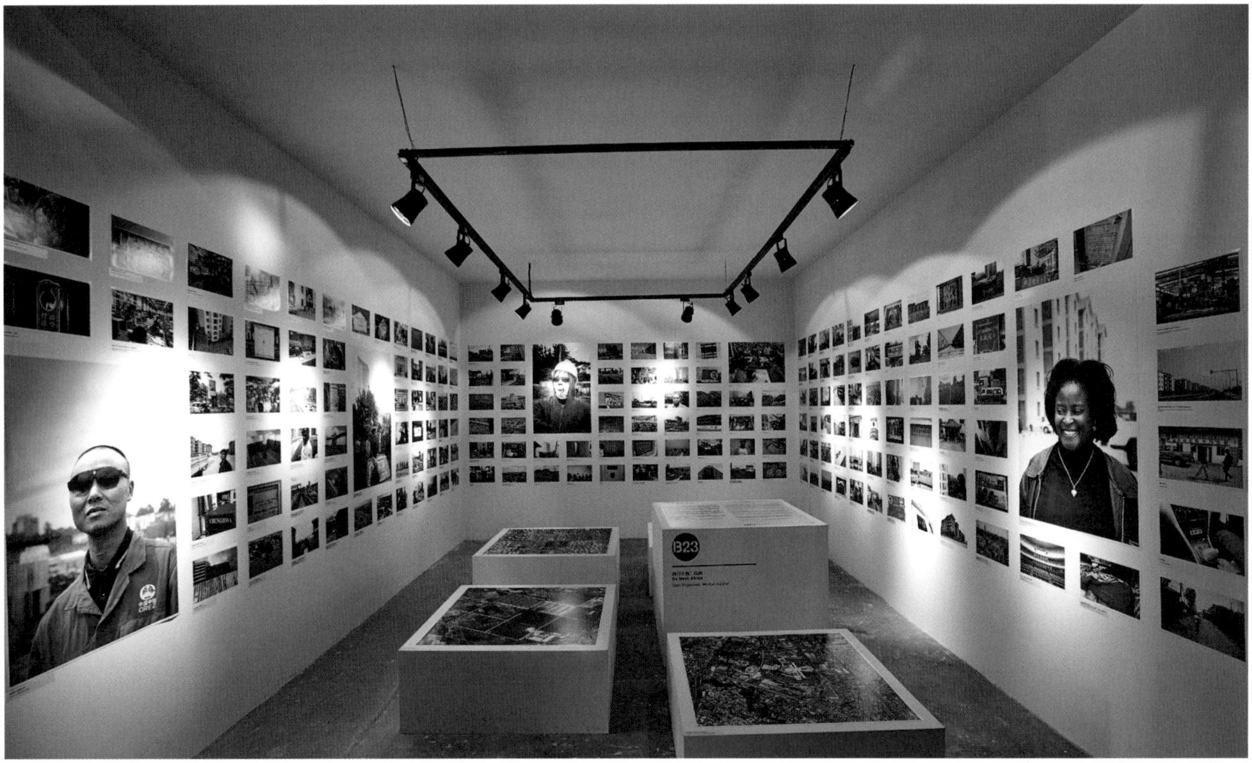
B23

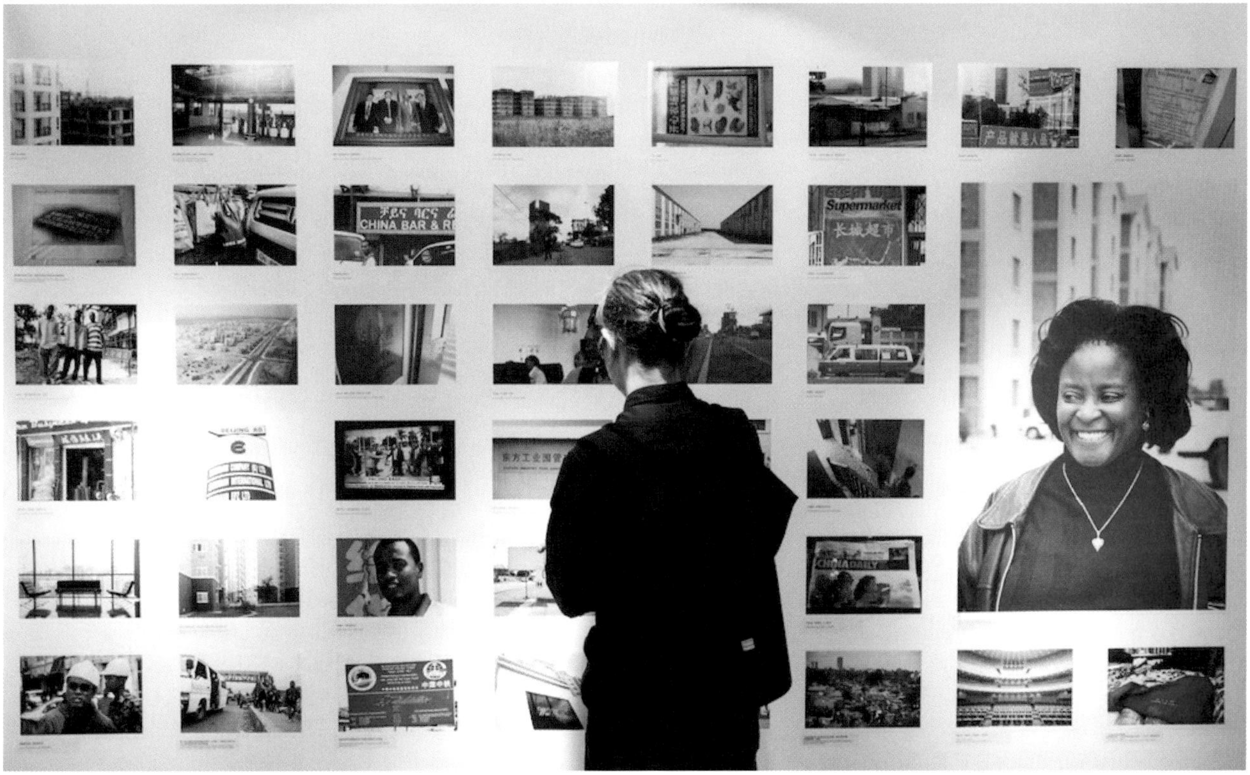
CHINA BAR & R
Supermarket
长城超市

公用家具

Rodrigo Escandón Cesarman,
José Esparza Chong Cuy,
Guillermo González Ceballos,
Tania Osorio Harp

B27

“人行道公园”项目（SPB）希望将人行道从单一的交通功能，扩展成富有活力的公园绿带，营造更加融洽的邻里关系。人行道是私人空间与公共空间的边缘，此项目将大量的人行道空间从消极的、未经设计的通道变成了充满活力的市民交流空间，重塑了人行道的传统印象。

这一公共一私人人行道家具项目可以以社区为单位进行实施。建筑前的空间经过简单设计，模糊了家庭与城市公共空间的边界。人行道变成了用途更为广泛的社交空间，通过为公共空间赋予鼓励社交的特质，城市生活也拥有了全新的可能性。

在本届双年展上实施的案例研究将会为深圳的一处人行道赋予新的活力。在双年展期间，SPB的使用情况会被记录下来，为长期合作提供研究资料，使得更多地方的人行道能够迎来这样的改变。人行道景观带项目是一个面向城市的大范围行动，旨在激发和提升人行道的品质，让城市的人行道变成行人的公园。它引入了一种模型，从制度和个人的角度促进人行道品质的提升。模型的设计基于一个独立项目，鼓励私营企业认购SPB的家具，摆放在他们的建筑前面。这一模型为街区内的邻居营造了社区感，也提升了过往行人的空间体验。

展览现场

展览现场

在美国哈佛大学教授理查德·福尔曼(Richard Forman)的著作《地景马赛克——景观与地域生态学》(Land Mosaics: The Ecology of Landscapes and Regions)研究中发现，两种不同栖息环境的交接地域(例如森林与湖泊之间)，生物种类常常最为丰富。这里是物种之间发生冲突、捕杀与杂交最频繁的区域，也是物种最容易发生基因突变的地域。这里的生态系统的平衡常常被不可预见或者周期性的环境突变打破，例如一次难以预期的干旱或者洪水。这种边缘地带的生态环境不稳定性进一步加剧了物种发生基因突变的动力，换句话说，就是为全新物种的产生提供了温床，在更宏观的生态系统的活力、稳定与应变能力中承担着"创新和实验"的角色。

人类社会地域间由于宗教信仰、文化传统及政治体制的不同，早已形成了截然不同的社会生态格局。而在两种社会相交的边缘地带，也同样体现出如同地域生态系统中的特征。在这里，相对于中心的规则与惯例在与另一地域冲突或交融时，将发生难以预料的异化。这种异化的价值取向常常无法事先进行引导或预判。只能在其发生并形成第三种全新的现状时，我们才能对它进行分析与诠释，但不论其结果是积极或消极、建设性或灾难性的，这种全新的边缘现象的发生都将对传统的中心形成映射甚至挑战，而且肯定在人类学、社会学以及文化艺术的发展趋势上，具有不容忽视的趋势性暗示价值。

香港对于大陆，始于东西文明与文化交锋的边缘，而今天，香港毫无争议地早已成功转型为具有独特价值意识形态与价值体系的文明中心。30年前，深圳对于内地始于绝对的地理及意识形态的边缘。而它临近香港这一事实，以及当时中国大陆在市场经济经验整体的边缘性相对于香港的中心价值，使它的地位变得尤为微妙，正是意识形态与市场潜力的双重边缘性，才使得它获得被拣选作为实验田的机会(实验失败对整个体系的代价最小)。而这一边缘实验的成功，对整个中国的经济发展乃至意识形态的转变，事实上产生了举足轻重的影响。最终深圳意识形态从"最边缘"实现了向"最核心"的转化。

香港与深圳分别拥有截然不同的边缘化历史经验。在国际化和商业文明的先进性上，香港具有绝对的领先地位；但如果谈到国家意识形态及政策的指向性影响力，深圳则具有绝对的示范效应。由于深圳近年迅猛的发展，二者的关系开始发生微妙的变化。新的边缘正在它们之间产生。

本次展览特邀了10位生活居住在深港的青年独立建筑师、艺术家。一方面，他们本身的经历也是展示边缘与中心辩证关系的10个"样本"。例如，Chris Lai是出生于荷兰的华裔建筑师，与出生于香港的建筑师Jasmin共同创业，着迷于深圳与香港的本地都市文明；马来西亚的建筑师Thomas，游学英伦，落户香港大学，游走于建筑与艺术的边缘；Adam Frampton是毕业于普林斯顿的标准美国建筑师，在OMA香港公司工作7年间，完成了数个重要亚洲项目的创作，钟爱香港的城市空间系统，在香港模式中寻找美国城市未来发展的出路；冯果川与朱雄毅身处正统核心大机构，却始终坚持自己边缘批判性的独立思考；陈泽涛、杨小荻、尹毓俊、曾冠生都出生于本土，游学于欧美，天然地以各自不同的方式消解或挣扎于东西双重文明的差异之间。

另一方面，这些参展人却参展课题都基于各自关心的兴趣与方向，从不同层面展现了他们对深港区域内独特边缘现象的观察。这其中远不止对于空间边缘状态的理解，还涵盖了人文历史、社会公平、社会心理学、公共服务、城市空间逻辑层面的问题。以点—线—面丰富而立体的方式，非系统化地展现了深港边缘话题的探索。这一系列独立课题的呈现，显然还无法对深港两地边缘课题提出系统的回答，但肯定是一次有益的初试与探索。

龙岗老墟镇是深圳地铁三号线的终点(双龙站)，所以可以看作是深圳城市的边缘。但同时老墟镇又是龙岗，在一定意义上也是深圳的发源地，是古老的中心。这种矛盾的身份，奠定了这一区域独特的研究价值。在老墟镇持续自发的发展中积累了大量不同年代、不同类型的民间建筑，也形成了富于活力和变化的城市肌理和街道空间，展现了民间自发建设的智慧。这个穿越了深圳多年来巨变的城市片区，却在龙岗城市更新的压力下岌岌可危。在这个片区与拆迁的对抗中，她的活力正在消损。

我们希望通过历史地理学研究方式，从文献资料中找寻老墟镇的蛛丝马迹，从龙岗的保留建筑和街道中探寻人与城市在时空中的互动关系；通过走进老墟镇里，以一种现象学方式面对每一栋建筑每一条街巷，帮我们去探寻和还原原有的生活情境、邻里关系中透露出使用者的状态，不同宽度的街道阐述着它们各自的职能，祠堂场所散发出的精神团结起族人繁衍生息；通过建筑学对建筑空间尺度、材质、类型、组合方式等解析这种民间自发的建造和改造建筑，以应对现实问题的能量和智慧，通过这三种研究工具从时空维度去呈现人与城市在生活中的真实情景。希望通过这种多元的方式使更多的民众重新认识这一片具有独特价值和生命力的老镇，进而重新思考这片古老城镇的命运。

老墟镇位于三号线双龙站北侧，有一百多年的历史，早期主要是由客家人、广府人、潮汕人以及部分华侨聚居而成，不同民系在生活方式和建筑形制上都存在差异，形成多种民居混杂并存的古城特征。直到上世纪80年代，这里都是龙岗中心区最主要的商业区。龙岗老街也是改革开放后龙岗镇新规划的第一条街道，当时龙岗的政府部门、邮电局、服饰店全部集中在这一片区，整个龙岗十几万人全都集中到老街办理业务、寄信、购物消费。曾经繁盛一时，20世纪90年代龙岗建区，新区重新选址，这一抉择成为老墟镇发展的分水岭，至此，繁华的老墟镇日渐衰落。

老墟镇整体呈三街六巷排布，以榕树头为城镇中心向外辐射，宗祠和书院点布其中。从布局可以看出，早年老墟镇是以老榕树为中心生活场所而集中形成的城镇，城镇间保留着强烈的宗法礼制观念，注重族望门阀、族谱、祖祠，具有浓厚的家乡怀恋意识，在其小范围内，大家以共同的习俗、信仰和观念紧密结合，具有明显的地域性和民居文化特征。

与那种自上而下、藐视个体的中国式大规模城市化不同，老墟镇展示出的是一种自下而上的城市化。老墟镇从历史中走来，并且在政府主导的城市化进程中不断与之博弈一直没有被吞噬，老墟镇是个人主义的城市，是无数自私的个体间博弈妥协合作的城市，是利用个人力量和知识进行的随机性、自我组织、无规范的、持续不断的更替状态。

❶ 上街一号
❷ 李氏宗祠01
❸ 曾氏宗祠
❹ 书院
❺ 叶氏宗祠
❻ 刘氏宗祠
❼ 叶氏宗祠02
❽ 罗氏宗祠
❾ 商业骑楼
❿ 榕树头广场

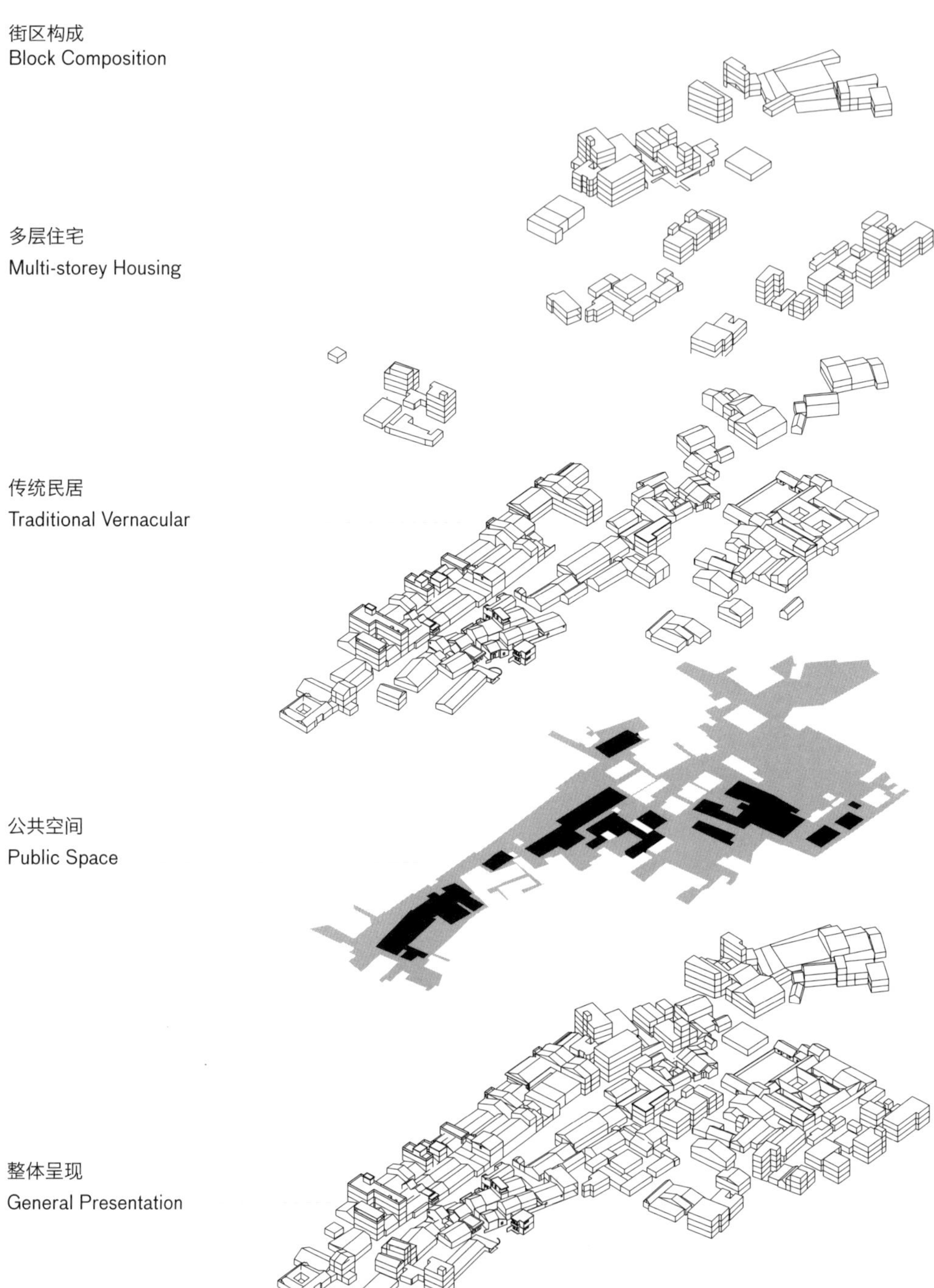
街区构成
Block Composition
多层住宅
Multi-storey Housing
传统民居
Traditional Vernacular
公共空间
Public Space
整体呈现
General Presentation

城间城

陈泽涛/ 坊城建筑　　B29

在深圳与香港的快速城市化及相互融合的进程中，不平衡的地理与经济发展一方面促进了两地之间的多元化交流，另一方面使得受冲击的双方产生了难以调和的矛盾。但我们相信，深圳与香港在经历了合作与竞争失衡的阶段后，必定能找到共同合作的平衡点。正如大卫·哈维所指出的，价值创造及其再定义依赖于社会协作和合作，而不是某种个体化的达尔文主义的生存竞争。我们希望跳出现有条件的束缚，以更大的视野为深港两地的合作提供更加宽泛的议题。

在这里，我们给出一个乌托邦的愿景，描述2047年深港两地在共同利益的促使下，将现有的功能单一的口岸设施改造为指向特定问题的“城间城”，以解决两地共同面对的水环境问题、高等教育问题、跨境商业问题及旅游问题。

CITIES BETWEEN CITIES

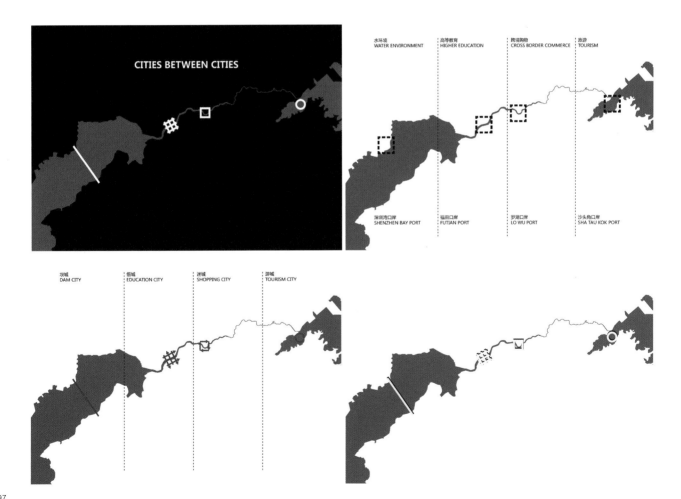

水环境
WATER ENVIRONMENT

高等教育
HIGHER EDUCATION

跨境购物
CROSS BORDER COMMERCE

旅游
TOURISM

深圳湾口岸
SHENZHEN BAY PORT

福田口岸
FUTIAN PORT

罗湖口岸
LO WU PORT

沙头角口岸
SHA TAU KOK PORT

坝城
DAM CITY

悟城
EDUCATION CITY

迷城
SHOPPING CITY

游城
TOURISM CITY

中心/边缘——上海宾馆空间演变

朱雄毅

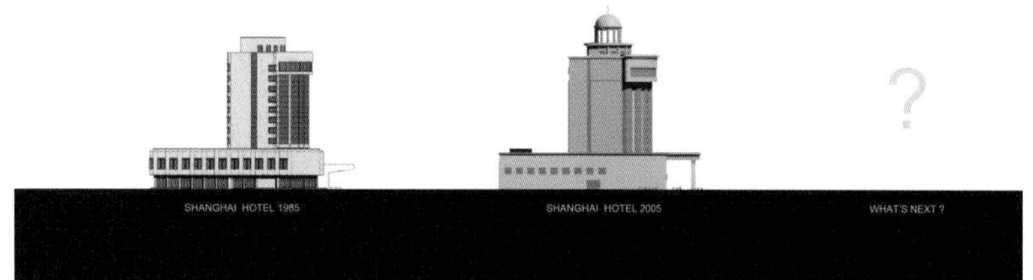

上海宾馆——昔日深圳的“西大门”、市区与郊区的边界、深圳十大历史建筑之一，经过30年的迅速增长之后，已然成为城市的中心。然而随着华强北、“中航城”的改造，一号线、二号线、十一号线的建设，土地价值成数量级提升，“历史建筑”面临被替代的境地。上海宾馆由过去的“边缘”变成“中心”，如今可能再度“边缘化”。这栋没有太多美学价值但长久占据深圳人记忆的建筑是去是留？或者，以何种姿态存在？这是个争议性的城市更新话题。

触摸不到的边界
——差异群体中的隐藏边界

尹毓俊+杨小荻
普集建筑(PAO)

B31

概念图

在城市中居住或者工作的人群，他们所“占领”的区域往往经纬分明，互不侵犯。但是往往存在一些区域，没有实质的空间划分，却又存在着一堵无形的“墙”，让不同人群在仪式上被划分开，如万科第五园和周边城中村的边缘、京基一百的屋顶花园、梅林一村和周边的保障房等等。

这些分隔都存在于边界两侧人群的观念当中，当他们面对这样的边界的时候，折射出社会不同阶层人群对对方群体的态度，或防卫，或挑衅，或进迫。这一提案的重点就是把这些平时不为所知的现实，以展览的方式向大众展示，以此激发观展者对一些特定城市空间的特殊性进行思考和探寻。

IMPLANTATION
CITY 植入城市
INTANGIBLE BORDER
INSIDE THE GROUP OF DIF-
FERENCE
触摸不到的边界
差异群体中的隐藏边界
2.OWNERSHIP/物权 SECURITY/安全 SPACE/场所
4.OWNERSHIP/物权 FUNCTION/功能 OPERATION/经营

2001年后，深圳先后在政府层面上开始慢慢消解"二线关"这个物理的边界，改革当中包括影响中国最深的两项政策制度：土地政策和户籍制度。2013年的政府白皮书中，也明确希望年内会撤销二线关。但是，原特区外和特区内20多年不平衡的发展所遗留下的边界，不可能在短短时间内消解而实现深圳七个区的统一。现实中还隐藏着一些边界，这些边界并非像铁栅栏那样看得见摸得着，但依然影响着城市的发展和市民的生活。本课题希望通过剖析这些隐形的边界，从普罗大众息息相关的日常生活里，去观察在政府相关政策下边界得到了怎样的消解，隐形边界又是如何继续产生着影响。

INVISIBLE
BOUNDARY
隐形边界

2047深港大都会 | 禁区：从隔离的空间到生态的伊甸

Doffice Ltd.
Chris Lai & Jasmine Tsoi

B33

边境禁区

在香港与深圳两座高密度发展的大都会之间，有一片2800公顷的土地，60多年来绝缘于两地经济产业圈之外。这片土地是港英政府于1951年设立的边境禁区。建立这片禁区的初衷在于在边境设置缓冲区，以防止偷渡与走私，该区域由香港警察负责管辖，需持通行证方可入内。因此这片土地被排除在香港的城市发展之外，并获得了发展成为生态的伊甸园的机缘。

1997

随着1997年香港的回归，禁区作为深港边界的缓冲区的功能也逐渐过时。

2010年香港特区政府启动了第一阶段的禁区范围缩减。该计划分三阶段进行，最终将于2015年将禁区面积由原先的2800公顷减少为400公顷。

随着深港合作日益密切，展望2047，这两座大都会的城市肌理最终可能会融为一体。代价是这片极具自然价值的生态系统将被摧毁，取而代之的是又一项项的房地产开发，那么，这对于深港两地都会是一个极大的损失。

中心生态伊甸园

与肆无忌惮的“摊大饼”式的城市扩张相反，我们认为，守护这片中心绿地，让它成为两座大都会之间的生态伊甸园，将会有更大的意义与贡献。

我们的提案是，除却“禁区”的名衔后，仍一如既往地对这片土地进行生态保育，我们从生态、可持续发展、历史、社会及地理等方面提出了保育与活化措施，希望该区在为全球候鸟的生态生存作出贡献的同时，也对两地社会产生促进的积极贡献。

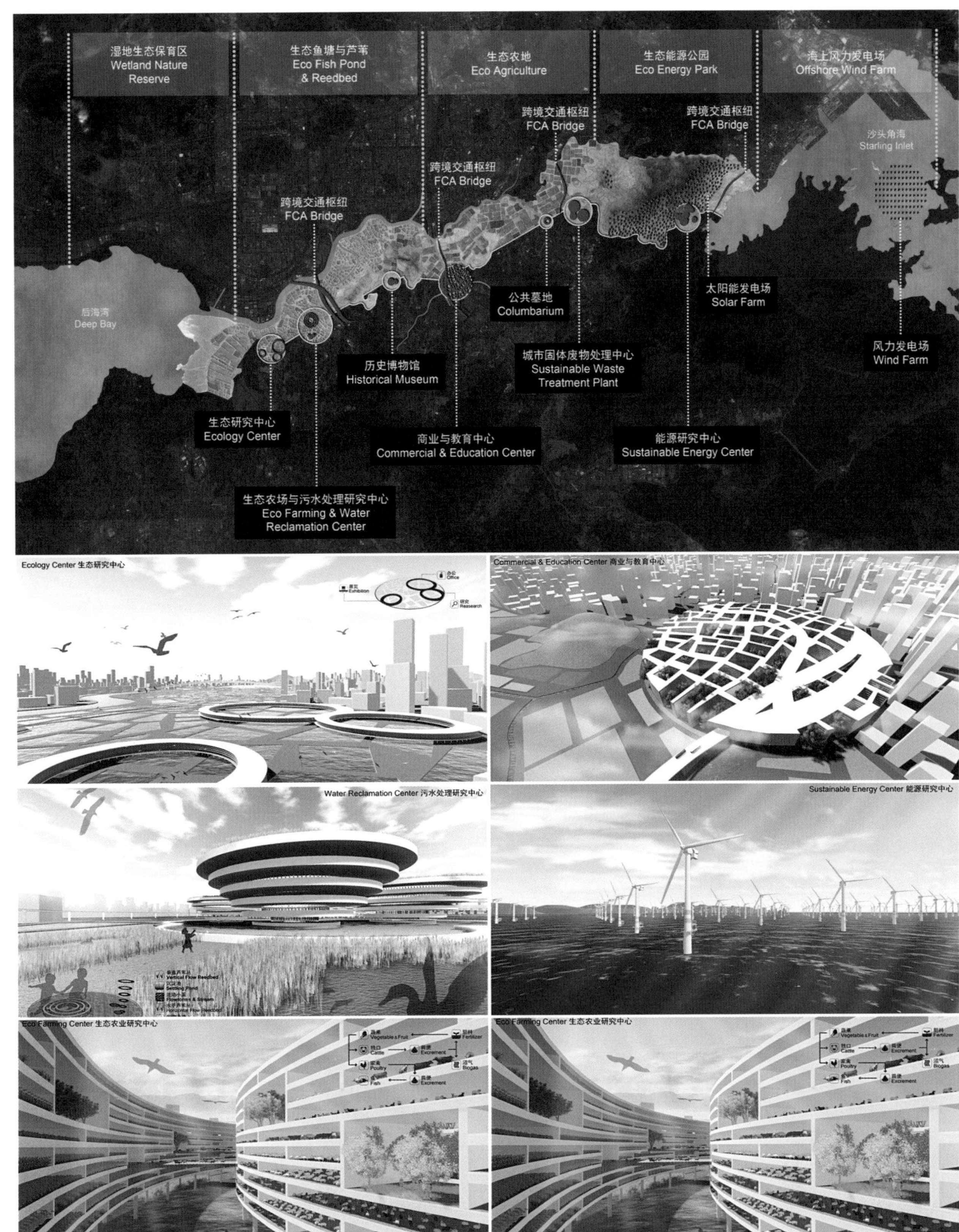

湿地生态保育区
Wetland Nature Reserve
生态鱼塘与芦苇
Eco Fish Pond & Reedbed
生态农地
Eco Agriculture
生态能源公园
Eco Energy Park
海上风力发电场
Offshore Wind Farm
跨境交通枢纽
FCA Bridge
沙头角海
Starling Inlet
后海湾
Deep Bay
公共墓地
Columbarium
太阳能发电场
Solar Farm
风力发电场
Wind Farm
历史博物馆
Historical Museum
城市固体废物处理中心
Sustainable Waste Treatment Plant
生态研究中心
Ecology Center
商业与教育中心
Commercial & Education Center
能源研究中心
Sustainable Energy Center
生态农场与污水处理研究中心
Eco Farming & Water Reclamation Center
Ecology Center 生态研究中心
Commercial & Education Center 商业与教育中心
Water Reclamation Center 污水处理研究中心
Sustainable Energy Center 能源研究中心
Eco Farming Center 生态农业研究中心

切城

Adam Snow Frampton
纽约Only If事务所

“切城”(Cut City)项目展望了纽约市在类似香港等亚洲城市条件下的场景。这种换位思考，部分目的是提醒人们：西方能从过去50年亚洲波澜壮阔的城市化运动中，吸取怎样的经验？举例来说，如果参照九龙的人口密度，整个曼哈顿的人口都可以集中到一个更小的地块中，从而改善城市运作的效率，实现集中式的基础设施建设，并能预见到城市的气候也将因此发生改变。以香港的密度，可以在纽约州内塞下10亿人口，与此同时——也与香港类似——仍然能够保持其2/3的土地作为开放空间和公园。而按照九龙的密度，纽约州则可容纳超过60亿人口。

“切城”项目考察了纽约市及其周边地区的整体布局和生活工作密度、交通和基础设施以及绿地和水面的分布，统计出了纽约市和某些亚洲城市在这些方面的差异，并以图表的形式进行展示。在图表中，一些亚洲城市的现状被直接“叠加”到了纽约的位置上。最后，通过一份设计方案对这些密度的数据和新边界进行了思考，思考如何在整体的尺度上或通过局部样本或截面来实现和解决这些问题。以香港为代表的亚洲城市被植入纽约市，形成更为稠密、三维立体以及更多以行人和公共交通为中心的都市主义“切城”切城既代表了一种“移花接木”的技术，也是对于城市人口进行选择性稀释与浓缩的实验。

“切城”有意对美国当前的政治话语和规划现状提出尖锐的批评。在纽约，政策制定者在现有的海岸线上布满了军国主义意味的防御措施，似乎这是唯一的办法——他们忽视了一种更加动态、人性化的建设方式。尽管在纽约的某些地区，历史上曾经存在高密度的地块，而且这座城市现在也有能力容纳更大的城市密度，但是允许增加人口密度的土地区划管理规范改革似乎还遥遥无期。规划者和建筑师仿佛也退缩了，将目光收回到小尺度，甚至是“微观”的设计中。

现在的纽约与其他城市相比，明显缺乏整体的规划，所有的介入都没能提供一个可行的工作框架，没能在认识到纽约市不断变化的过去和未来需求的基础上进行整体开发。我们需要作宏观的思考——很多亚洲城市在过去的50年中已经做到了这一点。“切城”是一次主动的规划行为，试图适应未来不同的经济与环境条件，展现新的概念与城市边界。

依照九龙的人口密度，
曼哈顿全区人口分布情况（1:70000）
©2013 Only If

孤岛丘：珠三角15景

曾庆豪 (Thomas Tsang)
香港大学

B35

每一景都是一个批判性透视，检视将珠三角的自然地景推平的行为——该行为随着工厂的涌入，在华南地区十分普遍。在那些有微妙高差的丘陵地带，出于工厂建设的需求，地景被铲平；在那些地形起伏过于急剧的地带，铲平造价太高，地景便被保留，形成空隙。这些空隙是“岛屿”，可作多种用途。

空隙

森林岛／ 湖岛／水塘岛 ／公园岛／花园岛／
步行岛／农场岛／农业岛／闲暇岛／运动岛／
院岛／高尔夫岛／交通岛／造林岛／墓地岛

边界的历史显示出它自我复制的能力。从人的视角看，那些山地地盘占据基地的地方，不过是外国资本和外来人口相结合，修建工业园，高效利用土地，铲平基地，强调单一功能和维度，结构性地改变和控制地形的地方，也是使得山丘成为空隙，成为奇怪的闲暇去处的地方。它们告诉我们都市景观、文化景观、工业景观和景观建筑的可能性。平地主要是栖居场所，而这些“空隙”则留存给了如画效果。

15种新功能被选取，引入这些岛中。每一项都用来改变岛现有的能力。作为一个系列，它们呈现为未完成的实验。

在这些透视中，锚固结构将观察者放在每个空隙中保留的最好的地方。这样，“孤岛丘”便显示出一种前工业化的想象空间，一种对不加控制的工业化的恐惧的超现实主义再现。

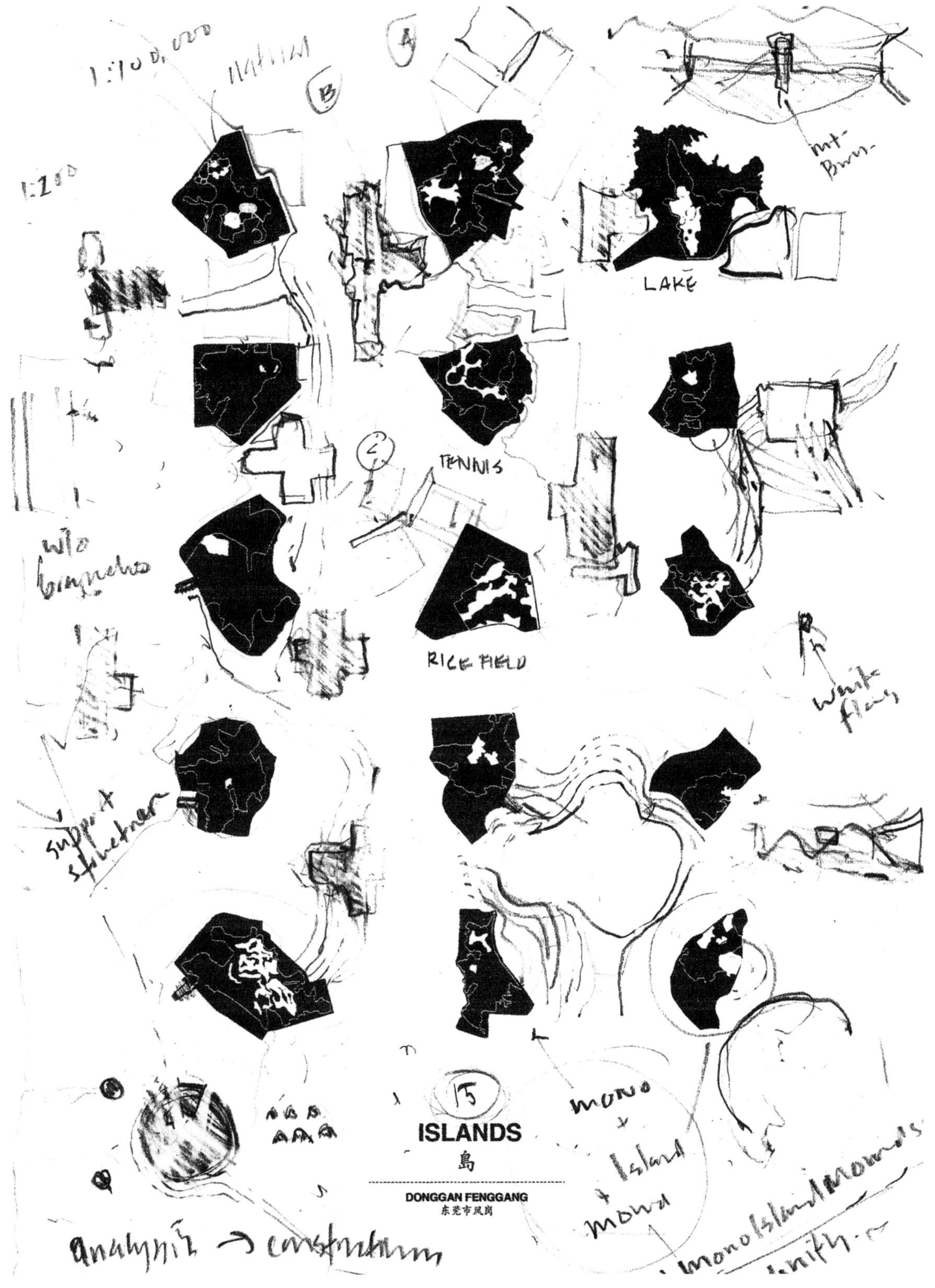
LAKE
TENNIS
RICE FIELD
ISLANDS
島
DONGGAN FENGGANG
东莞市凤岗

探索社会的疆域
EXPLORING
THE SOCIAL
BOUNDARY

探索社会的疆域

联合策展人：
娄永琪 + 朱晔

B36-66

探索社会的疆域

联合策展人：
娄永琪 + 朱晔

基于以下现象和理由，我们借深港双城双年展这一契机展示城乡互动研究主题：

对目前主流单向城市化模式的担忧：城市和乡村对应了两种不同的生活方式，各有吸引力和优缺点。针对目前城乡发展失衡的困境，其关键策略不是如何取舍，而是如何发掘两种生活方式各自的长处，通过充分互动发展，使得它们都能够符合可持续发展的方向。

作为一个设计师和知识分子的责任：自梁漱溟、晏阳初先生起，乡村发展就与中国近代知识分子的社会关怀和精神家园紧密相连。设计学科向来是策略向导的，从来不止步于问题的提出，而是更关心问题的解决。因此，设计师这一特殊的知识分子群体及其所在的机构应该介入这一问题的探讨和解决过程中来。

对新时代设计学科发展的思考：这个时代的"设计"正面临着前所未有的转型，新的"设计"使其为乡村发展这一复杂问题的解决提供了全新的策略。

"为城乡互动而设计"展区邀请了国内外与城乡互动相关的研究项目参展。这一主题不仅仅关乎于设计产业，更是全球范围内需要探讨的问题。

哺育米兰：变革的动力

慢食意大利；
米兰理工大学“社会创新与可持续设计国际院校联盟”实验室；
烹饪科学大学

B36

这是一项由某银行基金会——嘉利堡基金资助的研究项目，由“慢食意大利”、米兰理工大学设计学院“社会创新与可持续设计国际院校联盟”实验室和烹饪科学大学合作完成。项目通过一个本土农贸市场的建造，调查了具有社会创新的设计如何对可持续发展的场所建设产生积极的影响，这个农贸市场将周边城市区域(尤其是南方农业园区)的本土食品生产与产生了本土饮食群体的城镇消费者联系在一起。项目始于2010年，其宗旨是在建筑中融入零距离的本土农产品生产和物流服务网络，覆盖米兰的郊区和城市中心，并与2015年世博会的计划一致。

项目主要内容包括：

1. 支持目前农产品领域最优秀的企业项目和资源；
2. 激活价值被低估或不再为人们所利用的资源；
3. 创造新的服务项目。

现阶段已经在市中心建立了一座永久性的农场主经营市场(“大地市场”)，许多其他类型的服务也正在展开，致力于特殊的生产技术。

NUTRIRE
MILANO
dove e quando preferisci che ti venga consegnata?
scegli anche i servizi per cucinare al meglio questi prodotti!
questi prodotti sono a km 0
ogni mese un ospite dei Presìdi di Slow Food
conosci chi ha coltivato questo per te!
LA CASSETTA DEL CONTADINO
SOLUZIONE
YES, WEEKEND!

再思幸福，己所不欲，勿施于人。关于不断变化的生活方式的新现实

Aldo Cibic

B37

我们的未来通常充满了不确定性；然而与此同时，我们又都意识到自己面临许多问题：这份清单很长，在此仅列举几个需要我们解决和整合的问题，如个人安全、食品安全、能源安全和资源、经济、废弃物排放的安全、资源安全、郊区退化等等。

为了对抗自己的恐惧，我们需要找到一系列合理、有创意而且有趣的规划，以便产生确保生活质量得到改善的思想、建议和解决方案。这不仅仅是为了我们自己，也是为了我们的后代和周围其他的人。

需要我们亲自动手建立起来的是一种关于"幸福"的理念，它是由所有愿意共同生活在一起、共同创造新型社区的不同背景的人们齐心创造出来的。这个理念表现为四个新的场所，每一处都通过四个(张)超现实的模型、图片和图纸来进行表达。

农村城市化：城市融入农村，农村融入城市

距离上海约一小时的车程，有一大片农村地区，还保留着古代的农业传统，被夹在一个不断蔓延的工业区和一个新镇之间。

规划的构思是要建造一个面积为4平方公里的"农业园"，建设低密度住宅，将容纳8000人。这样既能保护农业生产，又能为居民提供绿色空间。

项目提出将建造一组底层架空的沿街建筑，以形成一组悬浮在农村上空的空间正交网格。

这个"农业中心园"的中央是各种专门化的农场，为发展可持续和可盈利的农村建设生产农作物。项目的挑战在于如何建成一个有公共服务设施、新型功能和邻里关系，且与环境协调的新型社区。

田野里的校园：威尼斯的农业高科技河谷

威尼斯泻湖周边景观秀丽，生物多样性特征也让人叹为观止。一个致力于高新科技创业的年轻团队决定在这里利用一个周边有水面环绕的大型农业基地，作为约可容纳250名年轻人生活和工作的聚居点。

项目提供了一种饮食和能源都能实现自给自足的新型校园模式——农业、蔬果苗圃、旅游和技术能够由此在同一环境中共生共存。

农村城市化

威尼斯农业高科技河谷

设计丰收

TEKTAO工作室 - 雷炯，徐航宇，郁姣，何岚

B38

崇明可持续社区项目是由StudioTao和同济大学设计创意学院发起的一个设计研究项目，旨在运用“设计思维”，结合创意、经济和技术策略，将崇明的发展和上海的发展结合起来思考，从而设计和制定崇明乡村的可持续发展策略。研究团队通过桥接和协调包括崇明岛当地政府、农村社区、商业伙伴和大学研究资源，以多学科团队的合作方法，通过设计和创意发掘中国乡村潜力，增进城乡互动，在保护乡村生态的同时，促进乡村社区的社会经济发展，创造新的产业模式和就业机会。

创新食品网络

刘新，钟芳，石嫣，夏晴，夏南　B39

创新食品网络旨在反思常规农业对于生态环境的破坏，以及主流的食品生产、流通、销售及消费中的问题，并以可持续设计的理念与方法介入到中国“社区支持农业”食品网络CSA的构建中，创造新型的食品服务系统与人际关系，搭建市民、农户以及其他利益相关人的沟通与交易平台。我们设想建立一个新型社区中心网络，作为连接社区居民与CSA农场以及其他利益相关人的线上平台和线下场所。中心可作为农场的取菜点、有机食品餐厅、厨余垃圾回收点，以及举办健康饮食方式的知识讲座和交流活动，由此加强食品生产者与消费者的信任和交流，并实现区域集中配送，减少物流成本，同时宣讲可持续生活方式的理念。

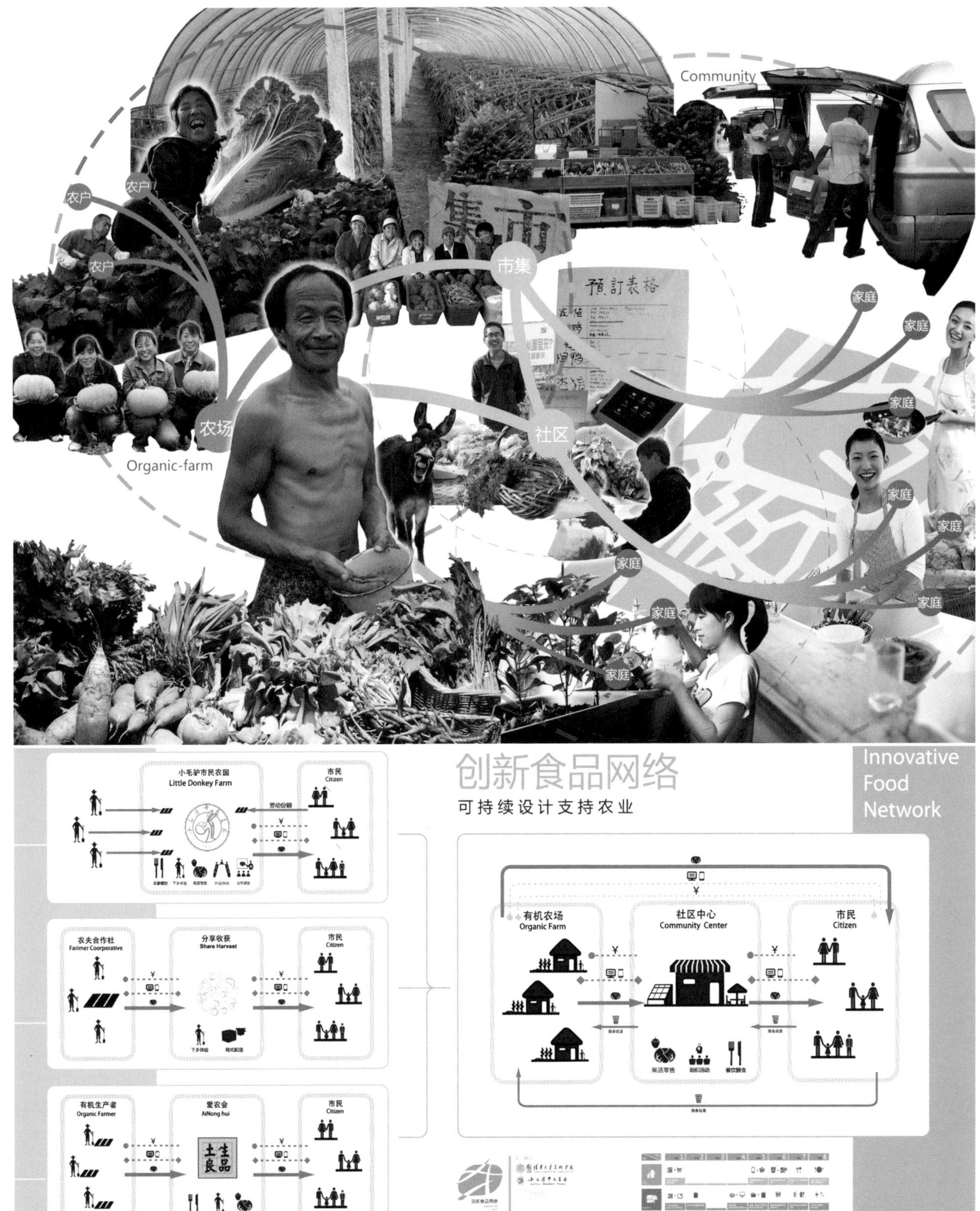
Community
农户
农户
农户
集市
市集
预订表格
家庭
家庭
家庭
农场
社区
Organic-farm
创新食品网络
可持续设计支持农业
Innovative Food Network
小毛驴市民农园
Little Donkey Farm
市民
Citizen
劳动份额
农夫合作社
Farimer Coorperative
分享收获
Share Harvest
有机生产者
Organic Farmer
爱农会
AiNong hui
土生良品
有机农场
Organic Farm
社区中心
Community Center

乡土建筑集约化

项目负责：Tiziano Cattaneo B40

研究成员：Alessandra Sandolo, Giorgio Manzoni, Roberto De Lotto, Ioanni Delsante, Nadia Bertolino

乡土建筑集约化是建筑和城市设计的一种创新设计方式。

这种有效手段可应用于当代城市景观的再生和转换，使其适用于当代生活方式，并将通过一个新式范例的建设来塑造一个致力于可持续发展的建筑和城市项目。

此研究源自于意大利国家级研究课题（PRIN2009）"建筑作为一种遗产：保护和提升地区边界体系的创新工具"，在这项国家研究框架下，来自意大利帕维亚大学的RAI团队深入研究"乡村景观的再生更新"，尤其是在景观和建筑设计领域，成为推广乡土景观作为一种文化遗产的社会价值、记忆和环境品质的手段，最终证明组合式景观能够丰富研究理论和创新设计。

乡土建筑集约化包含三个关键词：

乡土环境蕴含丰富的历史、价值、记忆和极高的品质；

建筑作为一门学科，能够激发社会、文化、经济和技术的创新；

强化作为一种策略手段，目的是为了营造人们行为活动和空间的一种可持续密度，从而达到自然环境和城乡环境的和谐共处。

乡村化危机，作为欧洲所面临的主要问题表现为：人口负增长和老龄化，被遗弃的小城中心区腐化，使得很难产生新的机遇，甚至维持现有商业现状都成为一种困难，同时过度的农业生产又使得生态多样性遭到破坏，环境的污染，旅游业缺乏基础设施和服务业的支持，以及工作机会短缺等问题。

在乡村集约化框架下，建筑所扮演的角色是什么？

强化乡村建筑、小镇、农庄和古文物是乡村再生的主要元素。作为一种积极的策略，即便是仅为商业化目的（把建筑保护作为商业价值的再利用），但同时也为乡村的风貌格局的转变带来了机遇。

R.A.I. project diagram

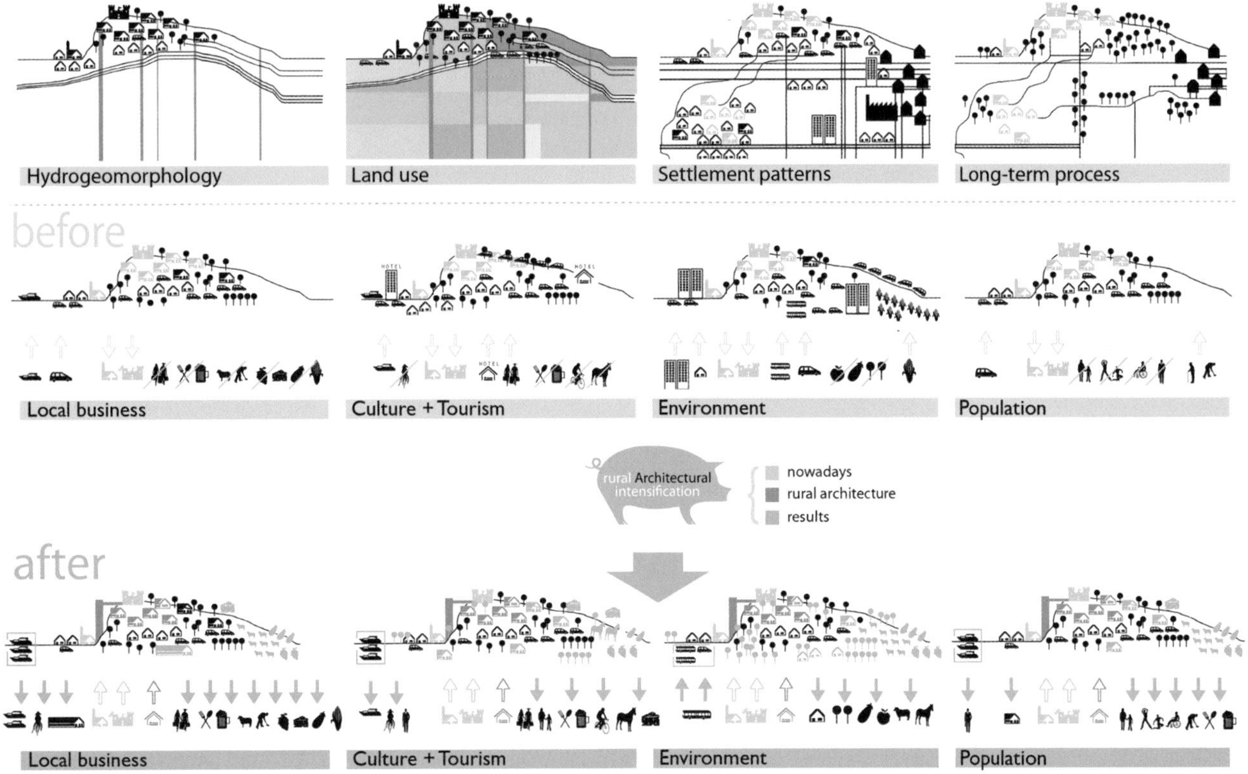

Hydrogeomorphology

Land use

Settlement patterns

Long-term process

before

Local business

Culture + Tourism

Environment

Population

rural Architectural intensification

nowadays

rural architecture

results

after

Local business

Culture + Tourism

Environment

Population

乡村建筑集约化概念图示

2007年，艺术策展人欧宁与左靖来到碧山村，希望在此建立“碧山共同体”。他们于2011年成功举办了首届碧山丰年祭。“碧山共同体计划”秉承民国以来的乡村建设传统，动员各地的知识分子、艺术家前来碧山。他们一方面展开共同生活的实验，尝试互助和自治的社会实践，同时也着力于对这一地区源远流长的历史遗迹、乡土建筑、聚落文化、民间戏曲和手工艺进行普查和采访，并在此基础上邀请当地人一起合作，进行激活和再生设计。除了传承传统、重建乡村公共文化生活，他们更希望把工作成果转化为当地的生产力，为农村带来新的复兴机会。

本次参展内容包括碧山计划的近期成果：

1. 安徽大学的学生们历时两年对黟县手工艺的调研成果；

2. 《黟县百工》，以出版物的方式展出，其中的辑佚部分融合了手工纸、木活字和木刻版画，纯手工制作；

3. 系列出版物展示：欧宁主编的《天南》、《回归土地》（V-ECO丛书首辑）；左靖主编的《汉品》、《碧山》；以及首届碧山丰年祭场刊、《城乡之间：黟县国际摄影节》；

4. 返乡青年（丁牧儿）与当地青年（孙志宇）合作创作的《黟县社区地图》。展出形式：绘画+文字；

5. 美国亚洲协会拍摄的有关碧山计划的短片。

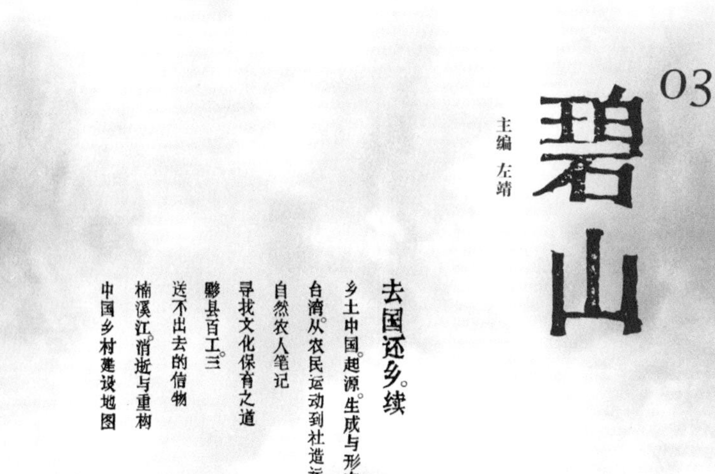
碧山
03
主编 左靖
去国还乡。续
乡土中国。起源。生成与形态。以世界史。的视野
台湾。从农民运动到社造运动
自然农人笔记
寻找文化保育之道
黟县百工。三
送不出去的信物
楠溪江。消逝与重构
中国乡村建设地图

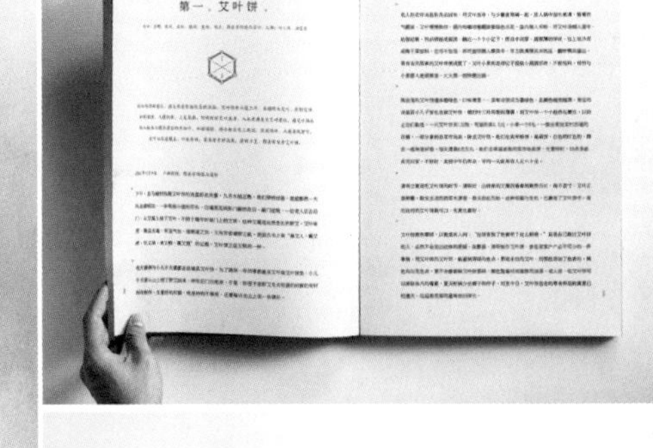
第一，艾叶饼，

金城出版社
GOLD WALL PRESS

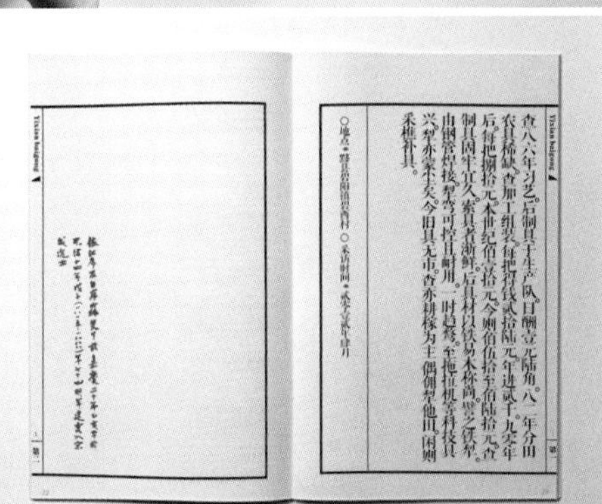

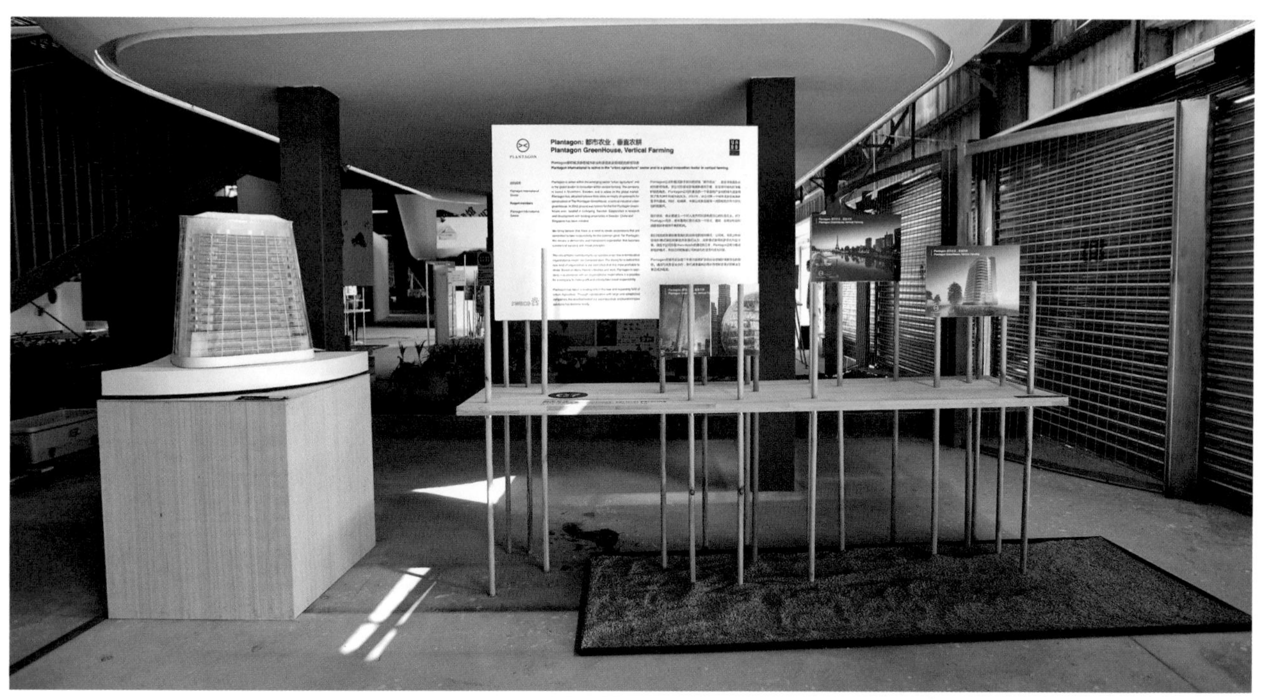

Plantagon公司在新兴的都市农业领域非常活跃，且是全球垂直农场创新中的佼佼者。公司总部位于瑞典斯德哥尔摩，活跃于全球市场，因其建造的Plantagon温室——一种垂直的工业化都市温室——吸引了几乎来自所有大洲的许多城市的兴趣。2012年，第一座Plantagon温室在瑞典林雪平（Linköping）破土动工。项目邀请了瑞典、中国和新加坡的顶尖大学参与合作研发。我们坚信有必要在求同存异的基础上开展负责任的合作。对Plantagon而言，这意味着它必须是一个民主透明的组织，在商业成功与道德原则之间取得平衡。

推动我们成功的关键因素是我们新的原创组织模式——公司化。推动这种新型组织的动力是我们确信利益共享能够创造更大的价值。基于汉斯·哈塞尔的理论和实践，Plantagon以一种能让公司在盈利的同时也积极履行社会职责的组织模式进行运作。Plantagon已成为新兴且不断发展的都市农业领域中的领军者。通过与许多现有的大型公司合作，我们的构想和充满变革的方案已经成为了现实。

“沙漠与绿洲”
——新通道社区实践案例研究

Max Harvey, 蒋友燏, 侯谢,
翁蔚, 赵海涛, 田飞, 李维,
湖南大学设计艺术学院,
四川美术学院

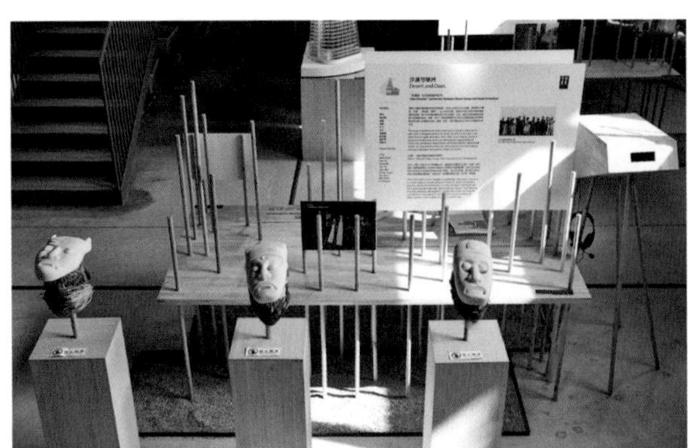

地貌与基础建设分布状况在现实中很容易，但从社会资本与文化角度，则很难区分哪些是“沙漠”，哪些是“绿洲”。从2009年开始，湖南大学设计艺术学院持续开展跨学科的“基于社区和网络的设计与社会创新”活动，通过对这些典型社区的参与式观察与实践，探索“设计”将如何影响社区中的文化结构和认同方式。

社区1：“还愿”——重庆市酉阳县铜鼓乡哨尉村
在年人均收入不到2000元的贫瘠山村，国家级的非物质文化遗产“阳戏”如何持续？影像组通过一系列的可视化设计和微动交互影像装置，还原白马坛戏班中的九位演员与四位锣鼓手的演出和生活原型。透过这些影像，我们更应该关注到他们的执着和承诺是对“社会资本”的凝聚和释放过程，而不是一场表演。

社区2：“大学城”—长沙市麓山南路小区
在三个大学的交叉区域，我们却发现了不少文化的盲点。来自耶鲁大学的Max安排18位参与者选定六个不同的场景，制造一种视觉形式与居民“对话”。例如在社区内电杆的维修用座椅上安置一个书架，在经常有人翻越的围墙边设置楼梯，在铁刺上插满苹果等等。虽然这种形式被看作是不假思索、简单粗暴甚至是偏执的，但在社区中引发了广泛的围观和讨论，这种非常态的介入手法也促使设计师去反思社区生态、文化，以及人际交往同设计的关系。

村络计划

通过新媒体、数据研究和地图绘制等方法，进行乡村实践研究和分享

土木再生（黄伟文、刘晓都、白小刺、余加、李程、王一人、赖凡、陈思羽）

B44

土木再生乡村基础调研表						
填表人		联系方式				
乡村基本信息						
地点	市　县（区）　乡（镇）　村					
位置情况（以最近的城/镇为准）	离城镇10公里内	离城镇10-30公里	离城镇30-50公里	离城镇50公里以上		
留守人口情况	留守人口占乡村人总数比例	90%以上	75%-90%	50%-75%	25%-50%	25%以下
	留守人口年龄（请填写数量）	未成年人（16岁以下）	青壮年（16-60岁）	老年人（60岁以上）		
主要经济来源	农作	外出打工	第三产业	其他		
乡村存在的问题						
主要问题种类	具体表现	是否存在	具体表现	是否存在		
环境问题	①大气污染		②水污染			
	③土壤污染		④生活垃圾污水			
	⑤地质、水土等自然灾害					
	其他：					
教育问题	具体表现	是否存在	具体表现	是否存在		
	①缺少学校		②学校设施简陋			
	③学校生源不足		④学校师源不足			
	⑤父母不支持小孩接受教育					
	其他：					
资源问题	具体表现	是否存在	具体表现	是否存在		
	①人多地少		②土地撂荒			
	③水利失修		④对外交通不便			
	⑤水电不通		⑥房屋失修			
	⑦医疗设施匮乏					
	其他：					
除以上问题，该村存在的其他问题？						
你认为土木再生这样的NGO如何能够帮助到乡						

2008年5·12汶川大地震催生了很多社会团体。“土木再生”就是在深圳发起的以深圳、香港及台湾三地建筑、规划设计师为主的，致力于用设计知识支持灾后重建工作的专业志愿者联盟。

成立五年后，“土木再生”也从起初专门致力于灾后重建工作过渡到对周边城乡环境设计质量的关注，包括对本地传统的、当下的以及未来的土木建设方式进行研究探索。如观察深圳香蜜湖地区的临时搭建现象，联合进行深圳城中村白石洲调研，定期跟踪深圳边缘社区新羌的发展。在此过程中，“土木再生”逐渐形成以打造公共平台来推动乡村/边缘社区的设计营造实践的想法。

“村络”计划是“土木再生”希望构建的一个思想知识库和开放协作平台，通过新媒体、数据研究等创新方法进行乡村实践研究，在新型城镇化的大背景下共同探讨乡村/边缘社区设计与营造问题，并为这一领域的设计需求和资源供应提供信息对接的服务。

“村络”有三层含义：一是在新型城镇化大背景下重新梳理被忽视甚至被中断的乡村脉络；二是建立乡村实践交流与协作网络；三是通过协作网络穿针引线去发现和点按乡村健康发展之穴位经络。

村络计划的实施有赖于广泛的参与和互动，也需要各方面资源的支持，借本次双年展我们启动“村络”平台的搭建计划，一方面展示我们根据现有的乡村调研成果（如中国乡村建设研究院“百村调研”系列）所做的一些数据搜集和梳理工作，另一方面也提供互动地图和调研表格，邀请大家共建“村络”。

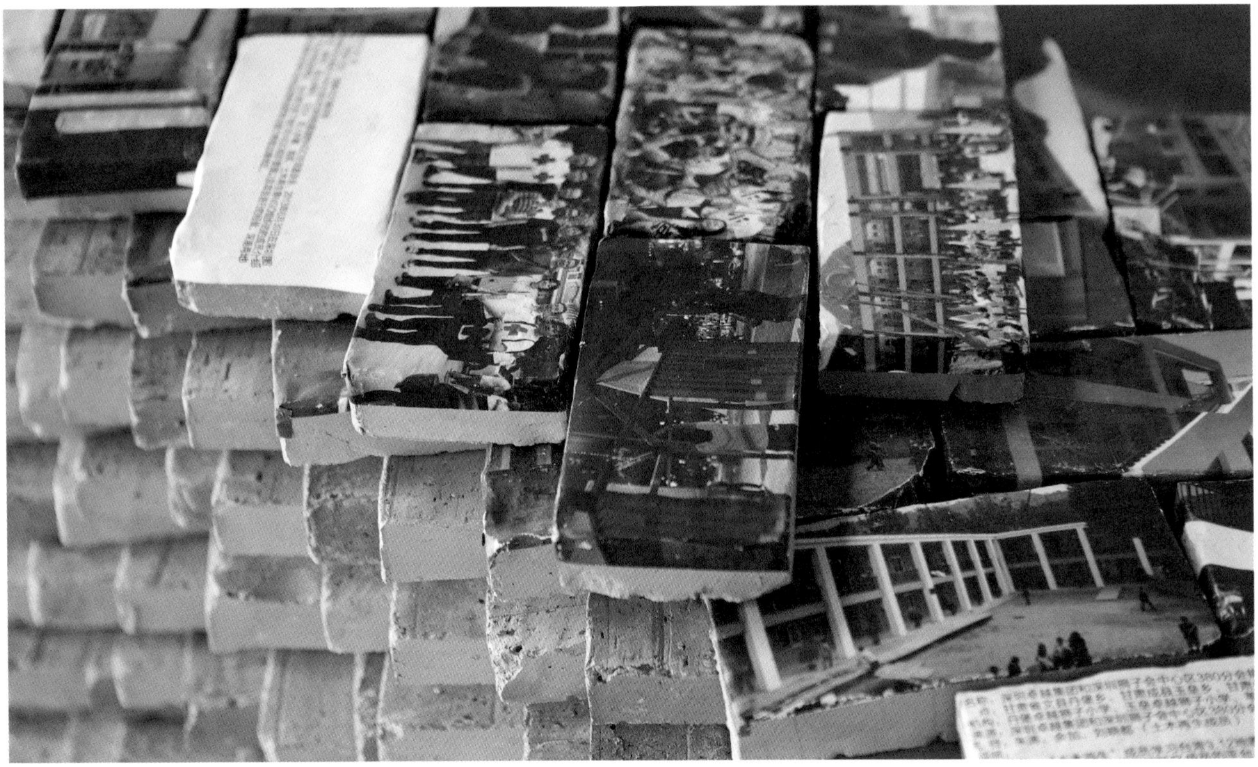

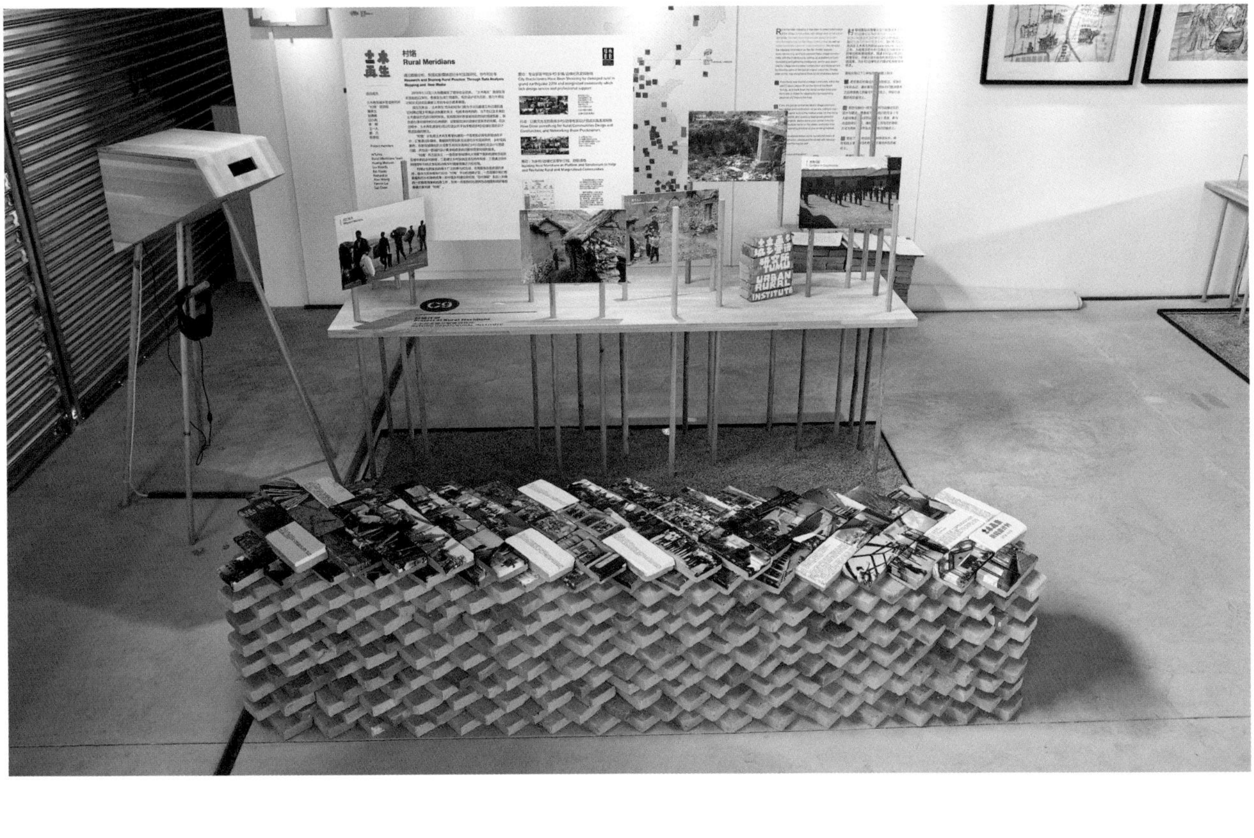
村落
Rural Meridians
URBAN
RURAL
INSTITUTE

本项目是香港与内地高等学校交流“千人计划”项目之一，以暑期工作坊的形式开展，主要记录、分析黔东南州新民居现状，探索村镇建筑“自发”和“有组织”结合的营造方式。

我们参观考察了20个苗侗村寨，分别从公共空间、色彩、加改建、旅游影响下的民居演变等不同角度，挖掘表象下的无形力量，并在地理、社会、政治、文化、经济和技术六个维度的“空间”进行观察思考。随后师生运用系统分析与原型设计，探索灵活可变的轻型结构房屋原型系统。方案成果包括前期记录调研分析和后期设计提案两部分，希望以此开启系统研究中国当代村镇发展和文化沿承的课题，形成一套适用于中国民俗文化浓厚地区村落传承与发展的新方法论。

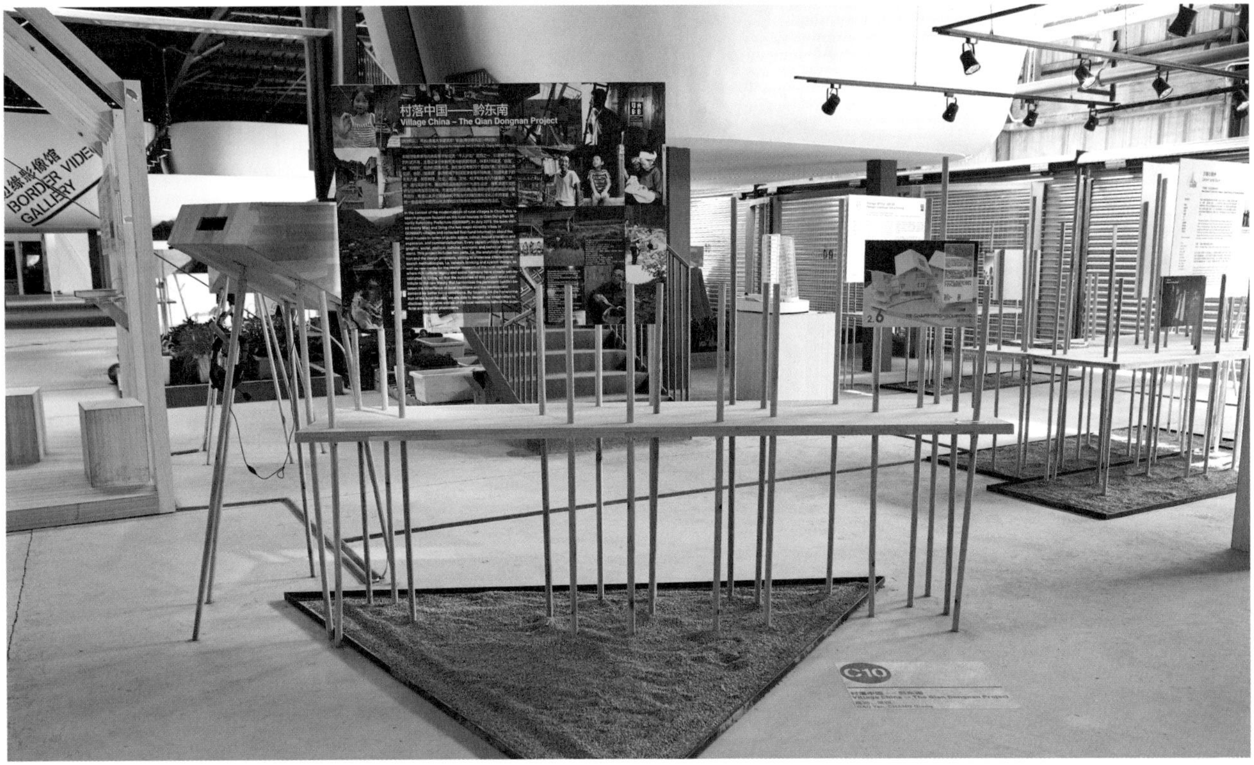
BORDER VIDE
GALLERY
村落中国——黔东南
Village China – The Qian Dongnan Project
C10

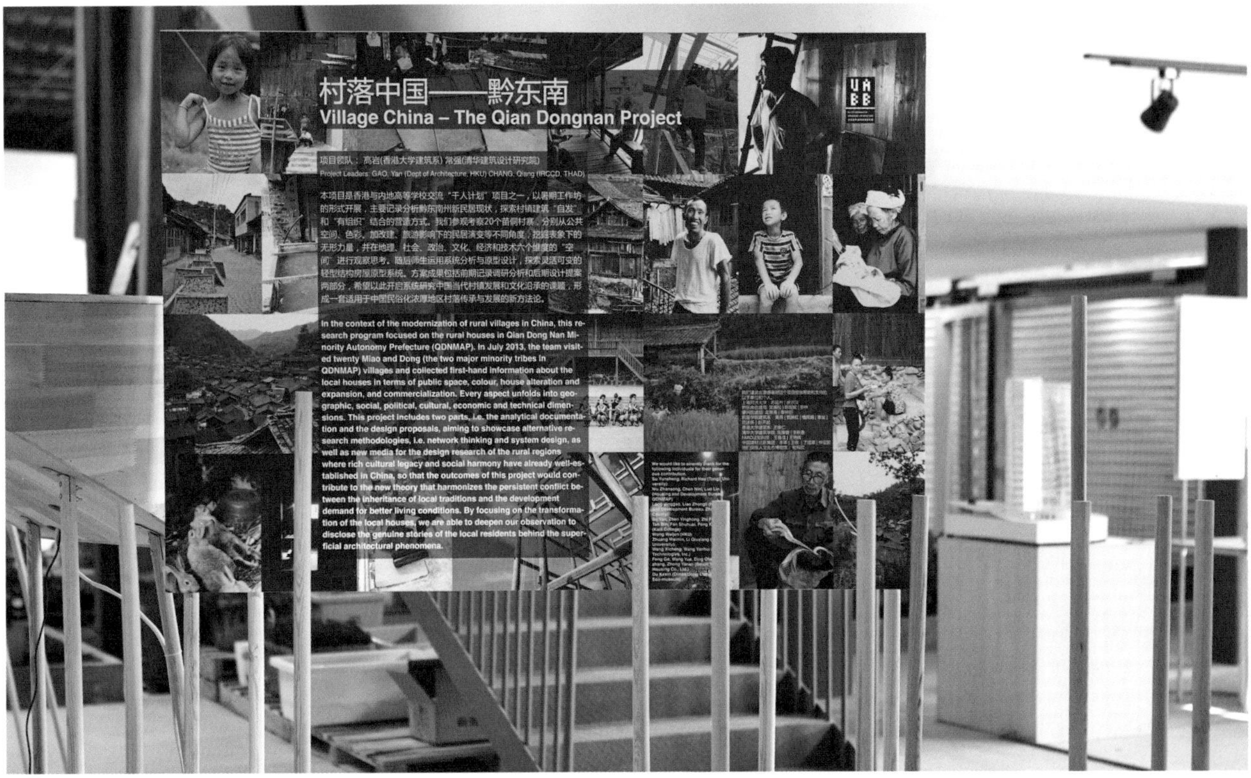
村落中国——黔东南
Village China – The Qian Dongnan Project
项目领队：高岩(香港大学建筑系) 常强(清华建筑设计研究院)
Project Leaders: GAO, Yan (Dept of Architecture, HKU) CHANG, Qiang (IRCCD, THAD)
本项目是香港与内地高等学校交流"千人计划"项目之一，以暑期工作坊的形式开展，主要记录分析黔东南州新民居现状，探索村镇建筑"自发"和"有组织"结合的营造方式。我们参观考察20个苗侗村寨，分别从公共空间、色彩、加改建、旅游影响下的民居演变等不同角度，挖掘表象下的无形力量，并在地理、社会、政治、文化、经济和技术六个维度的"空间"进行观察思考。随后师生运用系统分析与原型设计，探索灵活可变的轻型结构房屋原型系统。方案成果包括前期记录调研分析和后期设计提案两部分，希望以此开启系统研究中国当代村镇发展和文化沿承的课题，形成一套适用于中国民俗化浓厚地区村落传承与发展的新方法论。
In the context of the modernization of rural villages in China, this research program focused on the rural houses in Qian Dong Nan Minority Autonomy Prefecture (QDNMAP). In July 2013, the team visited twenty Miao and Dong (the two major minority tribes in QDNMAP) villages and collected first-hand information about the local houses in terms of public space, colour, house alteration and expansion, and commercialization. Every aspect unfolds into geographic, social, political, cultural, economic and technical dimensions. This project includes two parts, i.e. the analytical documentation and the design proposals, aiming to showcase alternative research methodologies, i.e. network thinking and system design, as well as new media for the design research of the rural regions where rich cultural legacy and social harmony have already well-established in China, so that the outcomes of this project would contribute to the new theory that harmonizes the persistent conflict between the inheritance of local traditions and the development demand for better living conditions. By focusing on the transformation of the local houses, we are able to deepen our observation to disclose the genuine stories of the local residents behind the superficial architectural phenomena.

易空——新乡土建筑概念

苏运升、宋嘉，高岩

B46

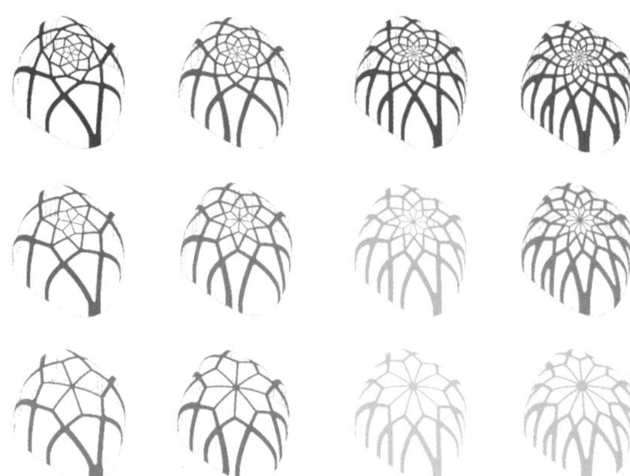

在大力推动新型城镇化，促进城乡交互的大背景下，本提案展示了一个促进城乡互动的建筑装置形式同时也探索了一种新型建造方式的可能性。它以小体量，低成本，舒适标准，绿色生态为宗旨，配以高端的装备，最终将发展成一种带有未来感的有机建筑，促进城乡交流。“易·空”建筑以三维曲线软件建模，用创新的“气模”方式进行建筑外观控制，以此形成独特的可定制的个性化建筑外观。其墙体采用气模灌浆的方式形成，辅以特殊的新型保温科技，满足快速建造和建筑舒适度要求。在住宅全寿命的各个环节，包括生态住宅方案的设计、评估，材料生产及运输、建造、使用等方面，都以快速建造、节约资源、减少污染为目标。最终在建筑设计、模具制造、部品配套等方面实现一体化，最大幅度精简建造流程，形成产业化建造模式。

探索社会的疆域

联合策展人：娄永琪 + 朱晔

在深港双城双年展上，以“探索社会的疆域”为分主题，从社会学的视角对于当代城市与建筑问题提供一种解读方式是该部分策展的目标。

这首先涉及到从社会学的角度对“城市边缘”展览主题的理解，其次则是对“边缘”这一概念在传播上的理解。一方面，“边缘”与“中心”会成组出现，即每当定义或塑造出一个“中心”，就会有与之相应的“边缘”出现，那么随着中心发生变换，其边缘也随之而变；另一方面，在社会传播领域中，该问题又表现为可以被传播介质、传播渠道、传播话语所表征化，成为可以由传播方式进行擦写的信息。

由于定义“边缘”的困难，我们转而以“边缘”作为修饰词，选取了与展览相关的六类主题，即：城市、空间、产业、建筑、人群、技艺等六类，以此作为内容框架。进而通过冲突的坐标，如：宏大与微小、官方与民间、理想主义与享乐主义、波西米亚与布尔乔亚等与主题呼应，而又相互对立价值体系，建构起可以纳入六类主题的框架结构。

与城市学或建筑学的内容所具备的专业性特征不同，社会学部分的内容与我们的日常生活经验更为紧密，故而在此部分展览中，我们可以看到大量的装置、影像和图像等视觉性作品，有着较强的与视觉艺术及日常经验相结合的特征。

佚人营造建筑设计事务所 王灏、史劼

项目一：春晓自宅

位于春晓镇慈岙村，一个传统中国农村社区。此宅采用当地产红砖及预制板，用作度假屋及临时工作室。总体布局采用向心式平面及厚重的砖墙，隐喻强烈内向化的住宅哲学。全部建材及家具采用乡间常用材，表达最朴素的生活观。结构采用砖混结构，框架完全自由，梁柱游离在墙与楼板（预制板）之间，营造出流动空间。内部空间呈现的线性构成与外部空间的墙面对比，暗合了中国古民居的内外二元性审美。

项目二：柯宅

位于春晓镇堰潭村，为养老之用，二套面积合约520平方米。宅子结构内缩，外部最大的标志就是取代原梁柱位置的玻璃带，倡导一种“光的结构”。内部空间基本均质化，由光缝引导。此宅东西向四开间，南北向二开间，与周边民宅的体量一致。

项目三：应宅

位于慈溪市胜山镇中一条传统商业街的一隅。此宅为养老居所。建筑墙体自由穿插，外部采用慈溪民居常用的青砖墙体，双坡屋面结构体系采用现浇拱梁结构，灵活分配空间，兼作楼梯，使得结构元素多义化。内部结构穿插渗透，表达一种自由的结构和空间的趣味。

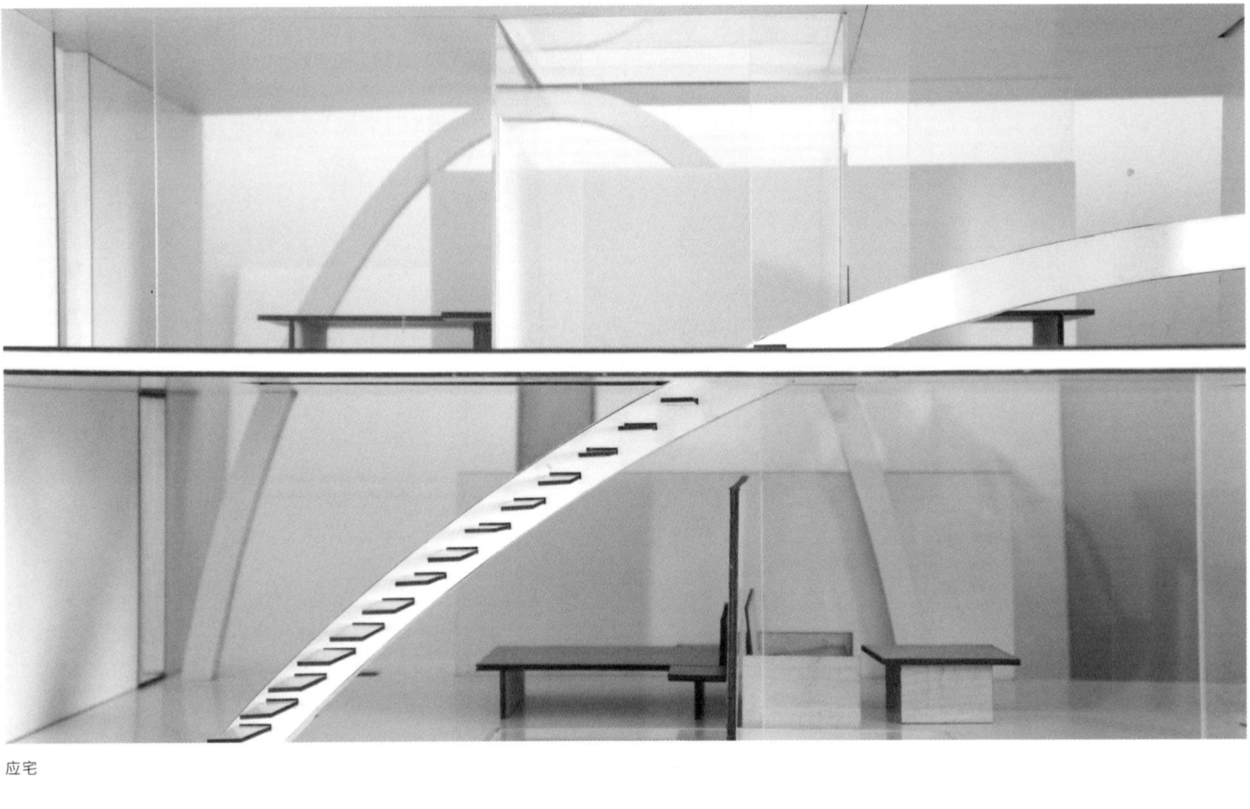

1.《迷雾》 张小涛
重钢的工业风景是多年前伴随我在川美学习和生活的重要记忆，时隔多年这种记忆的碎片时常把我拉回到上世纪90年代的情境中，我试图用动物之眼，来观察和视觉分析重钢与世界之窗之间在时间和空间上的精神联系及延续。在瞬间的时空更替中，我们遭遇了剧烈而迅速的社会变革：集体主义的物质化欲望诉求，传统文脉的崩溃，当代人精神的普遍失落，以及全球化市场和后社会主义政治与经济转型期的混合，给每个中国人带来巨大的震荡和变化，呈现出荒芜废墟与繁荣工地交织的壮丽景象。

2.《地书动画片：小黑和兄弟浏览外滩》 徐冰
《小黑和兄弟浏览外滩》是徐冰为《地书》项目上海展览时所制作的一部2分钟的动画片。《地书：从点到点》的主人公黑先生和他的兄弟一起来到了上海，动画片记录了他们在上海地标性区域外滩的所见所闻。《地书》中的平面标识符号从书中跳出，以动画的方式记录主人公的又一个新故事。

3.《黑洞》 张利文
短片主要讲述了一个关于既神秘又无处不在的“黑洞”的故事。故事由“浊”、“污”、“染”三个章节组成，叙事以片中的主要角色——摄影机男”的一生为线索。

4.《水土艺术区改造项目》 刘景活
该项目位于重庆市北碚区，此地当年是爱国实业家卢作孚“嘉陵江三峡乡村建设试验区”所在。本项目依托北碚缙云山、嘉陵江的文脉，水土又是当年重庆市江北县老县政府所在地，是两江新区的母城。项目通过文化界人士、艺术家、设计师的参与，遵循原来古镇的地形地貌，进行城市的挖掘和修复。保留原来明代的老寨门、清代的老牌坊、老水文标志、老车渡、老航标站，以及宗教和政治遗迹、石刻文物等。在此基础上进行人文景观生态的恢复，如川剧、评书、说唱、杂技等。对老的民间手工艺体验，包括土沱酒、水土麻饼、酱油厂等工艺体验。此外，项目还将修缮老的人民大会堂，将老县政府大院改造为艺术区，用于文化和艺术交流。

5.《猴子和桃子》 代化
动画《猴子和桃子》把猴子比喻为人类社会，对欲望与道德进行辛辣的嘲讽。作品涉及政治、历史、社会新闻、设计和流行文化，在表现形式上尝试各种媒介材质，特别是电子媒介计算机图形方面，包括利用互联网媒体进行传播。艺术家希望自己做的东西可以顺畅地融入目前凌乱纷繁的社会生活，而不仅限于艺术圈子的小众化欣赏。

6.《猎人与骷髅怪》 白斌（根秋嘉措）
《猎人与骷髅怪》改编自在藏东流传的一个民间故事：一个上山打猎的男子遇见了恐怖的骷髅怪。男子成为鬼怪的猎物后，他会做出怎样的选择？这部二维动画片长26分，制作历时3年，于2012年初制作完成。

7.《刺痛我》 刘健
2008年底，金融危机来临，中国很多做外贸加工的工厂一夜间倒闭。青年工人小张不仅丢了工作，还被云霞超市的保安误当成小偷打了一顿。心灰意冷的小张放弃了留在城里继续找工作的念头，决定回农村老家务农……

8.《神秘地球和年轻人》 王维思
短片的灵感来自刘慈欣的《三体》，展现了一个极端状况下的地球。它虚构了一个12维空间里的地球，呈现出各种奇特的景观，生活在地球上的人也永远进行着荒诞的表演。艺术家压缩了时间和空间，并且扭曲它们，就跟很多科幻小说一样，成为一次很有意思的尝试。

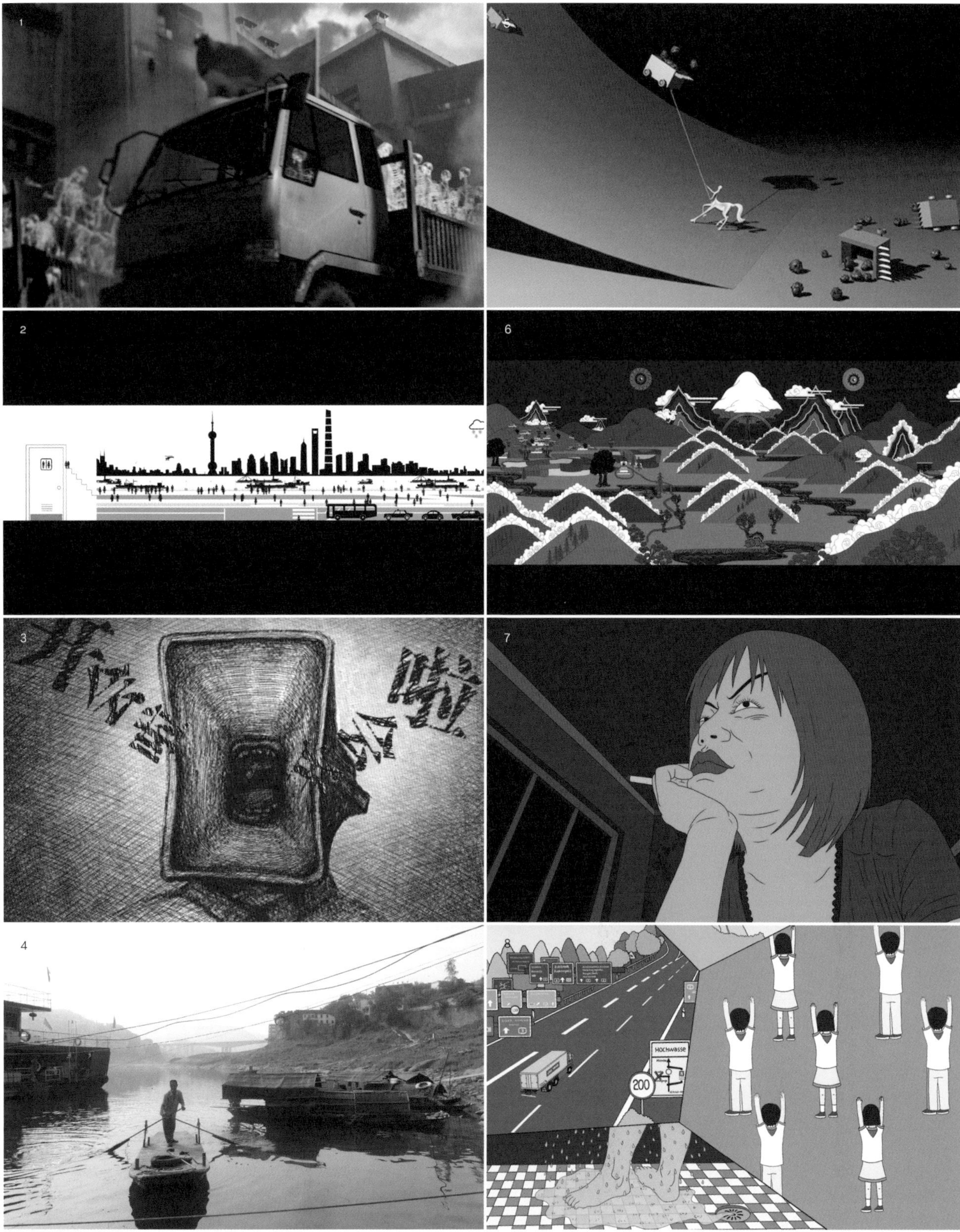
1
2
3
4
5
6
7
Hochwasse
200

9.《发生》 吴超

《发生》是实验动画剧场，通过多屏动画影像、声音、观者的选择性阅读与重组，唤醒对生命日常细节及其关系的原初的感受力和想象力。作品中一场场日常动作的缓慢重复，似乎充满预兆的仪式，每一个细节的未来都如同迷雾，难以捉摸；一种种植物生灭的起伏连续，仿佛流水不断的时间，每一个瞬间切片都被叙述得无边无际，使知觉无限膨胀；不受逻辑和时空限制的、偶然随意的场景调度安排，又似不可定义的命运，每个生命在意义的悬丝上摇摆不定，直至一切渐渐隐入黑暗。作品似乎在无常、无奈、平庸、苦痛中，总伴随着恒定、游戏、情趣、欢喜；在纠缠于文明社会的理性思考中总伴随着赤裸生命的简单快感；将抒情、执着、不由自主和节制、游戏、冷静旁观并置。《发生》不只是由作者个人完成的物品，它试图成为一种生活之道。

10.《城市细胞》 易雨潇

城市因为钢筋混凝土而越发显得强势，城市建设的外延，就像地球一块发生癌变的细胞。而每一次城市的拆迁与翻新，就像是癌细胞更强大的再生般愈加坚固，不再给地球任何自愈的机会。万物互相转化而为之，城市的坚固俨然在循环之外，试图抵挡住时光的侵蚀。项目将城市与生物、城市与人、人与自身的新陈代谢交织一起，然后再以生物的眼光去看待城市，通过这种互观去建立某种联系，探讨人与城市、人与建筑、人与城市中的自己的关系。

11.《天籁籁》 刘茜懿

《天籁籁》讲述的是80后中国女孩内心世界的矛盾冲突，其中有来自心理世界的，也有来自现实生活的。以超现实的画面表现少女击打自己的心脏，强调了身体与知觉产生的视觉美感。少女寻找世界上所剩无几的天籁之声，爬上云梯的最高层，静静聆听……然后喊出自己的心声。象征天地和万物命运的八卦罗盘，女孩最终打破了属于她自己的那个罗盘。《天籁籁》阐述的是中国哲学思想与当代思想碰撞后产生的火花和心灵的憧憬。

12.《浮光》 林俊廷

《浮光》所呈现的，是宛如梦境般的世界，只由单纯的钢笔线条构成。观者的意识跟随着蝴蝶悠然飞行，当观众举起手对着画面往右挥动，蝴蝶随之加速飞行，仿佛预示了未来时光；当手往左挥动，蝴蝶与画面回溯，点起超然物外的玄想，静静流泻于漂浮的时光之上。

13.《须弥纳芥——六粗》 余春娜

以墙为无，以物为有。在场馆中搭建一个展示“道”的空间，一念无明起，宇宙万有现。作品内容以水熊开始，这种生物据科学家证实可以在极强的辐射环境下存活，在宇宙空间里也能生存。自然之中为什么会出现这种生命是让余春娜很感兴趣的问题，后面乌贼、虾、引擎的出现也是一样。我们拥有了自我意识，看到了自然规律，创造了这些人工的物体，这些也都是自然的一部分吗？宇航员一手拿着法杖一手拎着水壶，拥有了科学技术、宗教信仰、文化的我们，能够证明怎样的生命意义？

14.《城市综合症》 何雨津，付喜多

儿时低低矮矮的瓦房、城郊宽阔的耕地、大量古建筑在“发展”的幌子下，沦为推土机下的瓦砾，取而代之的是钢筋水泥的高楼世界。不断剧烈膨胀的城市，犹如一张迷乱的大网捆缚着我们，拥挤的水泥世界似乎很难盛开出自然的花朵。这种发展是一种破坏与灾难，我们被社会的变革机器化、病理化了。而被缚其中的当代人似乎都渴望寻求一种解药，但这解药是不是又如同鸦片，在治愈的过程中又不断食药上瘾，因而导致不断地重复着错误？到底我们该如何救治，这是我们这个时代该思考的问题。

15.《影子之间》 段天然

光影二物，一明一暗，非黑即白，同时存在，互为佐证。光，是时间的脚印；影，是空间的镜子。几个富有意味的超现实片段在看似偶然和无序的建筑空间里被连缀成文，裹挟了潜意识的虚妄与神秘莫测，参与到一场勇于涉险的游戏之中。在这里，只有平移的目光。近于现实的建筑如同异域，被这目光褪去外壳，导引出世界内部难以描摹的发现。

16.《争凳仔》 唐雅，杜钰凯

这部动画讲的是一只动物和人类在玩争凳子游戏，人类用了各种“聪明”的手段赢了动物，争到了最后一张凳子。这个故事隐喻了两层意思，第一层是想说人类自私地向大自然索取，掠杀动物，不知反悔，到最后自取灭亡；第二层意思是，现在人们都在争各种东西，可是即使争到了，剩下的也只是孤独与空虚。

9
13
10
14
11
15
12
16

“酷山水”系列，是我试图以中国传统山水画的观察和思考方式，同时又用摄影这一西方科技文化的产物，来观看描绘当下中国的“山水”。

“山水”一词，在中国，不仅仅指存在于现实世界中的山和水，它更多是人们对于自然风景的一种想象和向往。山水画是中国艺术史上最重要的组成部分，山水在中国文人的眼中早已超越了它的物质性而成为理解宇宙的最好途径。“酷”，汉字的原意是指残酷，但经过英语COOL的音译之后，又有时髦、新潮的意思。用这个词来形容现今正在变化中的中国恰如其分，因为这种变化既表现出了令人兴奋的高速发展和繁荣表象，又无处不在地展示其残酷强大的破坏力。

对“山水”的重新审视，促使我不得不思考东方传统文明与西方现代文明的结合究竟会诞生出怎样的结果？会否像科幻电影里经常描述的主题那样，将不同基因结合后，总会制造出能量超强但破坏力超大的异形？与此同时，自然也并不都像人类一厢情愿地想象那样永远是美好的、和谐的，它自身的残酷性甚至超出人类的预料，尤其是近年来，地震、海啸、洪水、雪灾、飓风等等特大自然灾害频发，在它的破坏力面前，人类的力量渺小得不值一提。在持续不断的人与自然的斗争中，两败俱伤是最终的结局，中国古人的至高理想——天人合一，现在就像个虚幻的一触即破的肥皂泡。

从2006年拍摄蓄水后的死水微澜的三峡库区开始，我便将自己转换成一位被时光机器抛到当代中国的古代文人，俯瞰这当下的种种山水，那被污染成稠绿的湖水，那被挖掉大半的青山，就是我的青绿山水吗？那被暴雪压断的烟雾弥漫的山林，就是我的云山图吗？那被地震震得粉碎坍塌的山脉峡谷，就是我的皴染山河吗？

“文人理想中的山水中国和现实中国总是奇异地融合在一起，在中国，大隐隐于市，小即大，破坏就是建设，一切都如《易经》所言福祸相依，相互转换，未来就是现在，而过去就是未来……中国人普遍承认：生命之无常和时间之流逝终究会带走一切，因此，及时行乐和舍生取义、无为和知其不可而为之、虚无主义和俗世主义如双面刺锈镌刻在这个民族的肌理上。”（胡昉《城市新山水》）。我拍摄着这一卷卷的“酷山水”图卷，欲悲愤，却无从而起，代之是一种巨大的幻灭和虚无。如果时间之流逝终究会带走一切，那我们又能做些什么呢？

灾后重建中的统规统建，在大大加快其复城市化的同时，绝大多数时候在灾后城市中产生了不同意义上的城市边界。这些边界介于城市街区之间，又或隔离在社会组群之间。

“复城市化”：四川大地震后，国家政府迅速启动三年的恢复重建计划，运用各种区域发展策略在灾后地区极大地加速了城市与基础设施建设，掀起一股为期三年的飞速城市重建及复城市化浪潮。三年中，所有的城镇都尽全力迅速恢复并乘势大举提高其经济生产力，某些边远山村竟完成了几十年都无法完成的脱胎换骨的系统性变革。官方重建期过后，四川的经济发展极速，当地政府出台了一系列区域发展新策略，借势进一步统筹发展四川城乡区域。这不仅使得灾后地区的结构环境在短时间内发生了根本的转变，总体上来说，过去的五年甚至改变了中国西部地区的人文地貌。

“不完美的”统规统建在主流社会为重建成果放声凯歌的同时，在灾后地区的各个角落，并非所有灾民都能如愿以偿。从建造效率上说，统规统建是高速、高效的；撇开结论性的数字，统规统建是不完美的，也不可能做到完美。

这是其自上而下的政治意义、政策的笼统性及其城市关注的片面性使然。这同时也使灾后重建成为各种城市边缘问题和边缘城市问题的主要导因之一。从某种意义上来说，在这种飞速的城市重建和复城市化进程中，城市的边界必然产生。因此，如何缝补这种生来就有裂痕的城市及其社会结构，是一个亟待关注和值得长期研究的城市命题。

本展以此为线索，再次深入四川纵深，与灾民一同回顾五年灾后的城市发展历程，探寻各种城市边界的诱因与症状。或许这些边界问题的答案也在边界之中？

星光大道

张晓静, 陈洲

B51

在众多城中村即将淡出时，用一种艺术的形式让它们保留在集体的记忆里是必要的，因为它们和这个城市共生了几十年，而且属于岭南文化的一部分；它们和太多人的生活有关系，更何况有相当多的资源可以保护和利用，尤其是门牌和路牌都很有历史，甚至连村子里的老人都无法追溯它们的年代。所以搜救门牌和路牌便成为我们迫在眉睫的工作。我们收藏了拆迁村一千多块门牌，但这只是拆迁村的很少部分。这些门牌是一些作为个体的家的具体记忆，作为广州城的一部分将永久消失了，很多名字虽然已有上百年历史，但是在这个时刻这些曾经永恒的文化将永久消失。那些美丽的名字令人遐想许久，例如潜龙里、择邻里、积善里、占决里、聚星里、居仁里等等。我们集中收集了很多门牌，把这个凝聚了所有“家”的概念和村人行走多年的“路”的概念从搬迁和拆迁现场寻找回来，再以一种艺术的方式展出。

西街
8
巷
出租屋
自编15号之一
东胜大街
26
迥龙市横街
自编9号
地 街
3-1
迥龙市横街
自编15号
杨箕
11

边缘的欲望与回忆

王晖

B52

四月最残忍，从死了的　土地滋生丁香，混杂着
回忆和欲望，又让春雨　挑动着迟钝的根芽。

——T. S. 艾略特，《荒原》，1922

边缘是被野心和欲望剧烈改变之地，也是承载着诸多必将丧失的记忆之地。曾经的荒原下隐藏着冲动，在某个特定时刻会突然疯长起来，然后迅速转换性质和身份。

每处边缘都是时代的一面镜子，越来越多的人发现自己不断被边缘化，或者处于边缘化的边缘。这件作品通过一种现象——"镜像"，将两种物质"作为极端自然的树木"和"作为极端人工物的不锈钢"连接在一起，同时也将相互纠缠的诸多主客观要素熬制在一起。由于极端的不确定性，由于局部的有限理性和整体的混沌无序，边缘严重缺乏真实感，它的形象一半来自事实，一半来自幻象。当"人工"的创造性和破坏性已无法区分时，边缘只能将自身的基础建立在无尽的幻觉和期待上。边缘的滋味是混杂的，有生存压力下的故作强悍，也有无所依托的深度不安；有个人化的乡愁思绪，也有对生态剧变的宏大关怀……在边缘的嘈杂中，难以分辨哪些是向中心进军的号角，哪些是哀伤的挽歌。而作为地域和作为人群的"边缘"，在欲望与回忆的牵扯中塑造着自身的现代性。

本页展览现场图，对页项目效果图

“圈·泡·城”

“圈·泡·城”是一个模块系统的统称。这个系统的基本元素是一种能够弯叠的“圈”，细钢边，中间可填各种布料，常见于摄影反光板。

圈与圈连接即可形成类似于泡沫的球状单元结构，称为“泡”，独立可为小型活动空间，多个相连可为活动营地，更多拼合可为小型社区，甚或是一个“城”。

圈之间连接采用魔术贴，安装拆卸异常方便。单元泡外侧有配套的遮雨布，整个系统可在室外使用。因为圈可弯叠摆放，携带方便，整个系统也可折叠收起，节省运输和储藏的空间。

我们希望“圈·泡·城”是一个灵活多样的产品，能够出现在生活的不同层面：

在家中可划分区域，构成儿童玩耍的空间；

外出能搭成帐篷，供野营游乐；

多个单元相连，组成社区，方便好友一起出游；

组合成室外的大空间，用于活动和展示；

成百上千个相接，迅速构成一个新的城市。

以上这些，仅由一些圈简单拼接而成。

三轮移动房屋与三轮移动公园

三轮移动房屋是为2012年大声展而做的， 目的是为了讨论在中国土地不私有制度的前提下，能否拥有一种土地与住宅及自然景观相对松弛的关系：家庭住宅也可以是灵活的、可变的，停车场也可为人（而非车）所利用。生活不必完全围绕“车、房”而展开。三轮移动房屋由PP（聚丙烯）板制成：利用CNC（数控机床）对板材剔槽切割，而后折叠焊接形成空间。PP板的特点是折叠不会减弱强度，却能够拉伸延长或缩短。房屋因此能够完全打开或根据使用情况改变长度，并与其他移动房屋或移动绿地连接。PP板同时有透光的特性，白天室内光线均匀，夜晚甚至可借用周围城市的灯光照明。

三轮移动房屋是一个完整的居住设施，内有洗手池、炉灶、澡盆，以上设施都可以隐藏到前设备墙中。也可通过折叠家具形成餐桌、书架和双人床。

三轮移动房屋还配有三轮移动公园，公园内不仅有绿草，还可种植树木与蔬菜。移动公园可与移动房屋一起移动，也可单独移动，甚至与其他移动公园一起组合成较大的公共绿地。

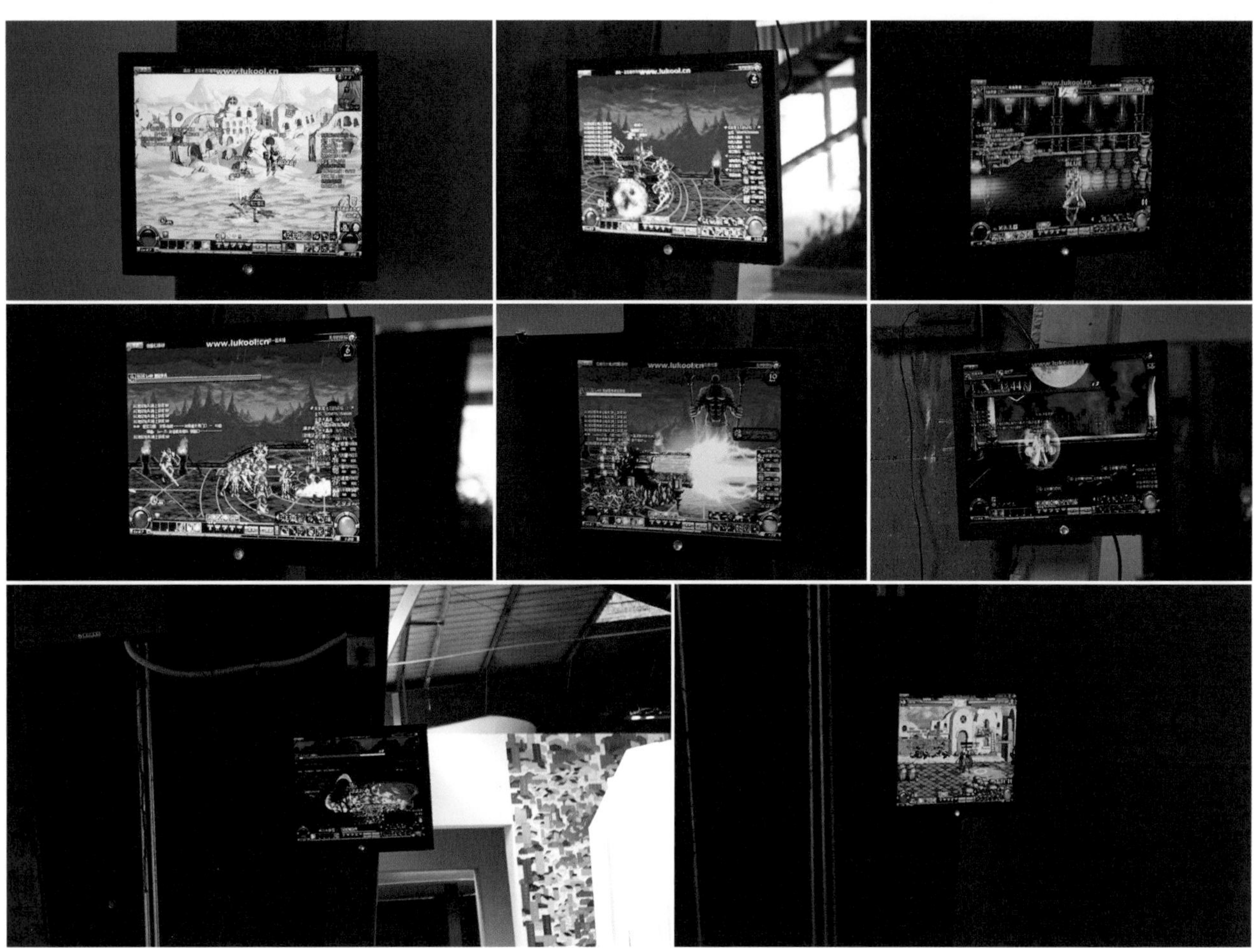

12台正在播放网络游戏《地下城与勇士》视频的显示器，分散放置在展厅各处，包括过道边、楼梯下，以及各个展示项目之间的空隙处。《地下城与勇士》是目前在中国最受欢迎的网络游戏之一，也是那些在小网吧度过工余时间的年轻打工者最爱玩的游戏。艺术家希望通过这一现场装置，呈现出那些遍布于我们城市的各个角落却不被大多数人所看见的空间，那是城市中另一些人的栖身之地。

海滩是陆地或者海洋的边缘，海南是国土的边缘。在这里，边缘不再是“被忽略”的代名词，反而成了国民梦寐以求的旅游胜地，房地产商争相开发的热土，环保人士关心议论的焦点。本作品以10分钟视频短片的方式展现当前海南的海岸线近乎疯狂的发展现状。

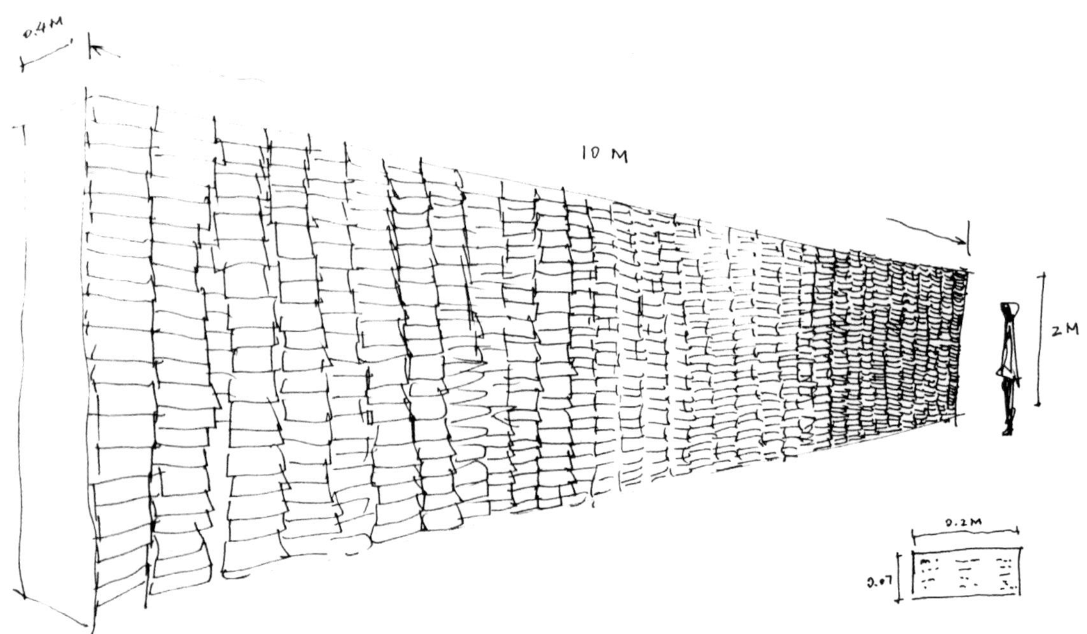

民用航空是世界上最快的公共交通系统，机场是人们经常过往的特别建筑。每个旅行者因为身份、时间、性别、年龄、心情的差异，对机场的感受也是不同的。但每个人都持有一张登机牌，经过严格的安全检查，坐上了飞机，通过飞行到达目的地机场。有的登机牌被人随手扔弃，有的登机牌被人珍藏，有的登机牌代表着希望，有的登机牌代表着绝望，有的登机牌为了聚会，有的登机牌为了分离，有的登机牌意味着逃脱，有的登机牌意味着面对。每个登机牌都标志着一个飞机飞起的高度，标志着一段时间，标志着一段轰鸣中的蓝色。一些代码，一些编号，一些数字，一些条形码，几个红章，小小的登机牌已把世界讲完。

拉萨贡嘎机场
LHASA GONGGA AIRPORT
登机牌
中国南方航空
CHINA SOUTHERN
XIAMENAIR
常州机场
ETKT

蓝图　刘庆元　B57

在一个把光亮等同于现代化的社会中，瓷片是最便宜的光亮材料。与其说我们喜欢用瓷片去掩盖水泥砖头的粗陋，还不如说我们更喜欢廉价的现代化想象。如此，把瓷片美学当成生产力决定生产方式的例证就一点也不为过了。在中国，随处可见的瓷片美学已成为古老土地身上的蕾丝外套，它体现着不同程度上的富足、安康和炫耀。这是因为"掩盖的目的是为了美化，装饰远比需要掩盖的材料更漂亮"。珠三角被视为中国改革开放的试验田，也是近三十年来最先迈入富裕竞赛的地方，广东的佛山是中国首屈一指的建筑陶瓷生产基地，产量最大的当属建筑的外墙瓷砖（广州俗称"瓷片"），近几十年来，瓷片自我复制的速度不亚于中国经济的增长幅度。从南到北，由城市到乡村，中国成为一个到处闪烁着瓷片光芒的"亮丽之国"。

——冯原《被压迫的美学》

作品的构思来自于个人身处时代背景下的语境象征，我希望作品能通过"宣传+广告+扁平化"的特质，再次撩拨大众视觉的占有欲。它们是包含矛盾、对立、冲突、虚妄意味的合体，就像今天每个人多少都会触及到的问题，例如权力、性、个人能力、知识、革命、冲突、发展、生存、记忆等等。这些放大的局部对应于个人世界的小侧面，它来自于我们每一个人的"念头"——某些不大说出口的思绪，轻巧的假设，默默无语的面对。同样的节奏，同样的嘈杂，同样的城市，通俗、真实、鲜活的人们，我通过事物本身去了解自己，只是观看而不想证明任何事情，如今，体验更重于知道，艺术以最简约的方式直达核心——我们不得不寻找一种不同以往的装配方式。

"蓝图"就是一面"亮晶晶的外墙瓷砖"，瓷砖图案混搭了中国传统吉祥纹样和现代生产工具符号，经过反复游说，最后由广东佛山的一家建筑陶瓷工厂加工完成。

泥中有我
最后的制陶女与最后的制陶术

谭红宇

B58

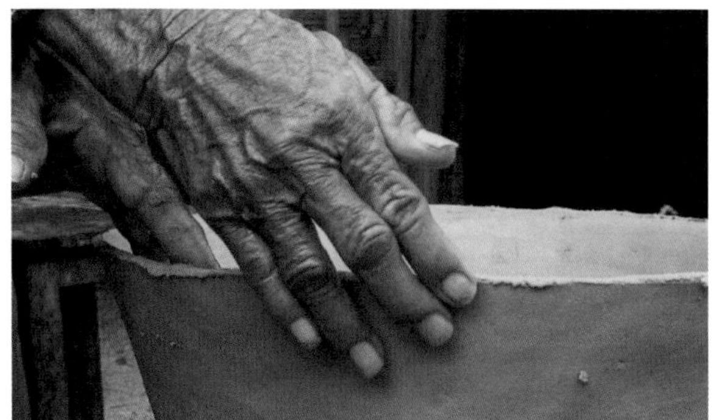

该纪录片以田野调查为基础，借鉴视觉人类学的研究方法，运用第一人称，以口述历史的方式建构整个影片。

以中国国家非物质文化传承人、85岁的黎族老陶工羊拜亮的生命史为线索展开叙述。羊拜亮是黎族陶工的典型与缩影，她的生命史就是黎族陶工的生活史。本片为我们打开了那个通往远古制陶技艺之路的隐秘阀门，使这项存在了6 000年的古老制陶工艺得以用影像这一直观的视觉手段记录与呈现，为下一步抢救和保护这些即将消逝的人类文化的“活化石”的工作提供一份详实的报告和依据。影片涉及无轮泥条盘筑、平地堆烧、以树汁淬火加固陶坯、钻木取火、赶鬼驱邪、结绳记事、纹面等民俗事像。其中无轮泥条盘筑、平地堆烧、以树汁淬火加固陶坯这三项技术都是现今世界范围内发现的人类最早的制陶工艺形式之一，是人类文明的一块“活化石”。

影片用高清技术拍摄，制作过程历时两年。

对页：羊拜亮的手；本页：制陶工艺中碎泥、泥条盘筑、晒坯、钻木取火、平地堆烧、用树皮水淬火等环节。

旅行的目的可以有千千万万种，商务旅行、蜜月旅行、疗伤之旅、朝圣之路……万千种的理由乘以万千种的旅程，世上有谁不曾是徒步红尘的旅行者呢？古时候的中国人说：读万卷书，行万里路。离开自己的地理归属，去远方游历，"行路有益"应该是与"开卷有益"等值的金玉良言。古人把旅行游历作为求知、解惑、明德的车辇，然而今天的旅行却给旅行者平添困惑。

轰鸣的火车和飞机把旅行变得比以往任何时候都轻而易举，《环游地球80天》歌颂了现代交通工具对人的观念更新。今天的人们期待更迅捷的旅行，高铁提速，空中直航，在书店最新的旅行指南书架上，赫然陈列着教你如何在一个城市度过精彩24小时的图书。然而旅行这件事，书商的卖点终究重合不了每个人个体的体验，就像速食面厂家在包装袋上的坦白——一切以实物为准。

游走在异乡的街道、车站、广场，被陌生的风俗习惯和社会情境冲撞，耳中飘入听不真切的方言的谈笑风生，举目是揣摩不透用意的店招路牌，无论手机里下载多少旅行app，如何熟读手中的地图册，旅行者注定只是那个城市的暂时介入者，如一粒尘埃沉入不了流动的河水，旅行者的碎片式经验使他们更依赖斩钉截铁的规则和随波逐流的偶遇。

郑亭亭和郭厚同这两位艺术家尝试夺回旅行者在与规则和偶遇交锋时的主动权，他们分别从文本研究的宏观和个案经历的微观，对有关旅行的社会、文化和人际界限进行观察与探测。郑亭亭以看待异乡的视角看待故乡台湾，研究了由西方人编写的被誉为背包客圣经的《孤独星球》(Lonely Planet)台湾册从1987年至2001年的五个版本，对比经由时代更替产生的文字改变，去探索台湾在社会、身份及政治上的转型。郭厚同亲自扮演了陌生的闯入者，他在中国版图内由东向西，从浙江杭州出发，经京华、兰溪、景德镇、鄱阳湖、南昌、株洲、凯里、昆明旅行至云南西双版纳州景洪市，沿途寻求在当地居民家中投宿，并剪下部分自己的头发赠给接纳他的居民。两位艺术家的两段旅行，使我们能够从不一样的地平线审视信息的传递、信任的交付，更新有身份的个体在环境变动中的坐标。

郭厚同 - 旅途（视频）

《罗伯特·斯托瑞》(《孤独星球（台湾）》) 郑亭亭

在研究过一系列英文版的台湾旅行指南之后，郑亭亭决定把由罗伯特·斯托瑞（Robert Storey）编写的《孤独星球—台湾》（Lonely Planet-Taiwan）从1987年至2001年五次印刷出版的五个文本作为自己作品的素材。

她采集了《孤独星球（台湾）》每一版本中相同的段落，撕下书页，标记出发生改动的关键词，随后比较这些经由时代更替产生的隐微的改变，去探索台湾在社会、身份及政治上的转型，以及摇摆不定的东西方关系，并从他者的视角来探究艺术家本人的身份。罗伯特·斯托瑞是何许人？从《孤独星球—台湾》中摘录并贴示到墙上的被乙烯颜料涂抹过的文本，不仅揭示了关于东方/外国文化的“知识”背后所隐藏的“真实性”，也经由时间的证据，对于这位编著者作为亚洲通代言人的角色提出了质疑。

观众还可以观看到一段视频，它即是这类旅行指南产出的结果，郑亭亭从youtube网站搜集、剪辑了外国游客在台北著名旅游景点华西街（蛇街）吃蛇菜肴的视频，将从1981到2011年间介绍华西街的旅游指南英文文本译成中文，亲自以普通话朗读，作为视频的画外音。品尝蛇肴是由旅游产业推出的标准化的旅游活动之一。为了迎合亚洲体验的概念，吃蛇成为一种被保护起来的文化，或者被当作面向外国人的文化教导。

视频中的英语字幕，是根据郑亭亭对于英语旅游指南的中文叙述，再由一位母语为英语并能讲中文的人重新翻译成英语。这种二次翻译，体现了郑亭亭对语言及其转译的兴趣，检测了在过程环节过滤之后所遗留下的隐含意义。

《假如你看我有点累》 郭厚同

读万卷书，行万里路。生活中有很多的旅行，古人的“进京赶考”，商人的“东买西卖”，玄奘的“西天取经”，甚至一次走亲访友都可以称作一次旅行。旅行不仅仅关乎异地风情快感，它也可以是一种采集的方法，一种探索，一种状态，而且旅行本身就是一种创作。从杭州到西双版纳自治州景洪市，途径金华、兰溪、景德镇、鄱阳湖、南昌、株洲、贵阳、昆明等地区，这是我的一条旅行线路。在旅行的过程当中，我要求在当地居民家里过夜，接受者可以剪掉我部分头发由他们保留。“头发”受之于父母，带着深厚的情感，我将头发送给他们，欲与他们形成一种友好的关系，以此来建立我与他、社会的另一个衔接点。

郑亭亭 - 视频：蛇街(吃蛇)

上山下乡——边缘之蛊

西线工作室（魏浩波、谢劲松、欧明华） B6o

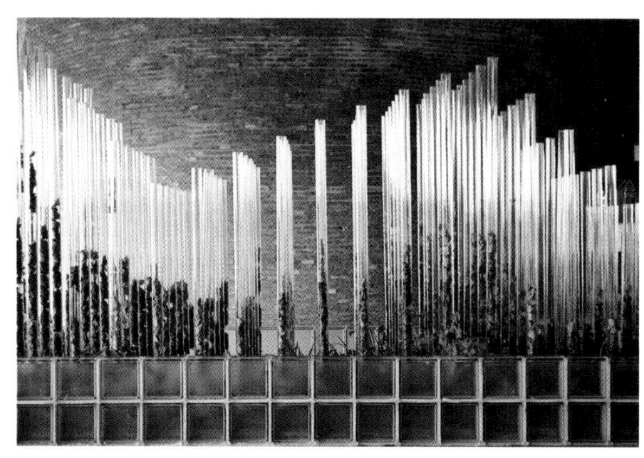

透过对边缘特殊地点群的剖面化密集组织形态般的文本记录，以及游戏性的公众参与与互动，促使人们在当代性条件下，领悟来自边缘独特之地的孤本的珍贵性与互成性，吸引人们同建筑师一起用手的力量、眼睛的力量、哥们的力量来关注边缘孤本的生存状态、生长历程与再生方式。西线工作室的工作方式正是以当代性的视野重视这些孤本群开始的。

蛊——中国西部苗疆遗传下来的神秘的生态巫术，它提示着西线：面对西部的实践，当采取一种入乡随俗、以毒攻毒的直面现实的实践方式。

观展者可以通过互动的方式来了解西部贵州——这一边缘之地及其孤本群，通过插秧（插植花卉、或祈福的纸条、或种子）的类种植方式，引其思维与活性渗入地点群之中，开始某种有意味的耕耘，于是这些抽象的密集组织形态最终生长成鲜活而丰美的彩色森林。

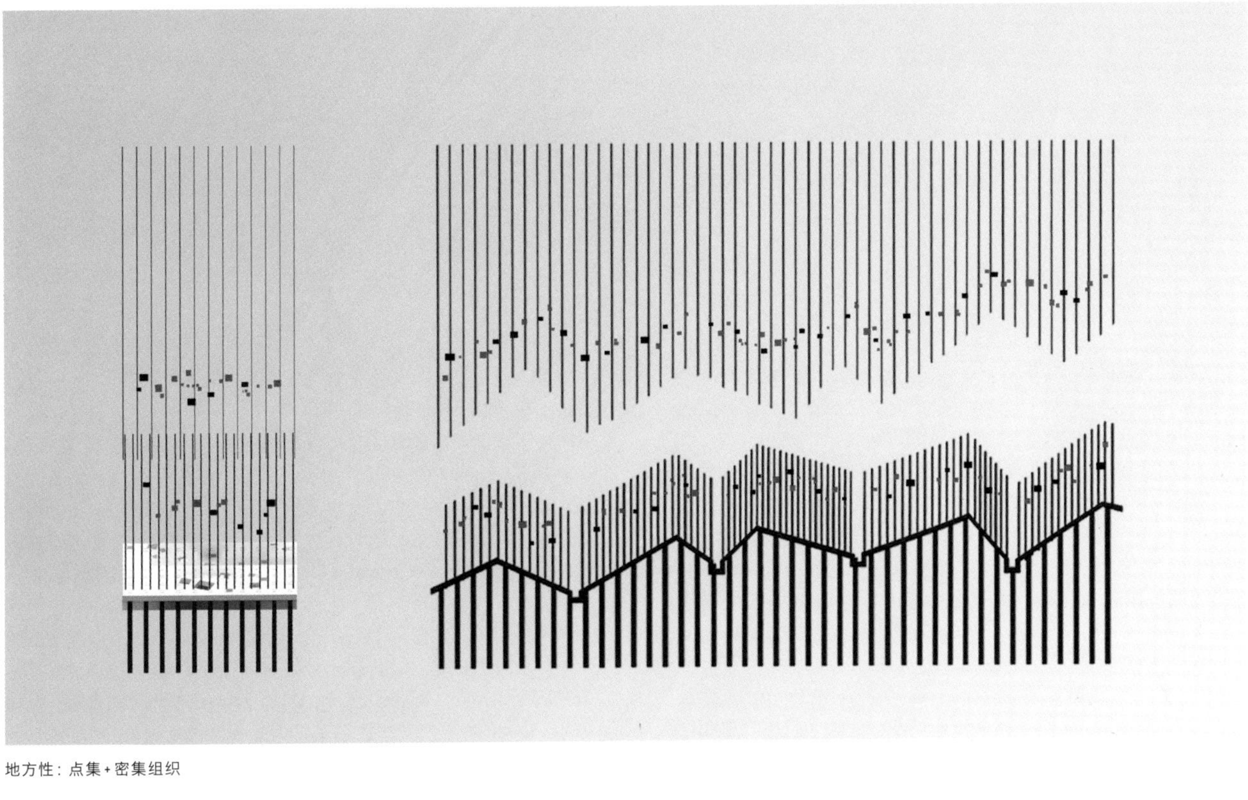

空间是一个载体，在某个时段里，它是固化的。而艺术及其观念的表达是多元的、开放的、流动的。由此我设想要实现艺术展示空间的流动，并将其微缩化，使微缩的流动美术馆转化为现实中的美术馆。仅就其展览机制而言，我的流动美术馆与现实中的美术馆运作模式相仿，具有美术馆的内在理念与管理机制，同时在模式上不仅承担着陈列功能，还具有学术探讨和推进艺术交流的使命。我不仅仅可在流动美术馆里实施自己的多媒体艺术作品，还能以策展人身份邀请我周围的艺术家，根据展览主题在我的流动美术馆里做展览，并可以进行馆际之间的交流。

通天塔美术馆（流动美术馆之一）

巴比塔是《圣经》故事中提到的一座通天塔。古时候，天下人都说同一种语言。他们计划修一座高塔，以显示人的力量和团结。这就惊动了天庭的耶和华。于是耶和华施展魔法，变乱了人们的口音，使他们无法沟通，高塔也因此最终没有建成，这就是关于"通天塔"的传说。我建通天塔美术馆的主旨是为了让优秀的艺术作品跨越时间、空间的障碍，在微缩的空间里，使陈列的艺术品得到更便捷的交流。然而要成立一个具有相当规模的当代美术馆，心有余而力不足。既然不能在宏大规模上得以实现，那么不妨先从微缩观念做起。在我的微缩美术馆里做一场场微型展览，并且有别于当下艺术展览，常规的艺术展览现场可能一两个月就结束了，之后所有的记忆便会因时间的流逝而消逝。所以我的流动美术馆一定要将某些作品讯息存留在看得见摸得着的地方，这样，流动的美术馆才能随处流动，甚至随身携带。将不可捉摸的"流动"终于做了某种固态存留。以时间与空间的流动，来将流动美术馆的观念推广出去，也让微缩美术馆存于流动之中。

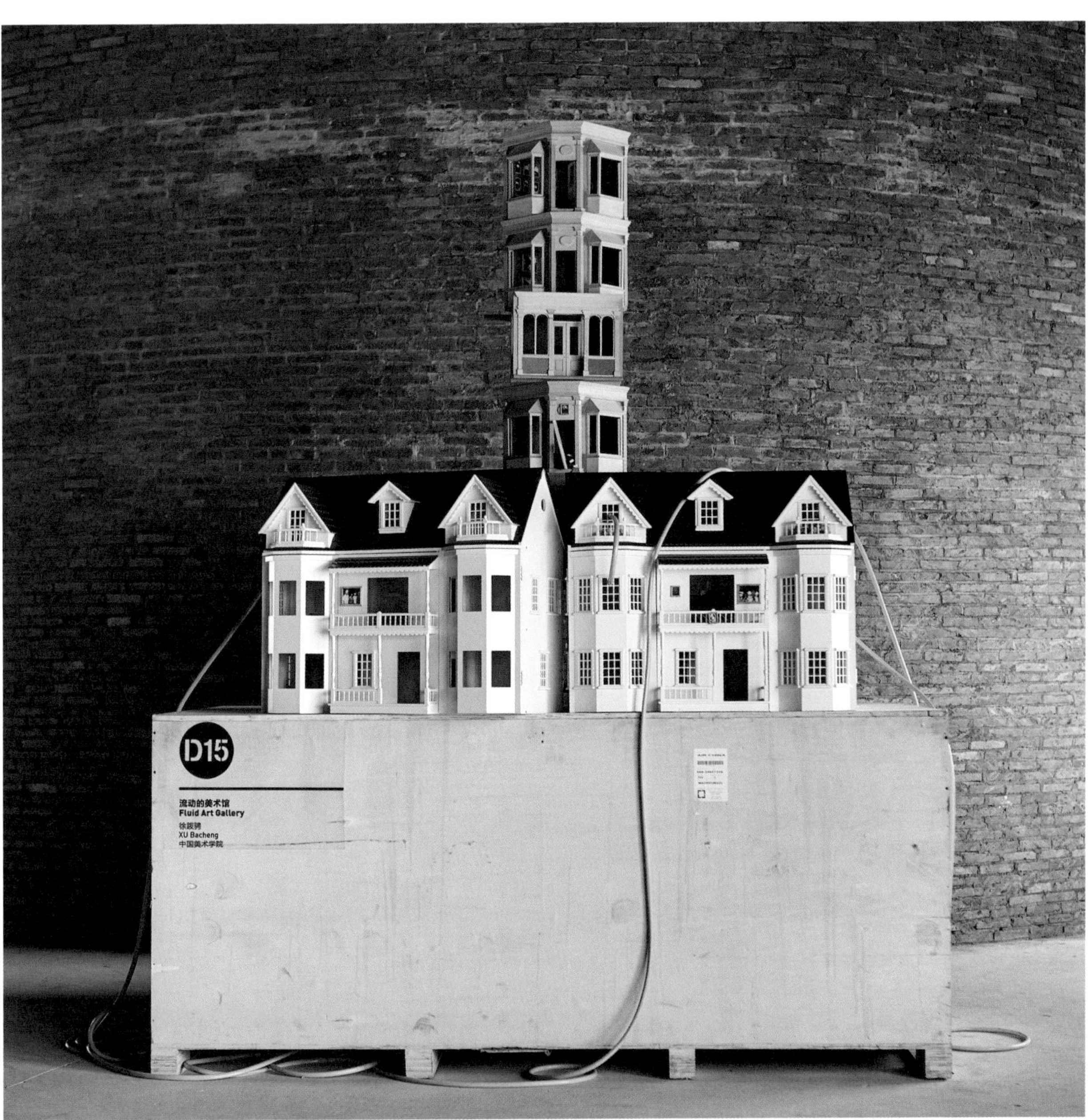
D15
流动的美术馆
Fluid Art Gallery
徐跋骋
XU Bacheng
中国美术学院

花花草草，风风雨雨，日出日落，人来人往

沈瑞筠

B62

艺术家把一间西关老房的地面完整地移到展览空间。依照老房的花地砖上因岁月而留下来的斑驳痕迹，用毛笔、水彩和墨，勾勒出新的生命，定格美丽的回忆。希望通过重新解释和演绎老房子的历史，去创造一个虚拟的微观世界——一个结合雕塑和绘画因素的装置作品，反映事物生长、繁荣和消亡的各种现象。

在这件作品中的形象，艺术家都是借助地上原有的痕迹而延伸出来的。她不希望用“新画的画”去装饰、覆盖和改变老房子上的历史。艺术家和地面“对话”，观察和读懂它的故事，再从它的身上产生新的故事——把被遗忘和荒废的老房子变成一件艺术品。这也反映了我对城市历史的态度。

物质的丰富改善了人们的生活，高速运转的生活让我们无暇顾及和体味生活的细节。在这件作品中，艺术家借用儿童的涂鸦形象，使观众暂时忘记当下，从而进入内心。同时，她把房屋的地面当作画布，观众就像走进大自然一样，一边在房间里移动，一边观赏地上的画，观众既在画中，又在画外。在传统中国山水画论中，山水画应做到“可游”、“可居”。艺术家希望观众在看这件作品时，就像去了一个怡人的地方进行了一次心灵的旅行，找到一块自己的精神属地。

中国有100万左右的建筑师，而且这个数量随着每年建筑院校毕业生的增加仍在增长。虽然王澍荣膺普利兹克建筑奖，但中国的“明星建筑师”依旧凤毛麟角。现状是：中国的建筑师大多被禁锢在城市化的生产链之中，在甲方的催图声与加班之中被媒介与社会公众所忽略，他们是一个长期对公众沉默并大多以技术化方式生存的群体。相对于国际大牌和明星建筑师，中国普通建筑师是建筑师从业人群中沉默的大多数。

为了呼应本届展览“城市边缘”的主题，我们期望作品对建筑师的个体取样、群体表述，乃至对整个建筑师群体的生存状态的描述，都能够获得大家的共鸣。我们选取了具有代表性的一位建筑师——何昕，作为故事的脚本来源。他从就学到读博士，从下海打工到个人创业的经历有着建筑师群体成长的普遍代表性；另一方面，他的建筑实践基地主要在重庆及西南腹地。通过素材收集和动画片形态对中国普通建筑师的生存状态进行描述，一方面可以生动地向社会展现建筑师行业的生存和运作状态，另一方面也从社会化的角度对建筑师这一行业进行剖析。

China
100
Architectural designer
Thousands on

《制造边境》不仅探讨了商品生产的物理现场、工厂和工人，还有建设的政治边界——深圳经济特区。为了探寻两个概念之间的联系，采取了混合媒体方式，游离于艺术性和理性之间。

李消非的录像，采访了在工厂工作的工人，将艺术和纪录片语言融合。个体图像与机器画面被切割、重组、变形，最终建构出令人深思的现实。作品探索了一系列主题，包括劳工和管理人员的关系、人和机器的关系、工厂和个体的关系以及个体和社会的关系。Stefan Al收集的插图、访谈和信息图表将工人、工业区以及城市化之间的关系显化。它们描绘了工业区工人日常生活中的各个维度，包括居住环境和工作方式。同时，作品揭示了这些工人在“城市地界”内的生活必须放置在全球政治经济零售价值链多变背景之下来审视。

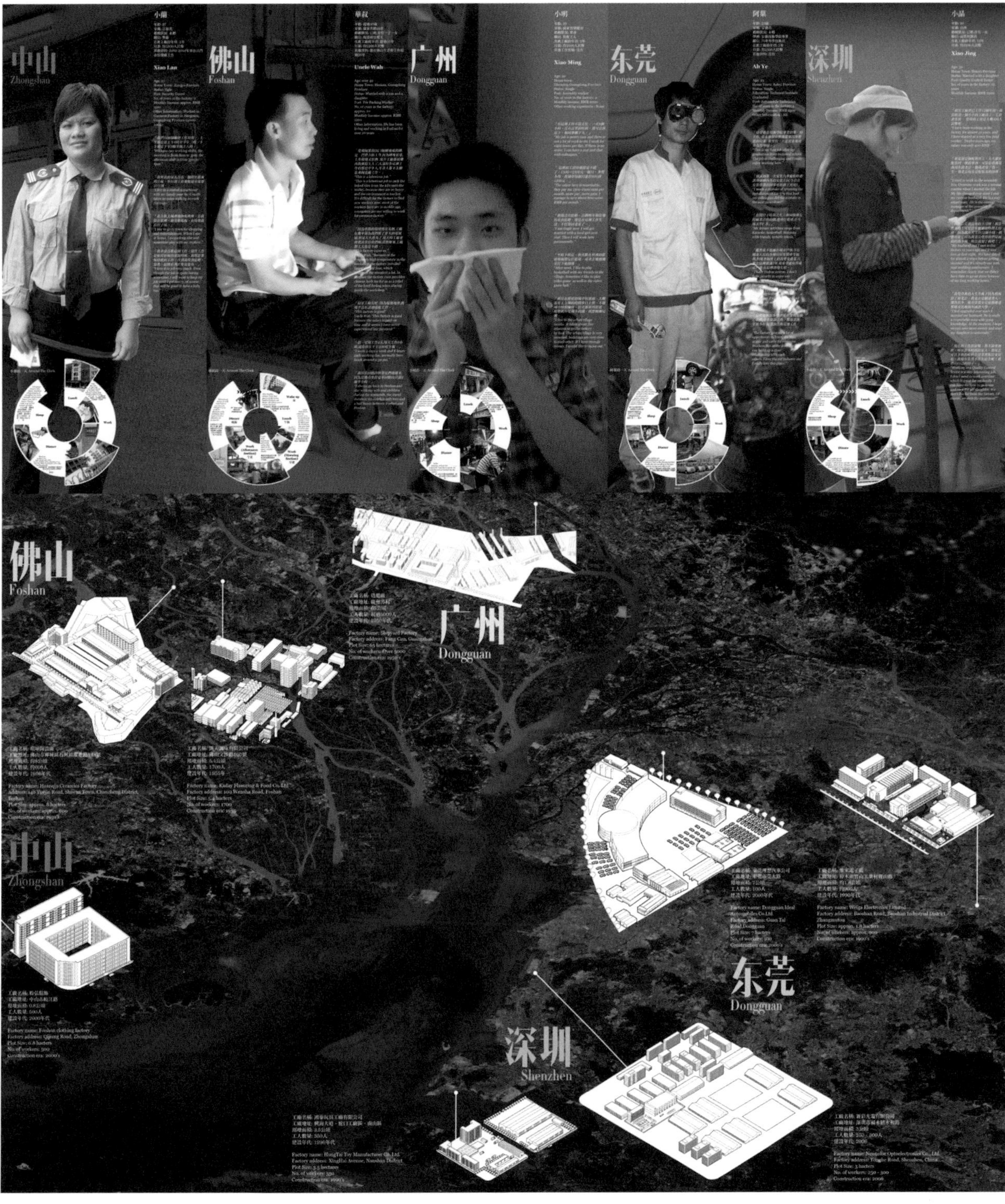
中山
Zhongshan
佛山
Foshan
广州
Dongguan
东莞
Dongguan
深圳
Shenzhen
佛山
Foshan
广州
Dongguan
中山
Zhongshan
东莞
Dongguan
深圳
Shenzhen

边缘居住

上海天华建筑设计有限公司
同济大学建筑与城市规划学院

B65

本次参展的作品系第三届天华设计周“他者——非主流居住”活动的成果展示，为回应本届双年展“城市边缘”的主题，主要由分别代表盲人、建筑工人以及拾荒者三类边缘居住人群的三部分装置组成，力图利用丰富的视觉、听觉和触觉等感官体验，向参观者展现他们的生活方式及居住状态。如今中国仍有成千上万的人无法居住在通常意义的主流居住建筑中，这些非主流的居住方式也是构成我们城市文化的一部分。我们所说的非主流居住人群与主流人群的“边缘”应该是相对的，两种人群其实是互补、共生的关系，而不是主流与被边缘的关系。关注边缘居住群族，让大众有机会走近和了解他们，从文化、社会、经济和人情等不同的视角对我们的居住重新审视，并对自己的生活行为进行一定程度的反思，从而找到富有个性和创造的新启示与答案。

风景墙

倪卫华

B66

在《风景墙》里，倪卫华的基本手法是把广告牌与在广告牌前匆匆而过的行人抓拍，结合于一个画面之中。他以纪实手法展现了这样的情景：镜头里真实的路人与城市中的广告风景画实现悄然融合后，“真实事件”的发生地仿佛也进行了彻底的置换。作品中涉猎到的“风景”大多与房地产开发有关，这是中国快速资本化与城市化进程的特殊语境。随着城市化进程的持续加快和商业利益的无节制膨胀，中国这片热土不仅在空间尺度上经历着巨变，人的价值观也在发生着深刻变化，物欲化的追求与攀比无休无止，对自然的索取越来越贪婪。《风景墙》里那些被大肆显摆的奢侈生活元素和挪用绿色理念来装饰现代生活的时髦策略，揭示出城市化进程下社会价值观的变化与冲突。那些山清水秀、如梦如幻的“自然风光”镜像，让人强烈地怀念曾经熟悉的泥土芳香和清新空气，而“优雅别墅”前显得尴尬突兀的民工与普通百姓形象使人深感焦虑不安。《风景墙》似乎是在激发人们进行质疑：现代化和城市化会带给民众更多的幸福吗？

风景墙 - 上海大华路，2009

风景墙 - 上海遵义路，2011

国家与地区馆

NATIONAL AND REGIONAL PAVILIONS

国家与地区馆

策展人：李翔宁、
杰夫里·约翰逊、倪旻卿

延续前几届深港双年展部分国家地区馆的参与形式，本届展览希望进一步拓展国家和地区馆的合作模式。每个国家馆由该国家/地区著名的建筑、社会学领域有策展经验的策展人在“城市边缘”的框架下命题。参展的国家和地区有：美国、英国、意大利、西班牙、墨西哥、瑞典、加拿大、比利时和澳门。

英国馆／流动的边界

策展人：Jeremy Till
英国中央圣马丁设计与艺术学院

B67

我们生活在一个具备“流动的现代性”的时代。由于各地劳动力、货币、虚拟和实际货物流向全球范围，进而破除了从前的固定模式；因此，劳动力、资本、时间以及各类商品的流动性达到一个前所未有的高度。与这种流动性相反的是空间的逐步固化，愈发循规蹈矩并商业化的生成模式导致了空间边界的日趋僵化。

然而，一旦僵化的边界趋于固定，真正意义上的城市公共领域将变得更加难以扩张和发展。为了对抗这种空间固化的趋势，英国的建筑师和空间规划师以不同的方式向城市的刚性和边界法规发起挑战，每件作品都在消除空间边界、使城市空间的生成和使用更具集体性和民主性方面展示着其独特的个性。

在规划游戏里，DK-CM Architects提出了许多建议，如公民们可自信地与英国现有的规划条例周旋，重新确立“规划”，使之成为公众参与的过程，以及全民可玩的游戏。在Cricklewood小镇广场中，Spacemakers展示了一个真实的项目——通过一系列临时装置（可移动的市政厅、长凳、钟塔等等），伦敦某社区第一次变身为一片公共区域。在开放的城市里，oo Architects使用开源软件及其便利性作为类比，来探讨对城市的设计——如果城市体系和资源更开放，城市中的硬件和软件将如何重新设定？Inigo Minns在（重新）征用空间中，侧重观察人们怎样以抗议的名义占领空间，并总结出这些运动通过对空间和内容的处理产生新群体感的方式。

推动着这些项目的是这样一个信念：一度是公共领域的空间现已日益私有化，而城市不仅属于这些空间的拥有者和监管者，更属于我们每一个人。我们都听信着所谓的“进步”和“自由”，默然顺从了城市的僵化边界带来的各种隔绝；一再的退让中，我们开始遗忘，如何才能最好地利用城市、协商其边界。我们该如何通过渗入和僭越城市流动的边界，从而夺回对城市的权利呢？英国展区就此提出了建议。

展览并未按建筑展的惯例，使用静态模型和图纸来展示这些项目，而是秉承“流动的边界”这个主题，通过四个动画和短片进行展示。英国展区的策展、设计和制作，由世界著名的艺术和设计院校——伦敦艺术大学中央圣马丁学院的教职工和学生完成。

占领伦敦：圣保罗大教堂，2011年。Image courtesy of givingnot@rocketmail.com

克里克伍德城市广场，Spacemakers与Kieren Jones工作室合作，2013年。Image courtesy of Spacemakers

西班牙馆／我爱西班牙：事务所×5，建筑师×10，城市×15

策展人：Luis Fernández-Galiano　B68

建筑师亦凡人：为了分享，卸下光环

幸福的建筑师都是相似的，不幸的建筑师各有各的不幸。在《安娜·卡列尼娜》的第一行中，列夫·托尔斯泰对家庭的论调也适用于这个悲哀时代的建筑师。如果快乐来自于平凡，那么我们共有的就是在纷乱世界中的反抗。建筑师似乎总要品味高贵、精通艺术——也许是时候回归平凡人了。从独一无二到平凡无奇，为了分享而卸下光环，个人服从大众，用世俗的形式接受民主是我们的共同基础。

在潘普罗那举办的一场以“公众”为主题的会议中，诺曼·福斯特(Norman Foster)与拉菲尔·莫尼欧(Rafael Moneo)以相异而互补的方式阐述了这一名词。福斯特将“公众”理解为所有人共享的空间，包括公园、广场以及公共建筑的内部空间，无论是体育场、博物馆还是火车站。他引用了詹巴迪斯塔·诺利绘制的18世纪罗马城平面图——其中的公共空间一直拓展到回廊、露台和教堂中央。通过这张图片，他解释了建筑只能在丰富的城市肌理之下被人们理解，这是建筑与社会的共同基础。而莫尼欧倾向于将“公众”作为一种建筑师的语言来讨论，从古典建筑语汇的建立到文艺复兴的文法，从规制的编纂到20世纪的现代建筑语言。这种正式的语言如今已经快要沦为废墟，它也许正在被一种更为无形、氛围化的感觉所代替。

两位建筑师都强调了共享的重要性：无论是空间还是语言、公共空间，使用它们的设计师、业主和公众都可以宣称对其拥有所有权。它们超越了雕塑般的标志性，超越了密集的城市，超越了建筑师的个人标签，而是一种大众都能理解的语言。如果建筑师都如同福斯特和莫尼奥一般拥有独特的视角与眼界，那么也许这个破败的职业能够迎来一丝希望，它曾在西方的政治和经济危机中受到冲击，在世界其他地方巨大的技术和社会变革中黯淡了下去。

实际上，公众这个词与平凡人，甚至是粗人都脱不开关系。当建筑师在追求完美的时候，设计的标准应该是普通人，而非他们自己。通常，榜样是那些将创新做到极致的人，将设计应用的边界扩展了的人——在这种语境下，“公众”和“普通”似乎传递着一种重复和无聊的意味。然而，我们不可能不食人间烟火，正是平凡交织成了我们的生活，日常的一切才是我们工作与生活的背景。在危机风暴的中心，我们需要学习如何以更少的条件做更多的事情，以及如何分享，如何滋养公共领域，如何享受平凡的乐趣。我们可以作为自豪的普通人，坐在普通的圆桌前，说着人人都能听懂的语言。作为快乐的普通人，我们因为彼此相似而愉悦。这一点，列夫·托尔斯泰想必也明白。

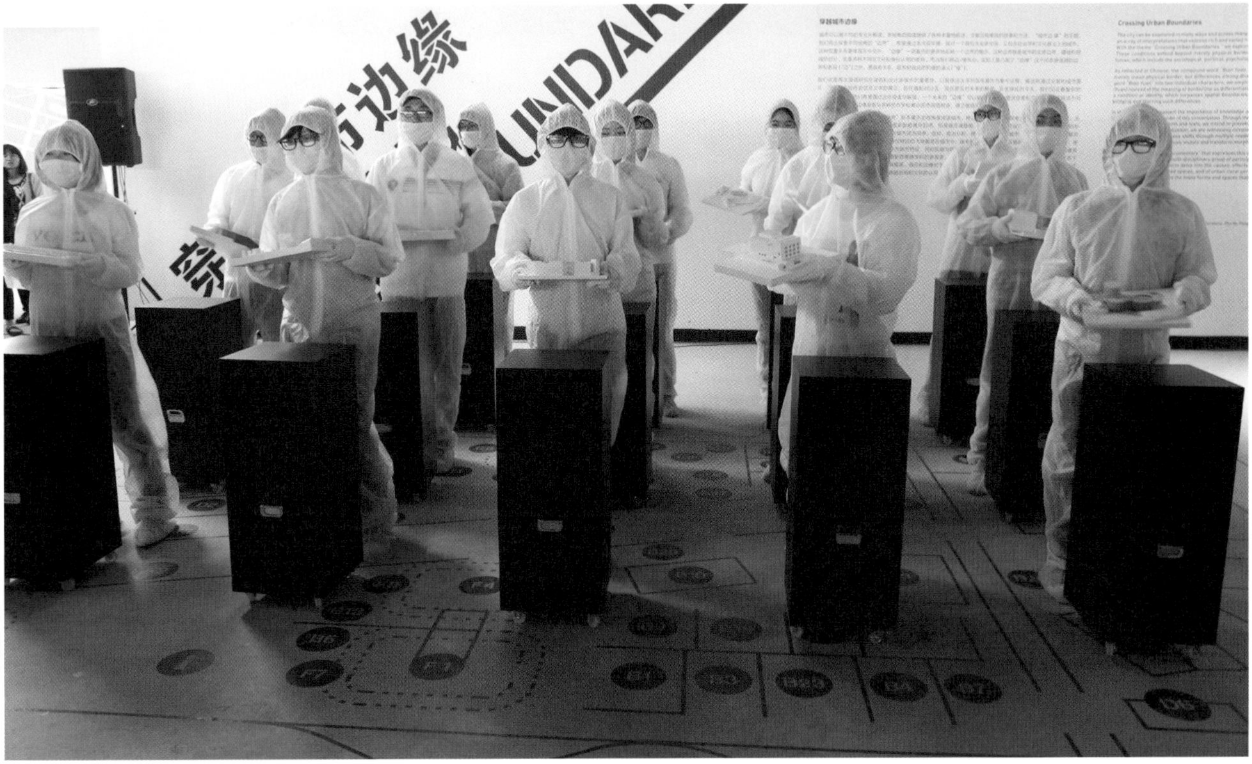
Crossing Urban Boundaries

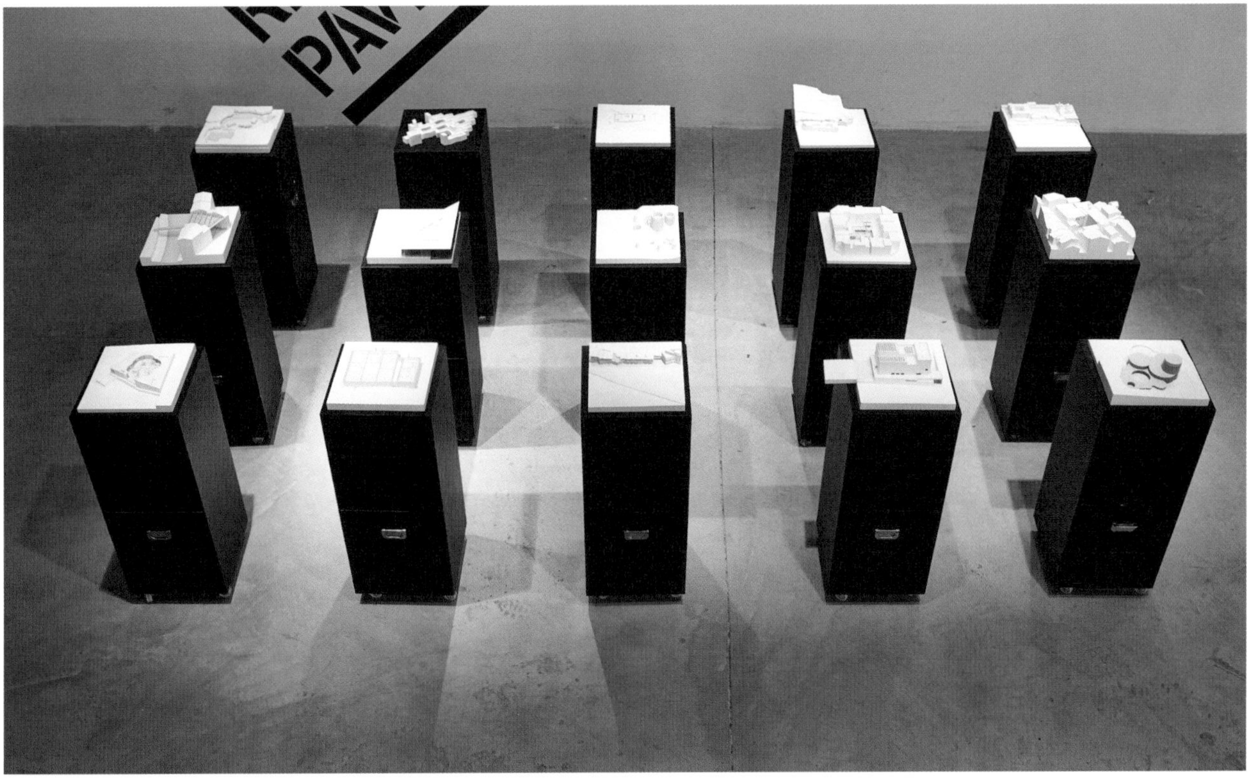

意大利馆／看见威尼斯：城市历史的新技术

策展人：Alessandra Ferrighi

B69

“看见威尼斯”深入探究了社会与经济变革对威尼斯的塑造过程。这一项目兼具教育性与实验性，但我们同样希望它能为公众树立一种模式，用于解释空间的演变过程。“视觉威尼斯：城市历史的新技术”呈现了“视觉威尼斯”的一个剖面，也在探究处于创新前沿的ICT系统在回顾城市变革方面所具有的潜力。

展览借助一系列“canteri”(建筑群落)，重建了“视觉威尼斯”在过去三年的研究。观众在装置内穿行，体验威尼斯历史的影踪：圣若望及保禄堂、学院、双年展花园以及军械库。这些地方都成了一种崭新历史研究方法的试验田：它们都经历过相当大的变革，威尼斯面向未来的特质也在其中清晰可见——这样的威尼斯随时尝试着新的方法，对城市肌理进行生成、重构与转变。这些改变在城市和建筑层面呈现出来，使参观者能够通过档案性的图片和数字技术的重现(2D地图、3D模型)，体会到威尼斯在空间和时间上经历的转变。历史资料配有解说，涵盖了对于各个区域的变革最为关键的时间段。

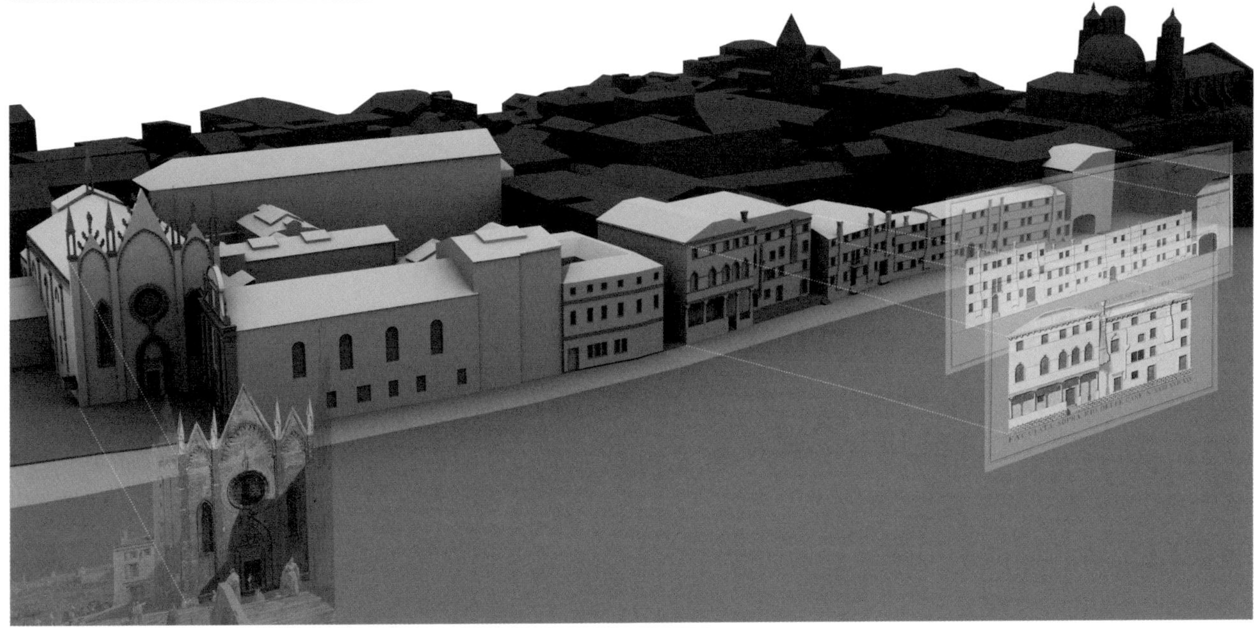

 本页上图：威尼斯；下图：阿克德米耶

美国馆／适应：新技术，建筑新活力　策展人：Jeffrey Inaba　B70

在可预见的未来，数字技术将会渗透到建筑领域的更多层面。这些技术将会呈现怎样的面貌？数字技术的贡献之一，在于它大大提高了其他技术的功能。我们的主题"适应"，展示了人们如何出于这样的目的驾驭数字技术。我们希望将数字技术应用在现有的建筑技术中，提升建筑的性能；与此同时，我们希望建筑的整体性能也能够有所提升。

20世纪，美国在推动建筑机械系统方面发挥了重要的力量，这套系统如今已经成为了主流。在接下来的一个世纪里，我们希望能够开发出另一套系统，为建筑注入新的活力。对于可持续建筑的浓厚兴趣催生了更加智能的工程，更加高效的环境控制技术。我们并不是要炫耀什么高科技的数字装置，只是希望在技术与空气调节领域，呈现不一样的视角。

"适应"这一主题关注本身就非常有趣的项目。它们出色的品质与蕴含的大量经验值得学习。在大部分案例中，艺术、气候调节科技都不是灵感的来源，相反，项目的源头是建筑师独一无二的想象。建筑师将技术融入创意过程之中，最终实现自己的想法。这些技术不止提升了建筑的热工性能，而且帮助建筑师优化了设计，在形式、空间组织、氛围等方面远远超出了我们的期望。我们展示的每一个项目都是一个出色的范例，可以为未来数字技术的应用提供参考。

美国馆所展示的对技术的"适应"，凭借出色的技术应用为建筑注入了新鲜的空气，让它们充满活力。

© Nigel Young Foster + Partners

墨西哥与美国之间的边境区域包罗万象，既有喧嚣的城市，也有无人的沙漠。有时，边境是机会的土壤。这里的社会充满了多样性，人们在这里寻找新的环境。边境记录了历，艺术，文化，政治，思想方式，哲学，以及任何可以随着时间的流逝而改变，值得娓娓道来的东西。墨西哥边境，也讲述着它的故事。"墨西哥边境"展览占地50平方米，以一排排堆在一起的轮胎作为展品，以填在其中的沙子象征土地。ipad播放的影像资料，也宣告着时间的流逝。展览通过美术、建筑和其他的艺术形式表现了墨西哥边境的状态，这些作品均在过去十年创作于墨西哥或其他国家。iPad上播放的图片与配套影片描绘了本馆关于墨西哥边境的主题。

展览将会从三个主要方面解读"边缘"：

1、建筑的角度

建筑师采取不同的材料、建造方式在墨西哥边境建造了一系列有趣的建筑，并且对边境在政治和社会上的意义进行了关注，它们都影响着墨西哥的经济与建设。

这些建筑师包括：

Torolab：一群居住在墨西哥与美国之间的艺术家，以对技术与生活的关注而闻名。

Teddy Cruz：他的首要目标是表现超越建筑的主题，反映有关国家边境与安全的想法及政治主体。

Sebastian Mariscal：建筑师，当代艺术家，其建筑作品多与边境相关。

Jorge Gracia，工作室用当地日常的建筑材料与建造元素，推动当地工业与产品的发展，大量作品建造于墨西哥边境附近。

这些建筑师均有作品在墨西哥北部的边境城市建成。

2、Arquines的作品

Arquines在过去15年中组织了一系列国际建筑竞赛，探讨了关于社会与公民的重要主题，旨在促进交流空间的形成，让人们在城市问题、冲突方面有更多的参与机会。这些竞赛大多与边境的主题相关，探讨了边境与社会、城市与文化的相互作用。作为墨西哥馆的重要展出内容，它们将带领观众了解墨西哥的边境与人民，为深圳与墨西哥边境的交流提供新的渠道。

3、墨西哥艺术家的角度

墨西哥艺术：三位对边境问题有独到见解的的墨西哥当代杰出艺术家参与展览，他们将分享自己对于墨西哥边境的理解与思考，探讨边境在社会、政治、生活中发挥的作用。他们是：Betsabe Romero, Francis Alÿs与 Damián Ortega。

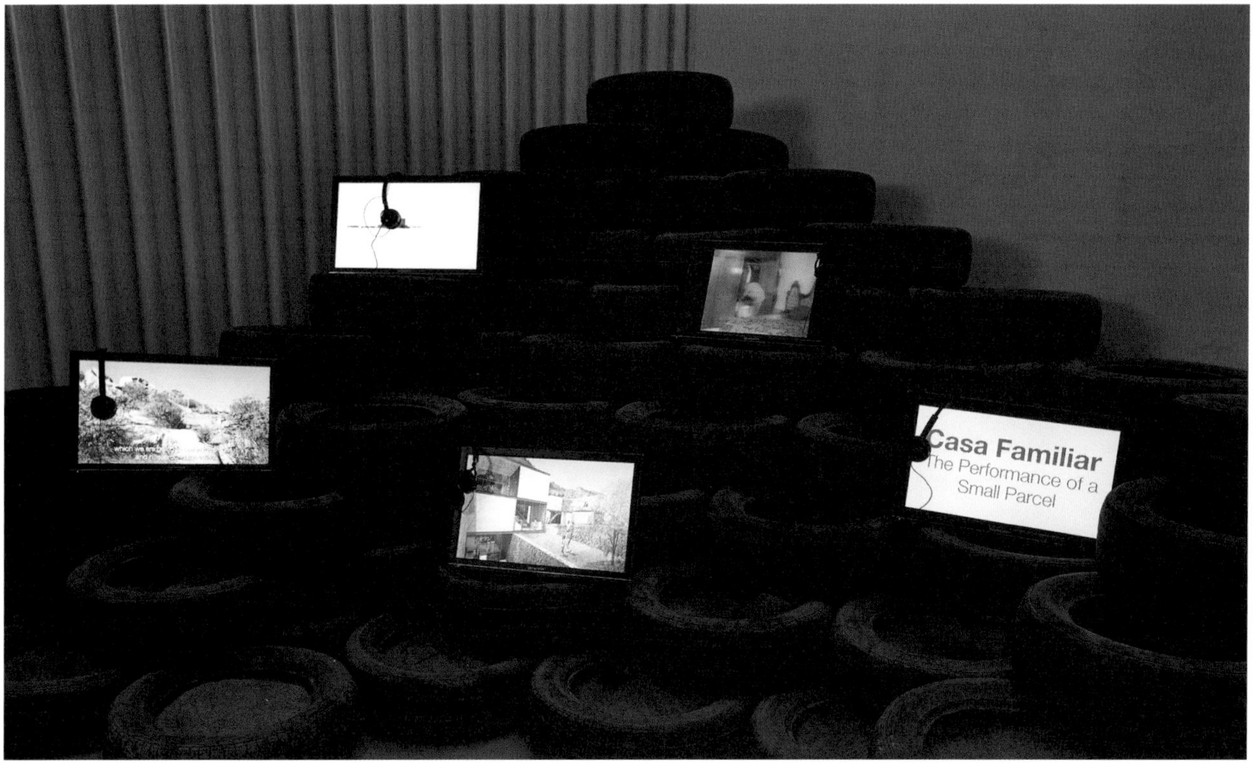
Casa Familiar
The Performance of a
Small Parcel

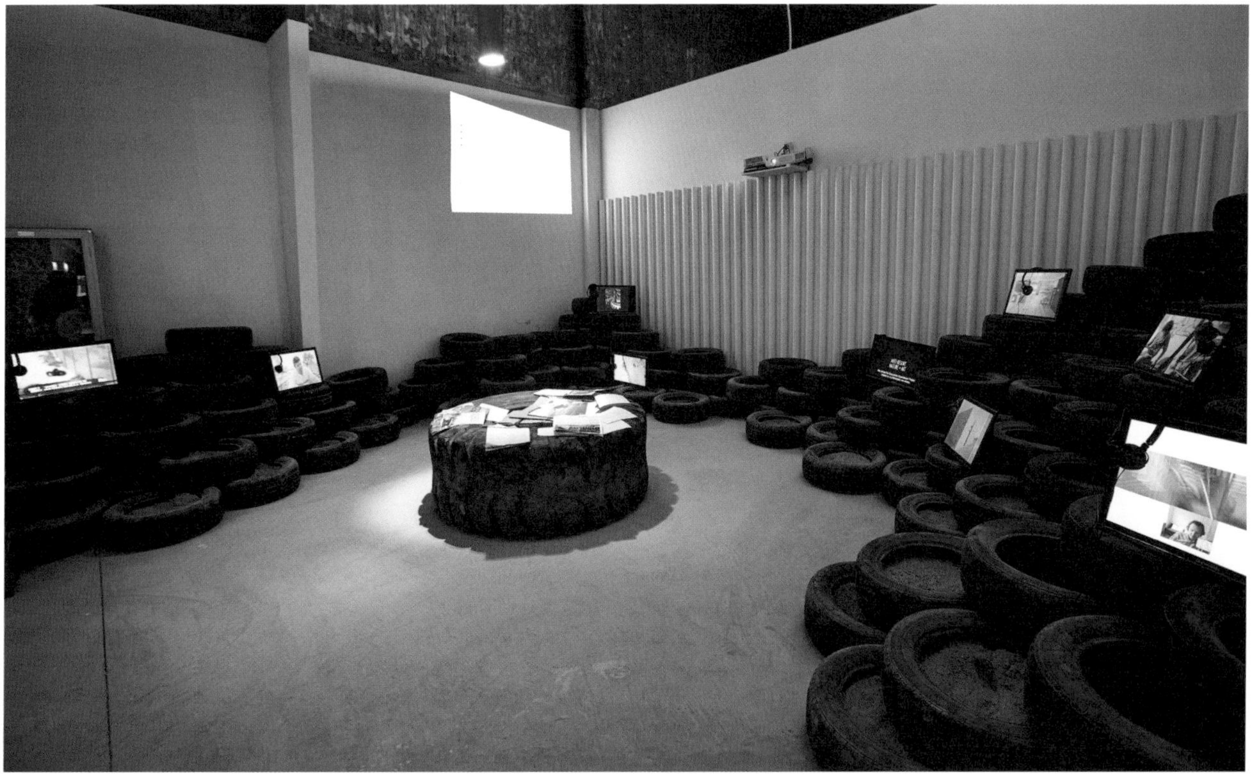

加拿大馆／地域|漂移：可行的未来2014

总策展人：Janine Marchessault
联合策展人：Yan Wu

B72

“地域|漂移：可行的未来2014”是该项目于2013年9月到10月间在加拿大万锦市的部分活动记录与重现，活动内容含括大型公共艺术展和社区共创环节。万锦市地属大多伦多地区，2012年7月由镇转为市，是加拿大种族最多元的城市之一，同时还占有了全球范围内为数不多的肥沃农地。35位艺术家被邀请在占地25英亩的万锦博物馆及其露天历史遗址村就地创作，共同讨论这座新兴城市背后错综复杂的历史与生态肌理，话题涉及多元文化、可持续性发展、社区问题，以及策展团队重点关心的南安大略省绿化带实验项目。博物馆超过8万件的历史遗物和30余间建于1850年至1930年间的历史建筑为艺术家的创作提供了灵感与素材。展览以回顾历史的方式展望未来，时而又模糊两者间的边线。展品形式包括装置、行为、雕塑、手工书制作、摄影、三维电影，以及扩增实境。

在展览部分，多位艺术家以个人经历为起点，重塑历史：从再现万锦市长大的女孩于上世纪90年代的卧室，到对家族运营的肉类包装厂的摄影记录，透过貌似无关的过往在曾经共有的发生地上重新捕捉其间的关联。另有艺术家以土地整平为切入点，关注城市开发和建筑实践对地形的种种影响。移民社区的生存条件也是部分艺术家的关注点之一。地域|漂移认同土地共享造就的复杂历史，并积极设想由此可能产生的种种未来。一条由70个品种向日葵组成的“河流”贯穿整个展览场地，承载着展览中多样的活力、想象、与未来。

“地域|漂移”是艺术家、城市规划师、生态学家、教育工作者、学生和市民领袖等社会各方面共同合作3年的成果，关注由转型而导致政治紧张的世界大环境，以祭奠过去的方式展望未来。

The Line (2013), Patricio Davila + Dave Colangelo. 装置图。图片由艺术家提供

L&Slide (2013), IAIN BAXTER& in collaboration with Madeleine Collective. 图片由艺术家提供

瑞典馆／斯德哥尔摩进行时

策展人：Joachim Granit B73
联合策展人：荆晶

我们在为下一代建造怎样的未来之城？将斯德哥尔摩城市转型和发展潜能的研究带到深双，是我们这次参展的使命。斯城所拥有的优势（2011年被评为首座欧洲绿色之都）与所面临的挑战，都将在展览与活动中与观众见面。另外，我们还希望与大家分享，Färgfabriken（斯德哥尔摩现代艺术与建筑中心）作为城市研究课题的原创者，如何统筹官方机构与私有企业的资源，促进与推动公众、专家、学生与决策者们的公共参与和持续对话。我们的共同目标是，在大家赖以生存的基础设施的规划与建造体系内，整合环境、文化、创新、研究、社会交往、就业等多项要素，创造一套综合性的城市发展战略。

2012—2013年期间，Färgfabriken与瑞典皇家工学院（KTH）合作了一系列展览、研讨会、辩论与工作坊。以“斯德哥尔摩进行时”为题，我们一起深度调研了斯德哥尔摩市已建和备建的城市基础设施。研究成果让我们认知了一个全局的城市画面，包括那些将改变区域未来的基础设施投资，及其不可预测的发展可能性。来自瑞典国内外的代表，将他们的许多想法与策略在Färgfabriken与观众汇报并交流。同时，在Färgfabriken主馆内策划了一场精彩的互动展览。

“斯德哥尔摩进行时”成为一个辩论与研讨、交流与启发的平台，它为斯德哥尔摩区域未来城市发展助力。这个项目在社会中引起很大反响，它的受众覆盖包括专业人士及普通民众。在未来几年中，该项目还将持续研究与探索。

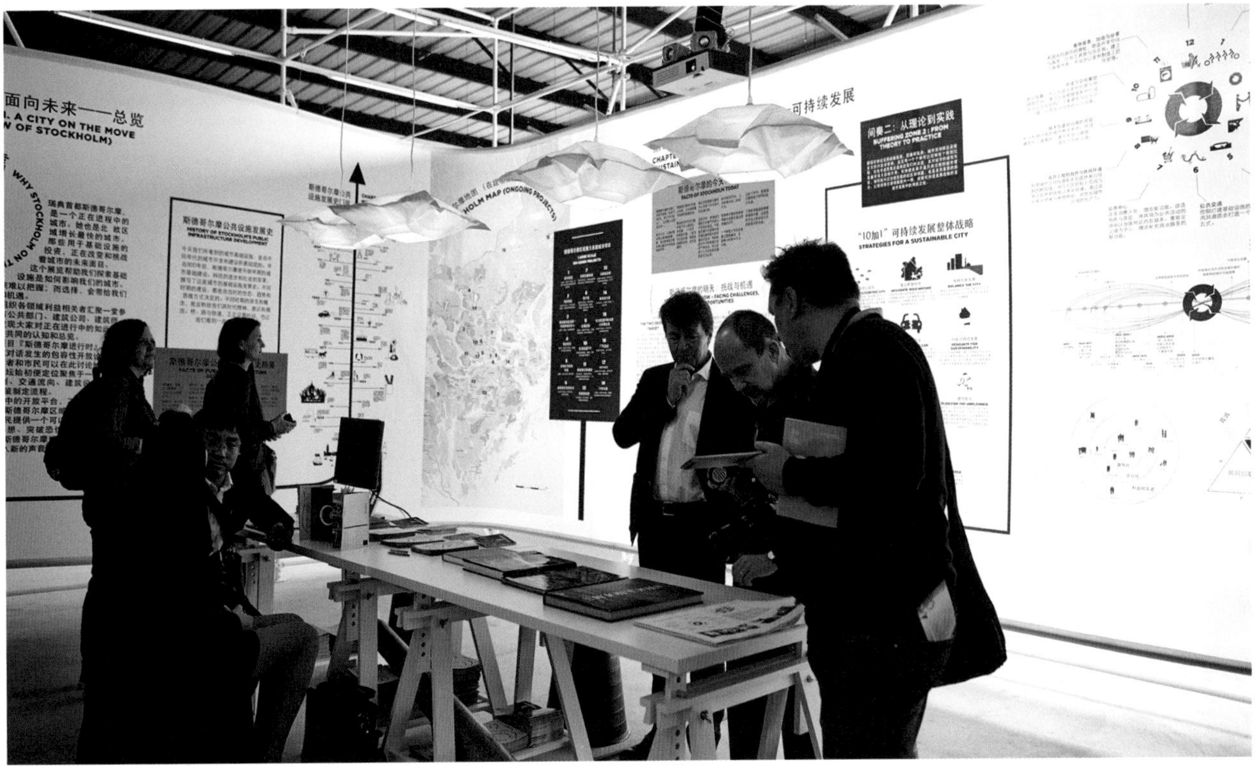
面向未来——总览
可持续发展
间奏二：从理论到实践
BUFFERING ZONE 2 | FROM THEORY TO PRACTICE
斯德哥尔摩公共设施发展史
HISTORY OF STOCKHOLM'S PUBLIC INFRASTRUCTURE DEVELOPMENT
"10加1"可持续发展整体战略
STRATEGIES FOR A SUSTAINABLE CITY

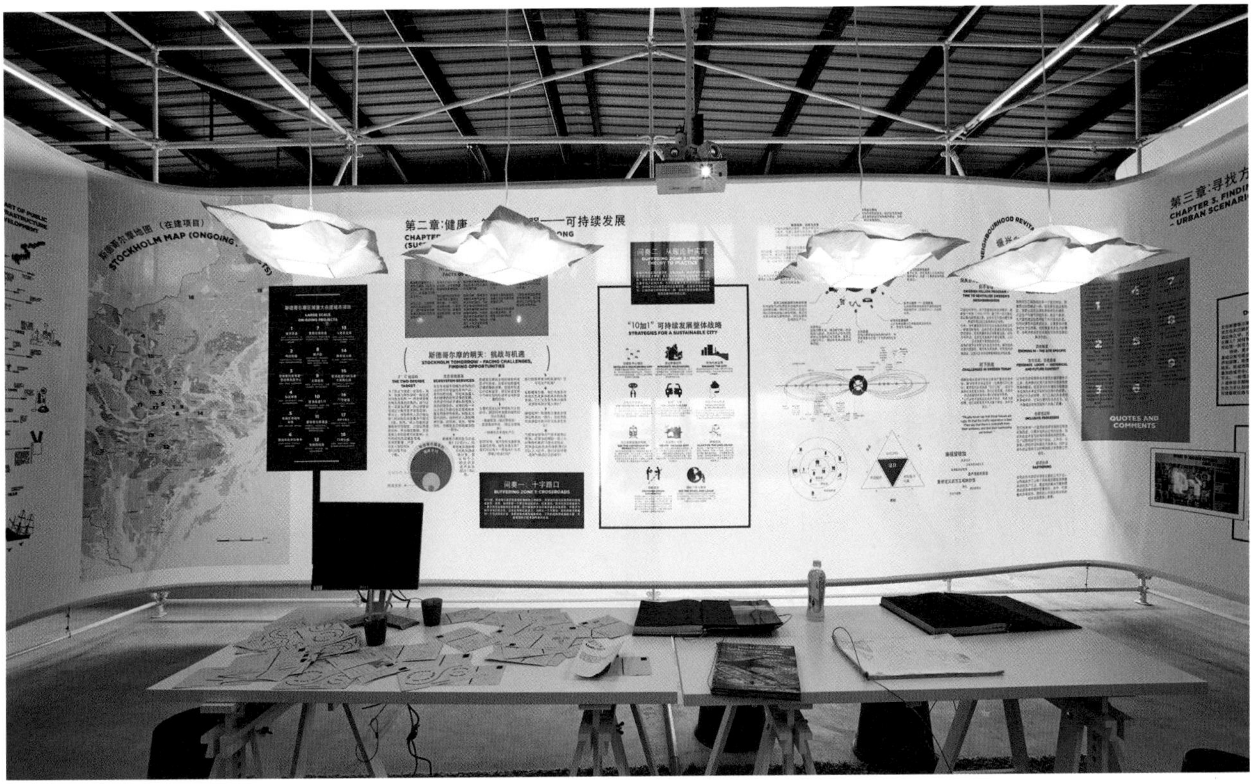
斯德哥尔摩地图（在建项目）
第二章:健康
可持续发展
间奏二：从理论到实践
"10加1"可持续发展整体战略
STRATEGIES FOR A SUSTAINABLE CITY
斯德哥尔摩的明天：挑战与机遇
STOCKHOLM TOMORROW – FACING CHALLENGES, FINDING OPPORTUNITIES
间奏一：十字路口
BUFFERING ZONE 1: CROSSROADS
QUOTES AND COMMENTS

比利时馆／20个模型：新兴比利时建筑\比利时精神

策展人：Iwan Strauven, Marié-Cecile Guyaux

B74

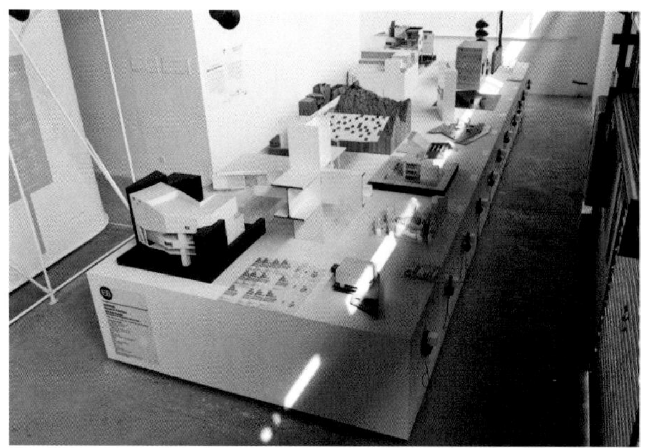

展览呈现了20件公共建筑模型，全部出自在过去十年中迅速崛起的比利时建筑事务所。20位建筑师都曾在2008年至2012年期间，受邀在布鲁塞尔艺术中心进行了关于其项目的演讲，这也是他们的第一批项目。随后，这些模型在这座由Victor Horta设计的建筑中进行了一年的续展。

展出的这些公共建筑大多坐落在比利时，这个人口密集的国家包含了许多集合城市，并且呈现出不断的扩张趋势。在这样的背景下，政治、文化、社会与语言的边界都在消解着现有的城市边缘，形成了一组复杂的共享领域。在这样的公共视角之下，每个项目都以自己的方式见证了这种特有的城市状态。这一展览还探讨了模型本身作为建筑的可能性。每个模型都配有建筑师的访谈，内容涉及这些建筑以及表达它们的方式。建筑不仅与政治、管理、社会息息相关，它与形式、空间、体量、尺度、材料、思维方式等方面的问题也密不可分，其中就包括设计的表达形式。

通过这20个参展模型，观众可以对这些新兴的比利时建筑事务所有更多了解。三个联邦区（布鲁塞尔，法兰德斯，瓦隆尼亚）希望共同促进比利时建筑、设计与时尚在亚洲的推广。他们希望在比利时和亚洲建筑师、业主之间建立长期的合作关系。

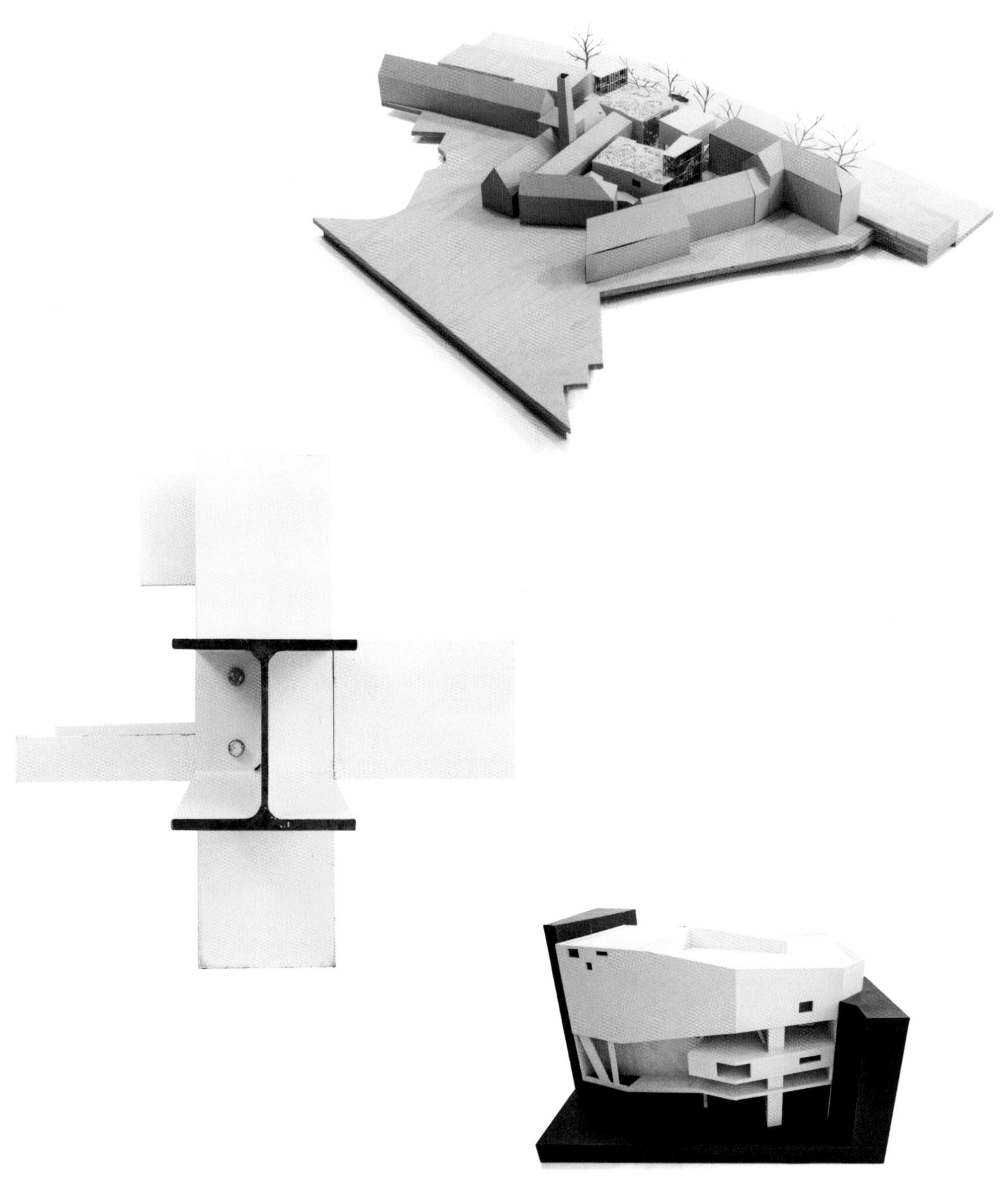

本页从上至下：architecten de vylder vincke taillieu © Jeroen Verrecht; Office Kersten Geers David Van Severen © Jeroen Verrecht; V+ © Jeroen Verrecht

澳门馆／澳门城市形态——密度之巅的轮廓与脉搏

策展人：Nuno Soares

B75

城市边缘既可以是分界线，亦可以是连接点。我们选择从城市形态的角度切入主题，着眼于澳门公共空间和私人空间的边缘。一个能突显出虚实区分的澳门城市网格地图，在经过修剪、摺叠与组合后，形成了澳门馆的形态。

澳门城市的发展主要由许多新元素的拼贴而形成现有的结构，并产生一个由城市网格整合而成的复杂纹理。尽管这些城市网格的原有建筑已被取代，但在今天，我们依然可以看到这些网格；它们亦是可以解释为何澳门虽然小、却有这么丰富的氛围和多元化的城市环境的原因之一。澳门的城市传统与邻近城区的做法截然不同：澳门增加和整合新与旧的部分，区域普遍进行重建和更新。澳门独特的地方，并不是其特定的形状或网格尺寸，而是一种来自不同时期的不同城市网格之间的文化整合、并置和相互作用。

澳门城市网格是这次展览、研究和讨论的基础。为了与这个独特城市进行更佳的沟通，我们透过形态（建筑与城市形式）、图像（城市量化指标）及条件（独特的城市环境）进行澳门形态学的研究，以了解这个全世界最稠密的城市之一。

我们把展馆想象成为空间和概念探讨的互动平台：参观者将会置身于一大片标示着不同概念和地点的城市景象，并能感觉自己犹如在城市中漫步、选择自己想行走的道路和体验。

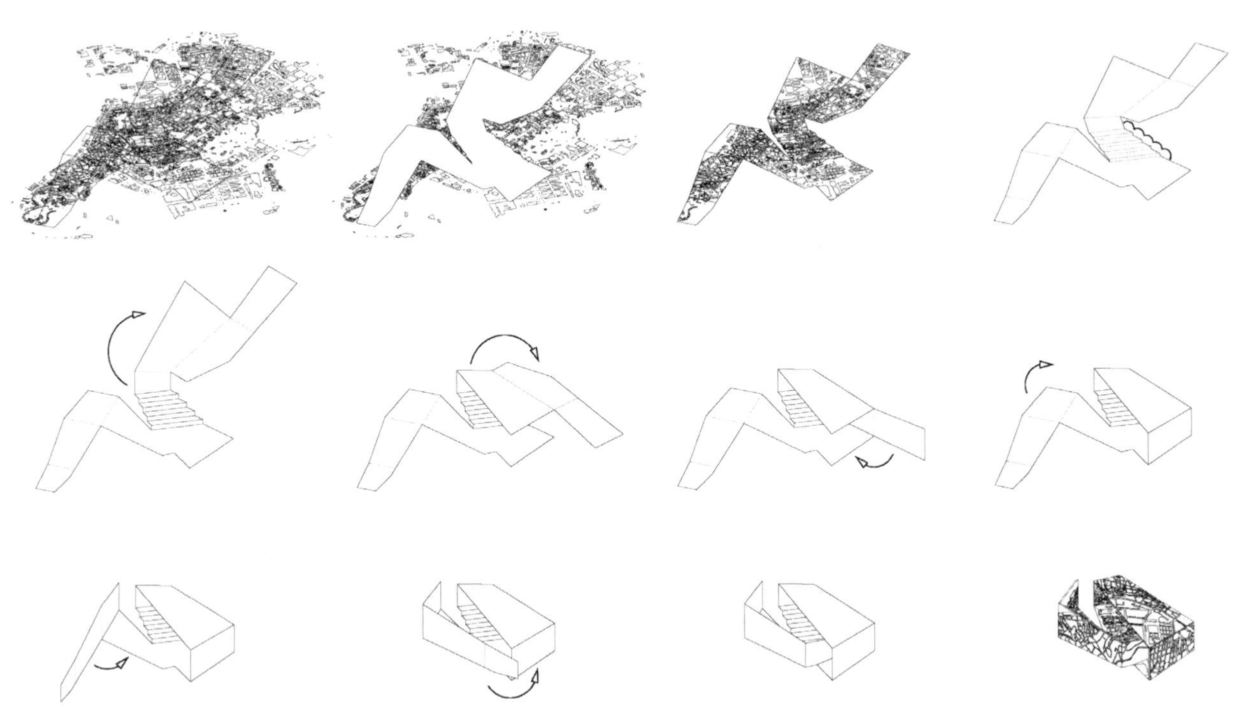

本页上图：展馆内部；下图：展馆图示

边缘影像馆
BORDER VIDEO
GALLERY

边缘影像馆

联合策展人：杜庆春、贾选凝

何为一座城市的中心?
相对于这个所谓的“中心”，“边缘”又在哪里?
“中心”与“边缘”彼此的关系是什么?
我们通过影像可以有一种呈现，对此不可以妄称“答案”或者“真相”。

影像馆的核心概念是探索“聚集”、“移动”与“分离”彼此间的关系。聚集是城市的特质，更是资本主义生产方式的特质，即所谓“资源的有效配置”。在后资本主义或者超越资本主义的生产状况下，“去中心”是新的乌托邦吗？一场质疑或者解构“聚集的乌托邦”的精神战由此展开。但中国依然处于这个背景下，几乎单向度地进行着聚集的神话，大城或者园区充斥在国境。影像如何用印记来表明这种聚集的物理学过程？影像凝结了空间的距离在此过程中被克服而又重新生产出来的实况，一种磁性和离心的悖论之力创造着各式情感叙事或者对叙事的逃逸。影像特展“纪录，一种理解方式”，将选择不同的角度，诉说进入城市与离开城市的距离、迁徙与留守、归途与异乡，诉说人怎样被城市边缘化，人的处境因在城市中的“移动”而产生了怎样的改变。五部纪录片本身，也都是被主流院线所离心抛出的“边缘”作品。

我们希望在看到城市的同时，找到城市的边缘，并找到生存在“边缘”的那些人。与此同时，根据城市建筑双年展的主题，我们在影像特展单元的基础上，邀请了四位艺术家立足“聚焦”、“移动”与“分离”这三个关键词，分别创作录像作品，在影像馆中投射，与五部影片产生碰撞与流变的关系。当录像作品中的“城市”与影片本身所描绘的城市空间相遇时，新的互文关系便又得以产生，而关于“中心”与“边缘”的答案，在这种交互过程中，或许已再次构建出了一种想象。

视频截图

为了给女儿登记户口，母亲黄骥带着日本籍丈夫一起回到故乡，他们把这次归乡拍成了一部家庭录像。其时正值中日两国因钓鱼岛问题而变得关系紧张。

导演自述：我们夫妻二人分别来自中国和日本。对我们来说，女儿的未来才是最重要的。当她20年后再看这部录像时，我们希望她也会觉得这个时期在她生命中留下了非常有趣的“痕迹”。

视频截图

电影分为A、B两部分。A部分中，两位“来客”夜晚在一个废墟内相遇，并展开对各自早年家乡生活的回忆。他们离开这座楼房继续游荡，黑暗中又绕了回来——楼的样子变了，倒了，最终消失了。他们离开这里，沿途经过更多废墟，来到城市边缘一座由建筑垃圾堆成的山上，在山顶，他们看到了去往家乡的铁路线。B部分是关于A部分的主要拍摄场地的实际变化，展现了在它拆毁过程中出现在这片场地上的另外一些“来客”的状态。

A部分的骨架是虚构的，但很多内容是真实的，两位出镜者的身份是“导游—演员—经验提供者”。A部分是舞台上的演出，一个当代寓言；B部分是这个舞台消失的过程，寓言揭去幕布，皮肉翻转。两部分中的主角都是处于各种形态的被毁坏的建筑和城市地貌，“来客”则沦为配角——他们是以各种目的和身份来到这个舞台上的人：工人、重回旧地缅怀的老住户、拾荒者、以及在废墟上度过童年的他们的孩子。包括我本人，和我的两位参演者，也是来客，是这片场地上的影像拾荒者。无论如何，可以看到，在我们的时代中，稳固的地层已不复存在了。

展览现场

“穿过公园散步的体验非常独特，这个充满欢乐的概念纪录片具有生动的城市公园特征——四川省成都市的人民公园。通过纯粹的电影魔术，它比真实的世界更显真实。导演张莫（Libbie D. Cohn）与史杰鹏（J.P. Sniadecki）采用了极为独特且完美恰当的拍摄方式——用一个长达75分钟的连续长镜头拍摄了整个公园之旅。没有剪辑，电影开场、推进、结束。听起来很简单，但要在一个完全不受控制、人流如潮的中国的公共空间内完成拍摄，就需要一丝不苟地进行筹备，严格地执行拍摄计划，才能达到看似自然而然的结果。他们的摄像机左右摇摆，不停向前推进，捕捉到了数百名中国城市居民外出游玩、休闲、社交和自由活动的场景——包括饮食、散步、唱歌、练习书法、跳舞和彼此观察。人们随着被（我们）观看的过程，慢慢产生了一种离心的、貌似精神恍惚的状态，当人、镜头的移动、音乐、形象和声音舞蹈汇聚到一起时，形成了充满狂喜的高潮——这正可与电影所能提供的单纯喜悦相媲美。”

——谢枫，温哥华国际电影节

《亚当之子》剧照

这是一部以宗教隐喻和日常现实建构的作品，影片含蓄地借用和植入了“城市扩张”这一中国式话题作为叙事母题，全片却意在言外般冷峻地呈现了人在活着的当下与恒常的存在之难，作者刻意将批判与悲悯深藏于质朴的影像内部。

故事发生在中国西部城市西安。5年前，这个曾经是中国历史上十几代皇权帝都的古城开始了最大规模的城市化扩张进程。影片记录了这个城市中两个不同的群体——流落街头的拾荒者和信仰上帝的人。全片通过17岁的主人公王欢流离于两个群体的生存境况构成叙事线索，细致地描绘了芸芸大众的生存境遇和不可抗拒的宿命与悲情。该片制作完成时，一切均已物是人非，那些流落他乡的拾荒者几乎不见踪迹。但是无论物质世界如何改变，人们应该依然会在自己的宿命中流离。

视频截图

杨是一位来自河南农村的流浪歌手，在城市商业中心的过街隧道里以卖唱为生。为了保住饭碗，他需要收买管理隧道的保安，同时还要跟城管周旋，并且排挤其他街头艺人。在杨30岁这年，当初想当歌星的梦想已成为泡影，他想结束自己的流浪，回家和初恋情人结婚，但新旧情人间的情感纠葛，使他的生活变得更加混乱。

视频截图

作者搭乘朋友的车沿广深高速从广州驶往深圳，一台摄像机记录了沿途的景象，电影《秘密图纸》（1965，八一电影制片厂，导演：郝光）的声音伴随全程，当电影结束的时候，车开到了深圳的一处海边。作者少年时代从这部电影第一次知道了"深圳"这个地名，这部以广州为主要故事背景的电影，最后十分钟的情节，是国民党女特务从广州逃往深圳，试图从此地越境外逃，结果在到达深圳的一处海边时，被早已埋伏在此的解放军边防人员和公安人员俘获。现在，作者将两个不同的时空重叠在一起，希望由此呈现出中国珠三角地区在社会与地理景观上的巨变。

展览现场

尼采说，(城市)文字的历史会杀死石头的历史，他没说的是，石头的历史会杀死劳动力的历史。当吾人要光耀城市时总是高举石头，让阴影覆盖劳动力。社会学家指出，全球化流动的社会地位取决于人们一日交遇的人、事、物的多寡，一人所见所遇将决定了他们阶级流动的可能，由之，人被目光所监禁。在城市的舞台上，交遇就是竞逐文化意义与阶级流动的资本，而重复的生活使人梦想枯竭，少数人则享用梦想枯竭的献祭。

出租车司机与便利店员工日复一日重复招呼，不同岗位的工人日复一日重复动作，建筑工人住不进亲手盖的大楼，营建工人没机会坐上弯腰低头铺设轨道的高铁，家庭护工则无法照料亲孩成长却至他乡哺育未来可能成为他们亲孩老板的婴儿，无力奉侍自己亲长却至他乡看护被弃置的亲长，外籍新娘远离父家到夫家生产或生殖。这些人使得城市成为城市。

如果我们可以看到他们所见，我们可以看到什么？艺术只能再现或向其致意，除非我们使用他们的眼睛，否则都只是表演性的技术，如果可以复刻其所见，就能见到既个人也社会的集体形构，见到他们的寻常眼光是支撑市民现代生活的基石。台湾的流动打工者共有42万多人，在家务劳动与营建工厂的工作支撑了台湾经济，而深圳都是“外劳”，在30年间将小渔村转变成全球城市，艺术家透过田野调查城市的劳动面貌，在台湾邀请菲律宾、印尼、泰国、印度等国外劳以及深圳不同岗位的工人以手机拍摄一日所见，透过程序处理展示他们在光辉城市下日常生活的一天。

展览现场

新作《表象》是一个单屏录像装置，影像拍摄于柏林、纽约和北京三地，在偶然捕捉的影像中寻找现代主义实验百年里失落的乌托邦，作为对维尔托夫作品《持摄影机的人》的致敬。柏林、纽约和北京，三座巨大的景观符号以及乌托邦的实验田，纵观20世纪，这几座城市经历大大小小无数变迁，其边界不断扩张，城区被分隔，边缘被整合，旧乌托邦的遗迹被掩埋，新的乌托邦的纪念碑被树立。新作试图不断寻找乌托邦的遗址。

作品试图整合现实与历史互动的时间，衔接建筑形成的相对静态空间和摄影机与行走产生的流动空间。观众将看到1972年超八摄影机下的长安街，昨夜的纽约时代广场的场景，柏林飞机场（它是全球第一座现代概念的机场，纳粹时期建造，战后成为西柏林的生命线，西柏林所有物资均途径该机场，两德统一后废弃），边缘化和静止的柏林墙等等。

视频截图

这束光来自一部电影，该电影以“一家的坎坷命运为主线，讲述了他们风风雨雨几十年的遭遇，几十年的国家、城市的变迁，不同年代的遭遇，透出一个时代的缩影，最后，他们的生活已经变得麻木，失去的太多，面对生活，大概只剩下‘活着’。影片露出一股悲悯情怀和伤感的黑色幽默，它将历史浓缩为个人命运，而命如蝼蚁般的个人命运，只能是枉自兴叹的生命之痛。”

本片是这部电影的重新制作，作者只选取了电影画面中的一个微小局部，放映时投影机投射出来一束真正的光线，如一个闪烁变幻的光斑在墙上缓慢移动。

IVANOVO

专题展

蛇口“边”迁
——蛇口城市边缘专题展

郑玉龙、黄伟文
参与团队：蛇口工业区土地规划部、深圳市城市设计促进中心、城市引力、深圳城市规划设计研究院、蛇口摄影学会、多维映画、将相和

蛇口，中国南海边陲的小渔村，因为一位老人而闻名海内外；蛇口工业区，10.85平方公里，35年发展历程，因站在中国历史的转折点，成为中国改革开放的试验田，作为中国首个开发区，而使命不凡；蛇口的工业建筑，三十多载春秋，比之上海、武汉工业重镇的老厂房，它们还很年轻，但是由于它们是深圳城市化、工业化的原点，所以尤为特别。

展览以时间为线、空间为界，梳理展示了蛇口城市发展的实践和变迁。曾经地处“边缘”的蛇口，迅速崛起，引爆了中国改革开放第一炮，并一度成为中国政治和经济改革的“中心”，随后光环渐暗，蛇口也曾面临“边缘化”的危机，蛇口人在变迁中抓住机遇，转型发展，谋定而动，“蛇口再出发”积极探索基于人的多元需求为导向的中国新型城镇化创新发展之路。三十年前蛇口以外延式、效率型的快速城市化发展著称，如今的再出发则必须是内涵式、效益型的可持续发展。蛇口继续成为中国再出发的排头兵。

展区包括蛇口时间墙、时光之门、蛇口边界地图、蛇口书架、四海那个公园、“再出发”咖啡等几个部分内容。展览期间举办了多场涉及蛇口发展主题的工作坊和论坛，与公众研究探讨蛇口的未来发展。

1981
1982
1983
1980.04.25
1980.07.03
免税品店
DUTY FREE SHOPPER
深圳蛇口工业区建设速度

外围展

分水线：城市水空间再生记·广州，香港，都灵，威尼斯，和……

策展人：Francesca Frassoldati, Michele Bonino, 郑炳鸿, Antonio de Rossi, Carlo Magnani
主办：华南理工大学、都灵理工大学、香港中文大学、威尼斯建筑大学

水体，一直饱受争议：对一些人来说它是珍贵的生计来源，对另一些人来说它不过是废弃物的倾泄之处；它滋养了人们的生活，又是闲暇时光的消磨之处。水体连接了相对的两岸，也常常喻示着分隔。水体往往是本土场所的一种理想代表。然而，在上个世纪飞速的城市化过程中，水体空间被人忽略。如今，我们已经目睹了水体的复兴，成为公共空间，而不再是形态和社会意义上的边界。我们描绘了四个以对水体的显著呈现实现城市转型的故事。近些年，广州的荔枝湾涌、香港的启德河、都灵的桑戈河以及威尼斯和特雷维斯之间的皮韦亚河成为重新发掘城市水道原动力的中心事件。我们把这样的变化定义为城市空间中的分水线。

缝隙生态

策展人：刘湘怡

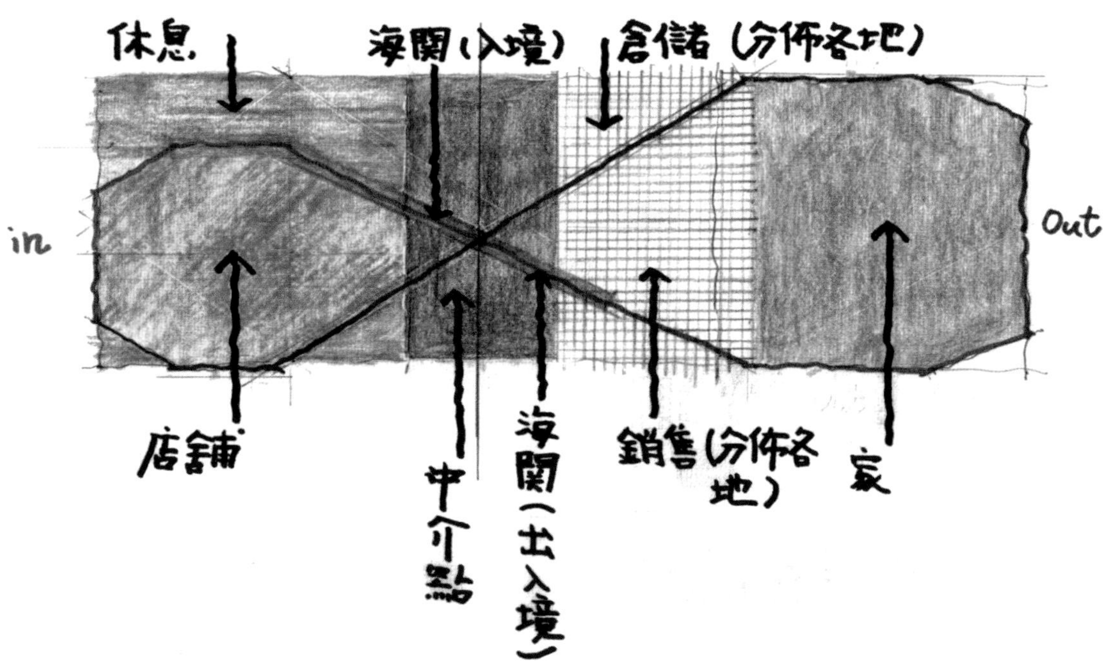

边缘的产生未必会导致边缘化，反而有一个群体透过边缘的产生为自己创造出生存空间与利益，表面上看似被边缘化，实质上他们是现实社会中的一个主流。这样一个活生生的群体，我们称他们为“水客”，看似被边缘化却是社会主流的经济群体。利用视频、平面设计与装饰艺术，我们力图呈现隐藏在“水客”行为后的社会意义。

分离—围合

逢简：城市变迁下的水生村落

策展人：黎暐 吴琦

机构：顺德杏坛镇逢简村

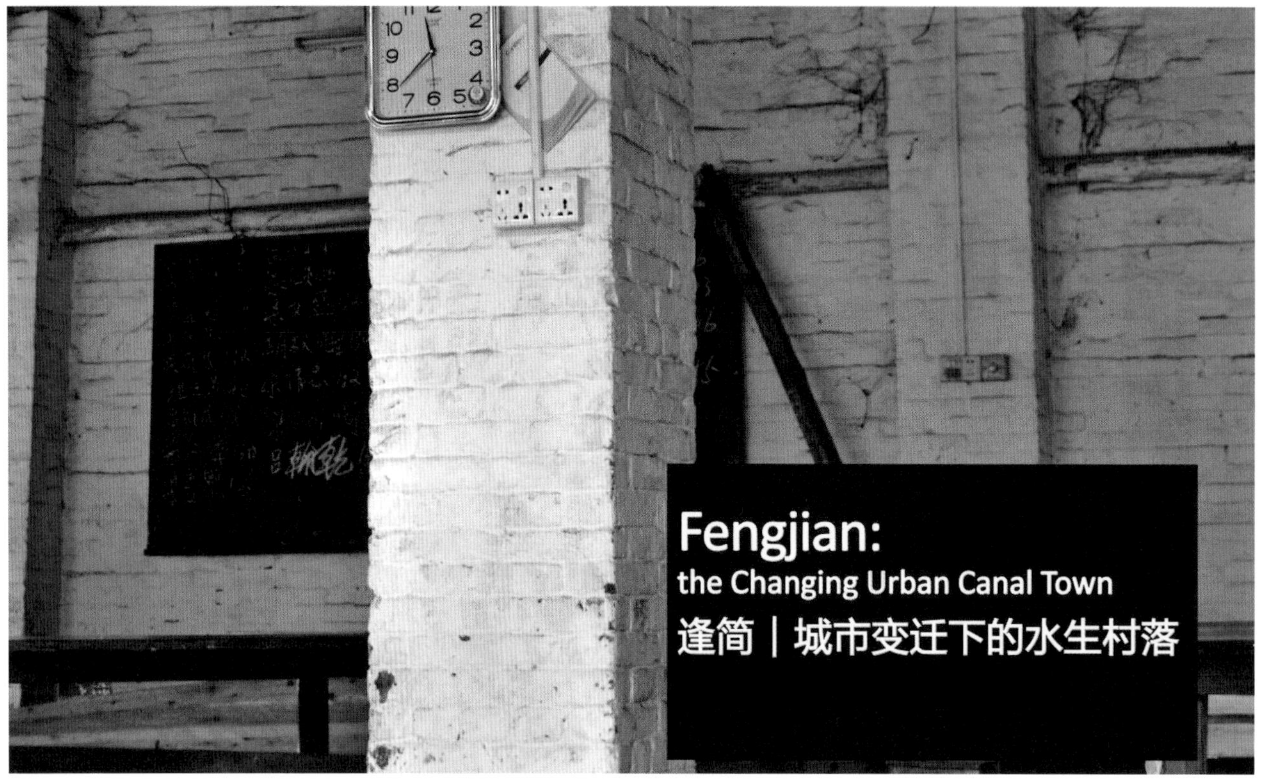

Fengjian:
the Changing Urban Canal Town
逢简｜城市变迁下的水生村落

逢简村由若干冲积沙岛组成，面积为5.24平方公里，有23.8公里的环村河道。常住居民约6 000人，有1 500余年的村史。这是一处具有典型岭南水乡风貌及建筑群落的都市水生村落，自宋代开村，在地理、建筑、人文等方面一直保有其独立性。逢简的区块分散，却产生了围合反应：时代变迁、姓氏界限的模糊，是否赋予逢简以影响与变化？过往分离—围合的关系是否被赋予新内容？曾经独立、边缘的水生村落，面对当下城市化与同质化趋势的包围，其化学过程当如何窥视？如是，分离—围合，探究变化，循环不止。

消失的边境

策展人: Lindsay Holland

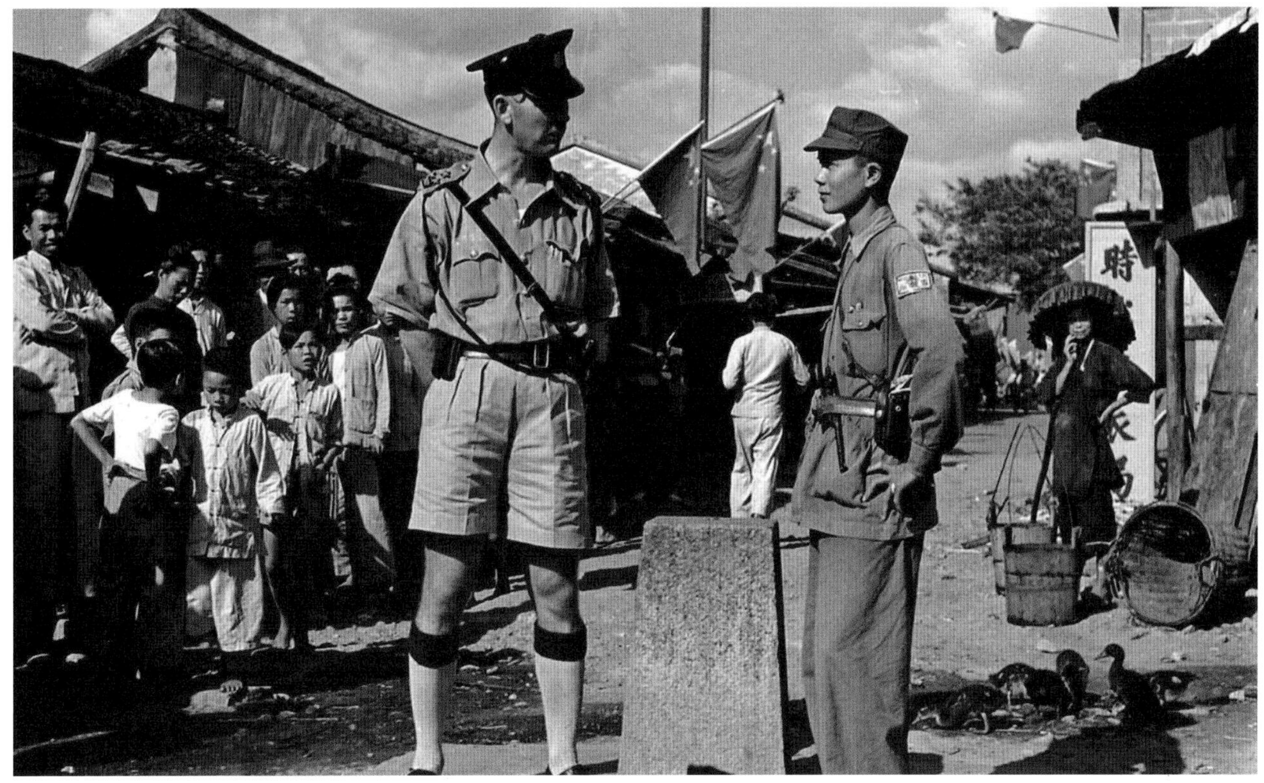

中英街

深圳经济特区与香港特别行政区之间的边界历史记录着两块中国领土，或者说是两个有着很多差异同时又有很多交流的中国城市之间政治上的和文化上的不断变化。

他们的共同边界在许多方面而言，是独一无二的。深港边界区有着两种有不同的地景。在边界区的北边，深圳呈现着一种典型的快速城市化特征，是一个积极开发利用深圳河沿河边境的有活力的城市。在边界区的南边，香港在它的边境封锁区域内塑造了一片显而易见的开发约束的农村地景。这种情形恭谨、谨慎，有时候，又让人疑惑。

深港过境边检口在历史上来看是受约束和受控制的，他们不像一般的本质上是用于区分不同国家之间的政治和经济体系的边检口。然而，现在的边境封锁区仅仅作为逐渐失去其政治意义的一种形式。最近，它的面积已经被减小了。到2047年，它会完完全全的消失。在香港的角度上看来，边境封锁区已经是一个热门的话题。封锁区未来发展的可能性也在被考虑中，同时探索性的城市与农村发展战略也在他们的成型阶段。

这个项目或许是第一次在空间的意义上描绘出边界区域的地形和它的历史。就它本身而言，这是很有意思的一个研究。它研究了一个在深港跨境合作中和空间共享的特殊时刻的边界状况。深圳和香港的居民已经在享受着越来越便捷的通关过程，让他们能自由穿梭在这两个城市之中。从两地的历史政策中能看出在文化上和经济上对消除边界限制的渴求。然而目前的通关过程仍然保持着直线型的，而且被存在已久且必然存在的实体分隔（深圳河）所限制。在这个过渡时期，深港边境会继续存在着。过去两地合作的尝试也为深港两地的最大程度发展的可能性创造了起点。这个项目探索了边境区域未来30年（直到2047年或以后）发展的可能性。

深港的边境是在21世纪前半期值得思考的一个积极的、独特的区域。

算术“握手302展室”第一期作品

策展：CZC（城中村）特工队

在英语里“accounting”（会计）有精神的和物质的统计这样双重的含义。换句话说，我们在生活里不单要算经济账，也要算生命意义的账，即“这样活值不值”。但是既然中文里的“会计”没有这样的含义，索性我们就用“算术”这个连小学生都明白的词，因为这个词和我们每一个人的成长经历有关，它要求我们学会怎样在生活中算账，同时反省这些数字背后的人生代价。比如：任何一个“闯”深圳的新移民，除了钱之外还要算自己的性别，对家庭的责任和衡量在老家实现这些人生梦想的可能性等种种精神性的“算术”。所谓“深圳梦”其实只是指向千百万人的个人梦想，有的想安顿父母幸福晚年，有的想变成一个为所欲为的独立人，有的想和别人成立一个幸福家庭。不过，实现这些梦意味着你要在现实的经济收入和异想天开的种种欲望之间作“算术”。房子PK小提琴，日常的享受（烟酒糖茶+电影）PK汽车。

《算术》这个作品把每一个刚刚到深圳的新移民天天都要做的“家庭作业”展现在观众面前。

共有八位CZC特工队员合作创作了“握手302展室”第一期作品《算术》。他们是：芳芳，郭冉，雷胜，刘赫，马立安，吴丹，张凯琴，朱斌。

筑作——小建筑·大建筑·非建筑

主办：华·美术馆
策展人：支文军

华·美术馆将携手澳大利亚最著名的建筑事务所之——丹顿·廓克·马修（Denton Corker Marshall，简称DCM）举办"筑作——小建筑·大建筑·非建筑"展，呈现建筑设计师如何思考建筑与文化、建筑与自然生态、建筑与生活方式、建筑与城市发展之间的问题和当中的可能性。同时，该展览作为"2013深港城市\建筑双城双年展"外围展项目，丰富并延展了本届双年展"城市边缘"的主题。

"筑作"——建筑的作品（Architectural Work），又即建造建筑（Built Architecture）。这两层基本含义表达出建筑师的工作内容和目的——通过建造得到建筑作品。更进一步，作品既可以是已经建成为实物的，也可以指停留在图纸甚至头脑中的方案、设想、计划、概念等等，还包括已经付诸建造的方案中并未实现或被修改过的那部分内容。因此，本展览采用模型、草图、文献、图片等多种方式，呈现DCM的建筑作品在创造和建造全过程中的特定阶段以及成果——它们都是高度抽象化思维的具象成果，富有艺术性，并且具有启发意义。

本次展览也试图站在中国城市发展与城市化运动中如何面向历史、当下及未来的三种维度，去讲述并汲取位于地球另一边的澳大利亚其城市与建筑的历史经验，致力于通过分析以墨尔本为基地进行城市与建筑实践的DCM的作品，来阐述城市边缘的多种可能性。

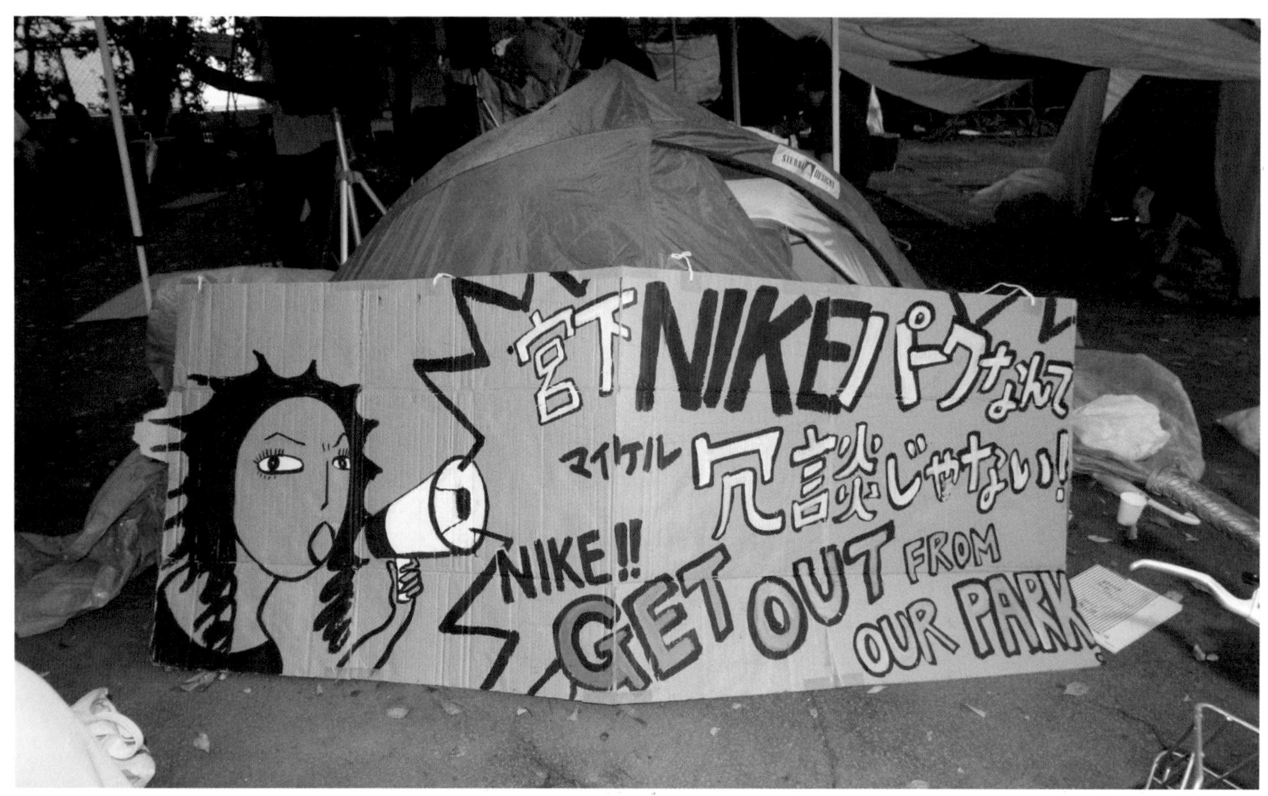

两条平行线永远不会相交，直至永恒。

以上的文字，是蓝色共和国(Blue Republic)在深圳大运中心展示的以文字为基础的作品。它描述了一条众所周知的空间法则，但同样激发人们去思考，其反命题是否确乎谬误。同样地，也会去反思，如果一些看似不能改变的法则及决定性因素是可改变的，那城市设计及城市边界又会是何等模样。在概念上，“城市边界”不应单纯地被理解为空间上的划分，或者所有区分开文化、社会、 政治、经济共存性的人为制造的裂痕，而是一种不断改变与暂时性的状态。

城市空间体现了居民们的志愿、恐惧、局限，以及他们的偏见、失常、慷慨或自私。这项目的设入点是我们相信人们的意识是可转变的，而且可以推动社会更真诚地参与城市环境。

蓝色共和国通过此项目从多方面积极地以体验叙述方式，引起观众跃动和自我反省，微妙幽默，增强了观众对城市空间的体验。作者利用了硕大且色彩缤纷的文字条段，邀请观众与他们的作品互动。观众可以在作品上走动，可以触摸，可以观赏，或者可以不理它们，但那些文字与大胆的色彩几乎回头看着每一位路过的访客。蓝色共和国这项文字之作掀起了一些我们如何体验城市的议题，他们让我们停下来想想我们日常运作的空间之意义。

蓝色共和国的成员包括两位加拿大籍波兰艺术家：安娜·柏沙加丝(Anna Passakas)及拿狄·古连斯基(Radoslaw Kudlinski)。他们重视社会意识及跨领域的艺术项目，针对城市化、哲学和建筑的议题。他们在加拿大及全世界许多画廊、空间举办过展览。近几年，蓝色共和国的艺术实践重点是在全球化世界中被边缘化的人、社群及文化。

一次对城市边缘的微观解读

策划：progetto C&I
展览统筹：吴昕

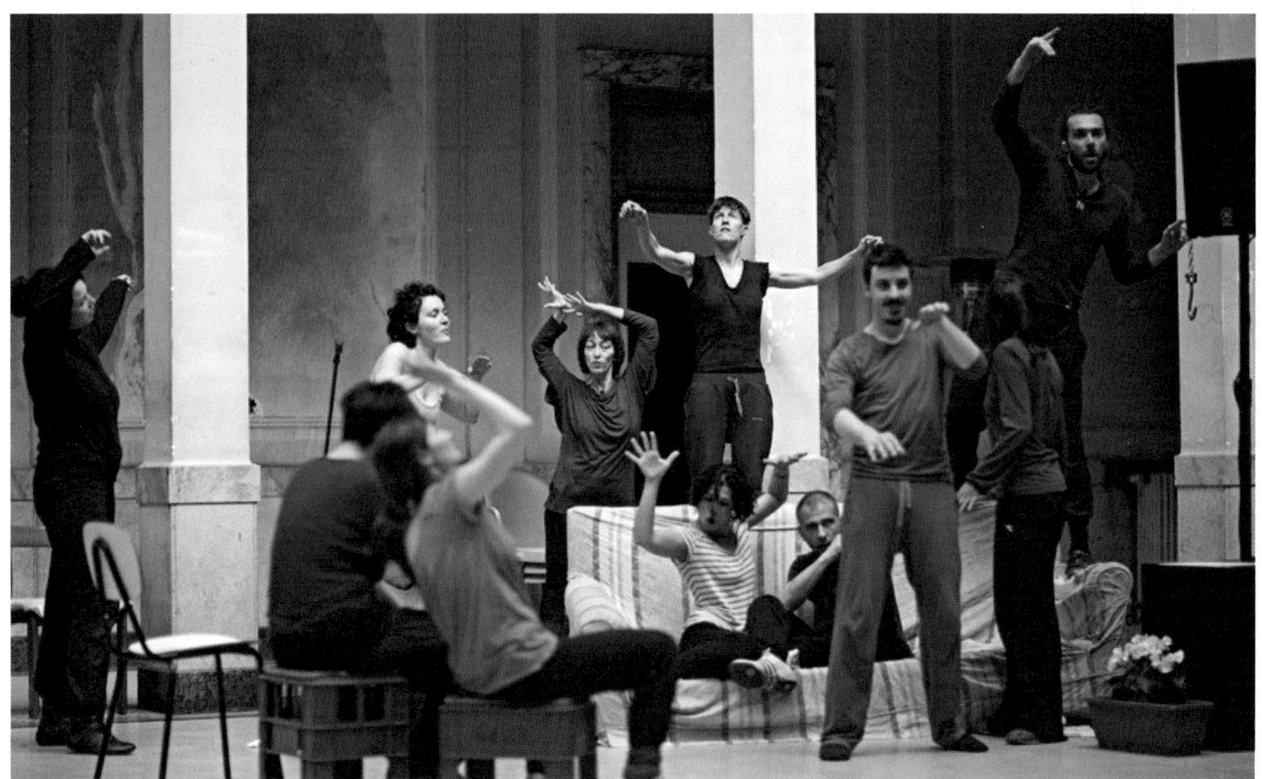

意大利艺术团体MACAO

本次展览从城市边缘空间和边缘群体的现状及其未来发展状态的角度出发，辩证地探讨边缘与主体的互为主客体关系，也是一次对"城市边缘"的微观解读，以此引发观者自身在这样的现象中去思考与探究。艺术家从个人体验出发，关注生存在这个城市里的人与空间的关系，用艺术的语言来表现他们对于城市边缘问题的关注与思考，并试图让观者置身于他们营造的艺术语境下，直观地感受作品所要传达的内容。

启明在地艺术机构

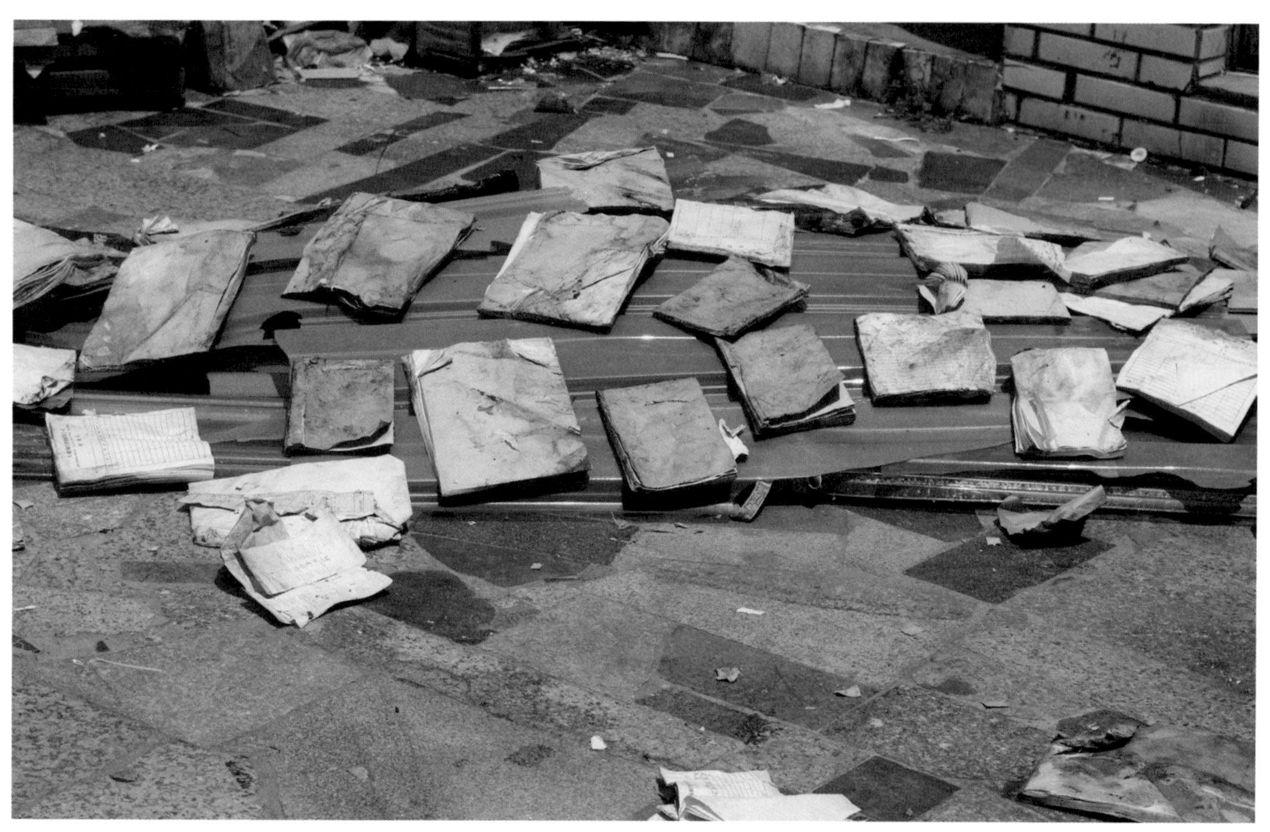

启明学校曾是一座废弃的小学建筑，近六年间作为艺术家工作室。在启明学校自身的场地上，建筑内外部将共同作为呈现空间，将两个主要单元（实物访谈类综合装置“启明·草·木·人”及探讨艺术现时功能的展览“内部是什么”）作为物理及精神双重概念上的中心点，发散至整个社区，以社区居民为主要受众群体，由艺术家带领的公共项目将面向社区青少年。本项目汇聚了若干当代及公共艺术领域的工作者，在其中呈现他们的研究与思考，多角度探索边缘社区文化再建的方向。

一个中国城市的剖析

策展人: Thomas Batzenschlager + Clemence Pybaro
策展助理: 徐亮

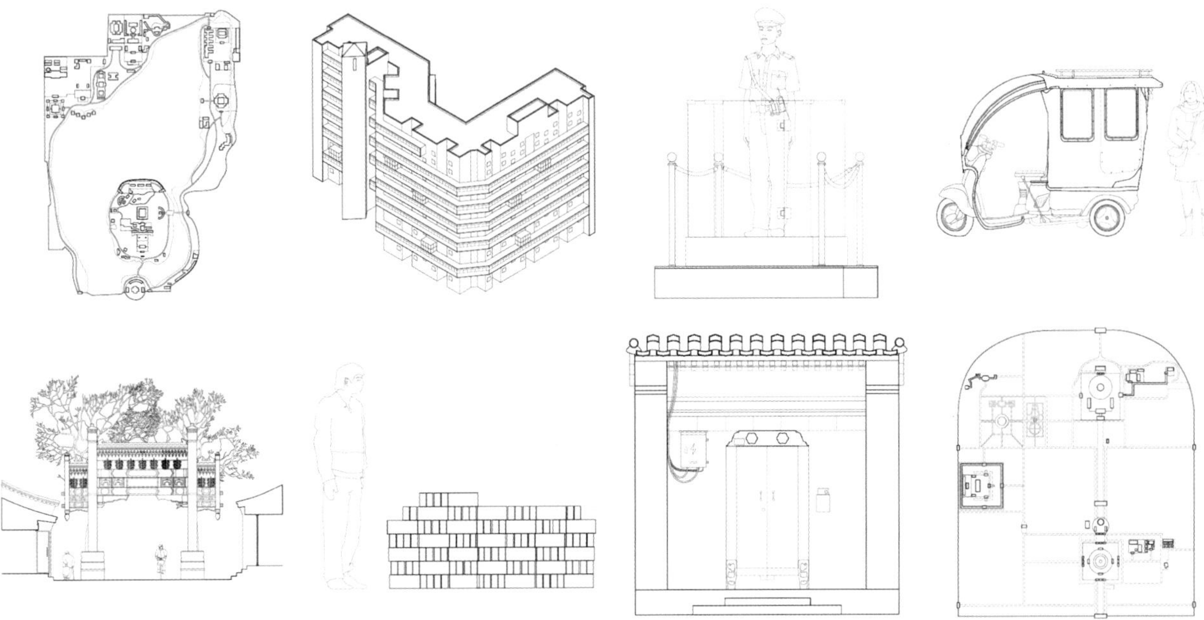

《一个中国城市的剖析》项目选取了100多张图片,试图通过一种全新的方法剖析中国城市化背景下的北京,从宏观和人体双重尺度来认识这座城市。

2010年,托马斯与克莱曼斯因其在南锡的现代主义社会住房项目获得斯坦尼斯拉斯学院奖。其后他们来到中国武汉,参加了一个为期六个月的城市历史研究项目。他们着迷于中国的城市环境,并决定随后两年在北京的一家事务所工作。二人现居住于南美洲的圣地亚哥。

策展方：都市实践

在白石洲城中村更新课题的研究及设计里，可以找到URBANUS都市实践对当代深圳城市问题一系列的反思及愿景。故此，本展览以白石洲项目为案例，在展示项目本身之外，还希望能够借助一连串微论坛的组织，对"后大跃进"时代的深圳提出各种新的问题，并进行探讨。

今天的深圳，因为前三十年的快速城市化，已经无法再有效地向外蔓延了。最近几年间，最受关注的城市发展趋势，在于城市中心区中仅有的土地。这些土地资源或是代表深圳作为工业城市的工业区，或是代表深圳城市快速发展的城中村现象。我们关注的城市边界并不在城市外围，而是在城市的中心。这条在中心的边界真正代表着当代深圳的独特状态——城市内向蔓延。在这样的一个特殊语境下，白石洲的更新也许意味着另一个城中之城将会在若干年内形成。我们希望透过建筑师专业的介入，能够把一个看似非常复杂的问题进行拆解，甚至透过创新的工作方法，以研究为导向的设计，及与各专业及机构的协作，来创立一个崭新的超级密度的城市发展模板。

在这个展览中，与其给出一个答案，我们更愿意尝试根据自己的实践与研究经验，提出更多的问题。这些具体的问题将会成为每次微论坛的指定议题。每次微论坛的讨论也会即时整理，并加入展览，令展览能够不断被这些讨论的结果所充实。

混凝土的可能

策展方：朗图里外 / 万科建筑研究中心

从诞生的那天起，混凝土便成为城市塑形的主要因素。这一传统的建筑材质，如何在"混凝土的可能"这一宏大命题之下，被重新唤醒，并注入新的内涵乃至灵魂？这个计划的提出本身就带有强烈的反传统和不确定性。2012年，第二届"混凝土的可能"启动，将参与设计的领域进一步扩大至艺术家团体，并努力推进作品的功能与应用性，期望展现建筑、艺术、社会与人的全新关系。目前为止，已有26位来自不同领域的设计师、艺术家参与本届计划。

企业
特别展

蛇口再出发
招商局蛇口工业区

蛇口一小步，中国一大步。34年前，蛇口一声开山炮响，吹响了中国改革开放的号角，“时间就是金钱，效率就是生命”的口号从这里迅速传遍神州大地。蛇口一系列具有深远历史意义的改革创举，使这扇“改革之窗”赢得世人瞩目，成就了百年民族企业招商局的第二次辉煌。转眼间，“初生牛犊”已过而立之年。昔日荒凉的小渔村，已发展成一个清新秀丽、孕育了上百家知名企业的现代化滨海园区。历经风雨磨砺，“敢为天下先”的蛇口工业区依然热情似火、秉持执着。在新的发展起点上，蛇口工业区以“创新”和“再造”加快转型升级。一个崭新的蛇口已再度出发，扬帆远航。

新世界画卷
新世界地产

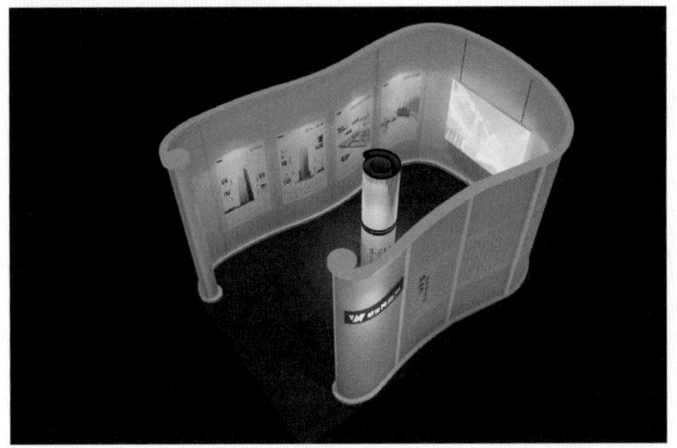

城市梦想
京基集团

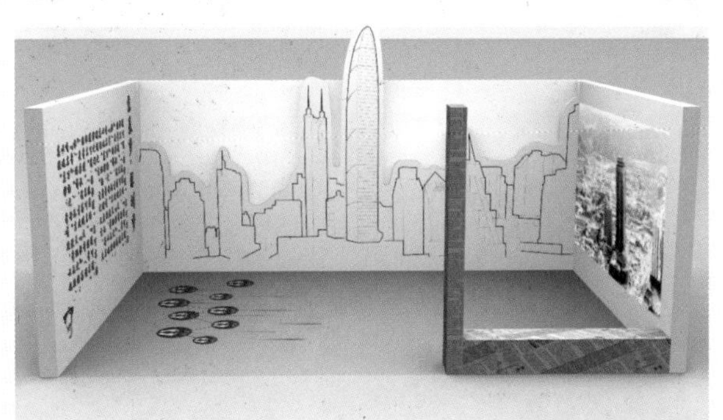

城市是个大建筑物，建筑物是个小城市；城市可以是一幅美丽的大画卷，建筑可以是一幅精美的局部风景画；新世界地产是建筑的设计建造者，更是这座城市的艺匠。作为一个推进城市化进程而默默奉献20年的地产巨擘，新世界为城市奉献的不仅仅只是建筑。新世界始终坚持建构理想主义：重视建筑的有机整体性；重生态可持续发展，以环境主导建筑；重城市建筑经济带动效应以及人文空间尺度。“以创新和专业，持续为城市营造风景，为社会建筑经典”是新世界的核心使命。新世界地产正不断地向着新高度迈进，继续以城市艺匠的姿态，持续为城市描绘更丰富、更优美的画卷。

一个梦想，影响着一座城市的进程；一座城市，孕育着千万梦想的萌芽。19年厚积薄发，京基始终将自己的前进步伐与城市成长的梦想紧紧联在一起，以筑造城市理想生活为己任，追逐着城市成长的梦想。在见证深圳城市发展、创新城市新高度的道路上，京基在追逐梦想的同时，更以全球化视野提升国际格局，强大品牌运筹力聚合城市资源，致力于推动整个“城市高端生活进程”的时代使命。在本次展览上我们正在创造一种沉浸式的触碰体验，体验触碰历史中的城市边缘，体验城市扩张的足迹。同时，我们也在创造观众停留的体验。停，看，体验，悟。京基，与城市昂首共进！

更新，从边缘到中心
绿景集团

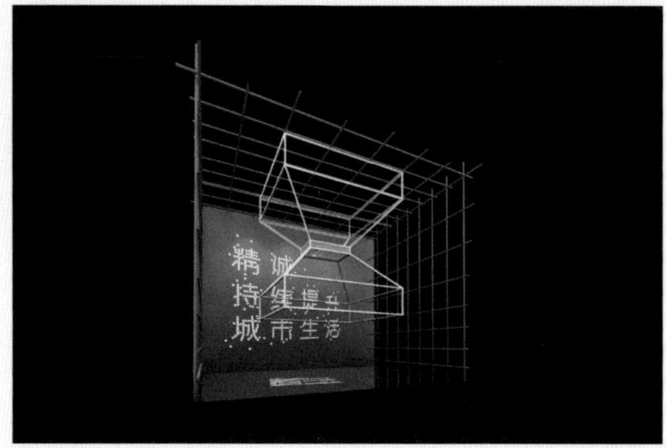

城中村，地处城市中心，却在城市夹缝中生长，成了城市的边缘，居住在这里的人，既依恋当下的生活，又渴望改变，有着对未来生活脱胎换骨的期许和真正成为城市中心的梦想。沙漏代表一种等待与淬炼，在过去、现在和未来的汇聚中，等待既是积累与提升，也是新的价值和原有价值或博弈、或融合的过程，它持续生长，永不停息。城市边缘文化从被忽略到被注视，越来越多的城市灰色地域因为得到关注而被唤醒，边缘文化开始被接纳、归化并入主流，城市角落不再晦涩，城市边缘开始与城市共同发展、呼吸。

边缘·新生
佳兆业

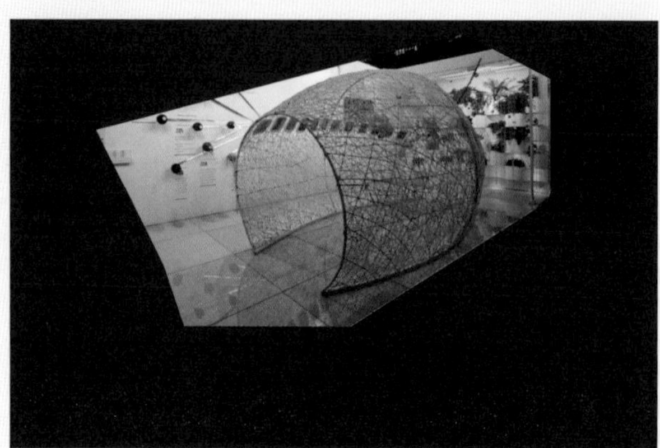

茧，沉着，静美，孕育生机。

蛰伏和孵化，这种生命的蜕变与升华，正是佳兆业(Kaisa)集团城市更新业务的象征。当过于陈旧的旧城区、旧村、旧工业区不再适应新时期的发展需要，一种新的城区模式将逐渐把边缘化的社会化区域重新定义。就像生命机体的重建，让新的城区像有机的生命体一样，经脉分布合理、血液畅通无阻、骨骼刚强有劲，重新充满活力。在茧体内有一组iPad大小的视频显示佳兆业项目的改造前后对比照片，从黑白到彩色，记录着城市边缘的生活印记，记录着过往的岁月，也预示着生活的延续。当参观者从茧体里走出，即到达垂直生态花园墙，活体蝴蝶的飞舞，预示着朝气蓬勃新生命体的到来。

佳兆业集团十分注重城市建设与自然、与社会的和谐共处，从集约利用、环保节能、合理规划等角度出发，打造了大批经典城市更新项目，为城市发展带来了新的活力。

未来·家——花样年·彩生活
花样年集团

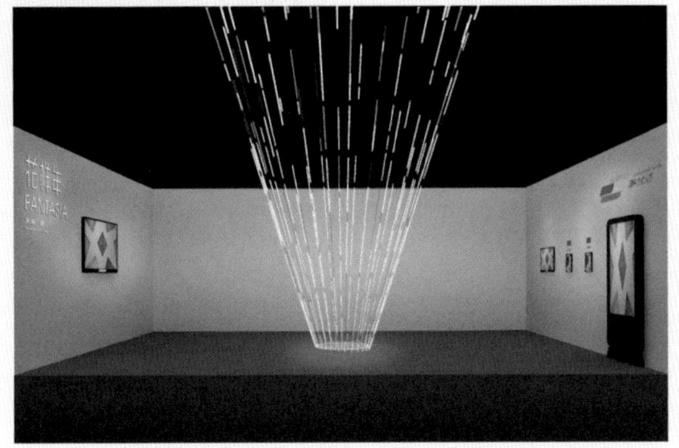

街道的刺点：公共空间中的家庭座椅
卓越集团

花样年从城市中心到城市边缘，不断成就城市之美，生活之美。这也正是花样年所呈现的状态——事物最美好的瞬间。本次的设计，以"未来·家"为主题，轮廓简洁纯粹，结合科技感和艺术设计美感，围绕双年展主题"城市边缘"， 由LED灯连接而成的装置犹如汇拢的光束，用以诠释力量的沉积、文化的汇集。

以"彩生活"的平面语言作为展示手法来表现"未来·家"，并结合动态的新型科技手段（如智能化网络化物业管理平台、平板电脑、高清电视等一系列的实体设备），整体模拟打造一个未来之家，让每一个居住在花样年的人，都能体会到"彩生活——未来·家"带来的智能化生活。通过具有未来感的LED灯光装置，既体现出花样年有趣、有味、有料的企业文化特征，又象征"未来·家"的丰富性、多样性。

"刺点"（punctu）是罗兰·巴特在《明室》中提出的概念，他将对于照片细节的不同关注称之为"刺点"，即照片之中能够刺痛人的某一点。这是照片观看活动时描述的关键现象，往往只有个体观看者会注意，且无法传达的心灵震撼感觉。罗兰·巴特认为这是照片的最重要特点：它是实际存在物的证明。

在公共空间日益模糊、公共设施极度缺乏的中国城市，不断"落伍"的家庭座椅渐渐成为街道空间的醒目装置，以这些座椅为中心，都市街道中的"闲置"空间被居民创造性地经营为广场/休闲之地，这是私人空间对城市空间的独特"侵占"与贡献，它不仅是街道家具，更让街道因此具有深层视觉与记忆的意义，从而成为街道的刺点。

这里延伸了罗兰·巴特的"刺点"在摄影中的意义，把这一概念用于城市空间观察与研究，认为正是被置于公共空间的家庭座椅，使寻常都市空间具有了震撼心灵的意义。卓越集团希望通过本届展览作品"街道的刺点：公共空间中的家庭座椅"，创造一个学术性、公益性的高端交流平台，传递企业的价值观，与公众一同来探讨社会问题，关注城市与人类发展空间的变化。

创想深圳
星河集团

星河集团的品牌口号是“创想无界，心筑未来”。因为星河人始终以敬天爱人之心，铭记创新，所以才有了COCOPark，有了星河丹堤，有了星河World，有了星河过去与未来所创造的无限佳作。在本届双年展中，通过堆叠星河双螺旋造型成星河塔，也被喻为能量塔。它象征了在岁月的积累和能量的汇聚下，才有了星河如今的高度。本届双年展主题为“城市边缘”，这座能量塔，同时也是文化汇聚的过程：每一个被遗落的边缘文化，都会因为人们的逐渐关注，慢慢汇聚，从而步入主流，成为城市不可或缺的精神养料。这一次，星河依旧没有忘记“创想”：通过各式各样的积木单元与模拟沙盘的艺术表达，星河希望每一个来参观的人都可以参与到“创想”与“城市规划”的过程之中，运用自己的双手，为每一个新的建筑体，找到一个合适的搭建场所，在城市这个充满无尽可能的空间，留下我们经过的痕迹。

创想空间：探索城市的繁荣与边缘
深业置地

本展区旨在构建一个现实与虚拟共存的创想空间。观众将从一条幽深的隧道进入位于展厅中心的影音室，观看一段6分钟的影片，观察和感受当下日渐成为城市动物的人们，何以从繁华都会的边缘走向极致的宁静，身心自在其中；乐而忘返的商场里，在边缘的屋顶上出现一个惬意的小镇；从高架延伸的边缘，迈出绿色的步伐走到另一个境地。观片结束后，观众将沿着另一条隧道离开，结束这段旅程。在参观的过程中，四周的墙面以简练文字和大量留白，为观众创造一个放松身心和自由思考的空间。简而言之，本展区将表现对城市中心与边缘地带的反思，探讨人们在当下的城市生活中如何回归自在与本我。

新中心，新生活
益田地产

城市的共荣时代
鸿荣源

城市不仅是生活的载体，也是人类思想创造的折射，没有绝对的边缘，只有相对的中心。荣耀见证精耕历程，远见决定卓越未来，凭借前瞻的眼光与战略，益田集团努力探寻城市发展与生活的共融，铸树承载城市与生活理想的精品空间，引领高品质的生活方式。从边缘到中心，益田推进了城市的生长与升级，带来了人们生活方式的转变，创造了更多的生活之美。

悬挂的巨大圆筒宛如色彩斑斓的万花筒，汇聚人们对城市生活的各种想象。圆筒内壁在光源的投射下，呈现出多姿多彩的影像，犹如一个微观的世界，朗朗的钢琴曲流淌其间，这是一种用视觉、听觉和心灵去感触的城市精彩，亦是一种有关绚丽生活的建筑信仰。

在中国由南至北不断发展的城市里，我们所建设的多类型高品质社区、商业空间和公共建筑为居民提供了优越生活的标杆。

通过运营，让环境与人、建筑与城市和谐共生、永续共荣，在这个共荣时代里，让城市的优越生活不断延伸、升级。

展厅寓意：基业常青，和谐共荣：展厅的视觉核心是一棵横贯其中的“城市树”，其根基深扎地底，向上生长，枝繁叶茂，分枝顺着天花板不断延伸蔓延。鸿荣源在深圳这块热土上，依托优越的发展土壤，人居版图基业常青，形成了如今的参天大树，与城市的发展和谐共荣。

展厅造型：环保简约：展厅墙体被众多管状物覆盖，其表面材料为可持续利用的环保纸。“城市树”延伸至天花板顶部，衍生出众多“繁荣云”，供观众共同点亮。

展览开幕

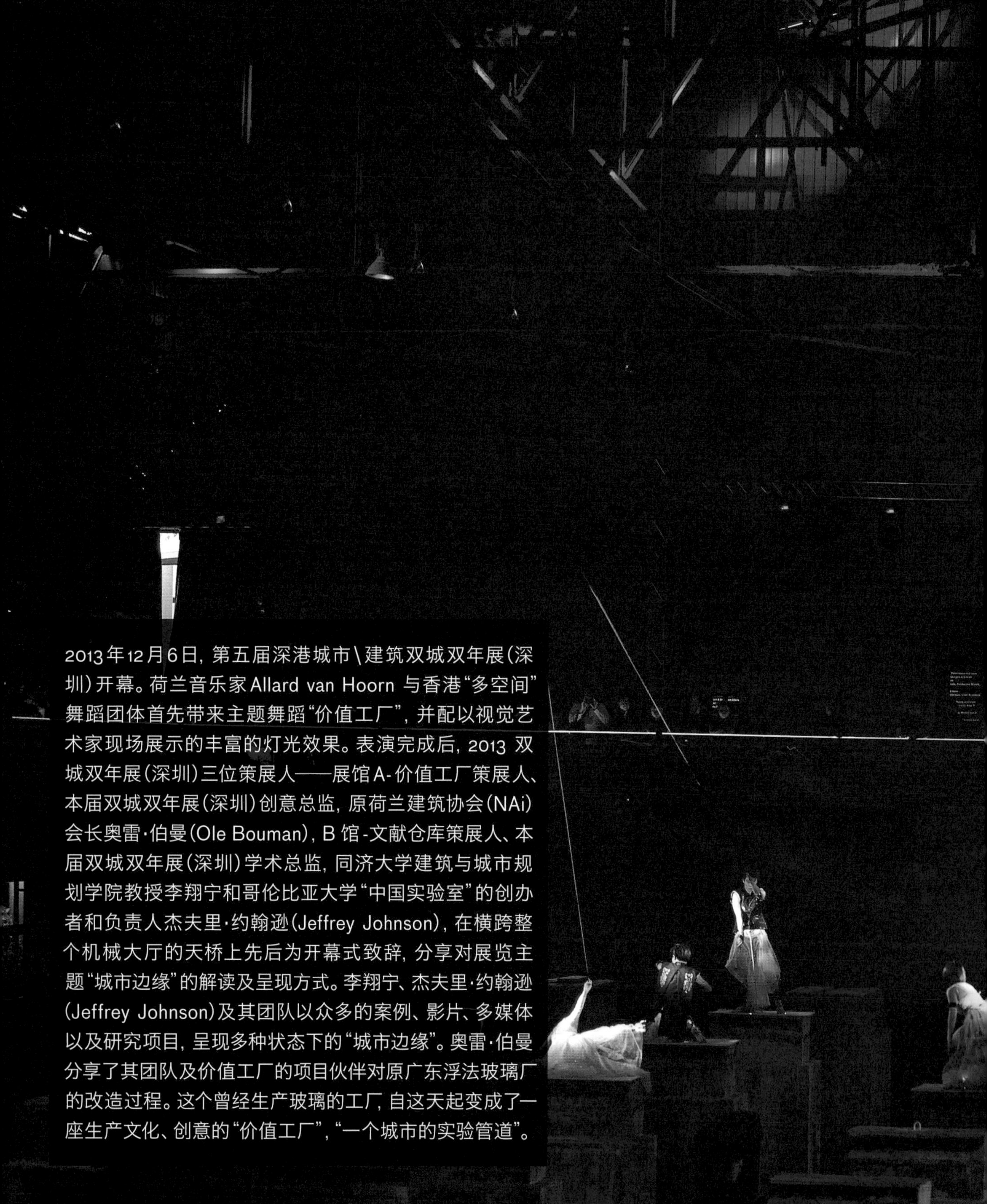

2013年12月6日，第五届深港城市\建筑双城双年展（深圳）开幕。荷兰音乐家Allard van Hoorn 与香港“多空间”舞蹈团体首先带来主题舞蹈“价值工厂”，并配以视觉艺术家现场展示的丰富的灯光效果。表演完成后，2013 双城双年展（深圳）三位策展人——展馆A-价值工厂策展人、本届双城双年展（深圳）创意总监，原荷兰建筑协会（NAi）会长奥雷·伯曼（Ole Bouman），B 馆-文献仓库策展人、本届双城双年展（深圳）学术总监，同济大学建筑与城市规划学院教授李翔宁和哥伦比亚大学“中国实验室”的创办者和负责人杰夫里·约翰逊（Jeffrey Johnson），在横跨整个机械大厅的天桥上先后为开幕式致辞，分享对展览主题“城市边缘”的解读及呈现方式。李翔宁、杰夫里·约翰逊（Jeffrey Johnson）及其团队以众多的案例、影片、多媒体以及研究项目，呈现多种状态下的“城市边缘”。奥雷·伯曼分享了其团队及价值工厂的项目伙伴对原广东浮法玻璃厂的改造过程。这个曾经生产玻璃的工厂，自这天起变成了一座生产文化、创意的“价值工厂”，“一个城市的实验管道”。

比利时王国玛蒂尔德王后(左二),中共广东省委常委、深圳市委书记王荣(左三)、香港发展局局长陈茂波(左四)、招商局集团总裁李建红(左一)、深圳市常务副市长吕锐锋(左五)等领导、嘉宾出席现场,共同推开象征价值工厂启动的"电闸"装置。

UA
BB

2013.12.6 B馆开幕

2013.12.6 B馆国家与地区馆开幕典礼，策展团队悉数到场

2013.12.6 澳门馆开幕

2013.12.6 瑞士馆开幕

2013.12.6 英国馆开幕

2013.12.6 西班牙馆开幕

2013.12.6 蛇口专题展开幕

2013.12.07 OMA 开幕典礼

2013.12.07 筒仓吧开幕派对

2013.12.07 DROOG开幕典礼

2013.12.07 价值农场播种仪式

2013.12.07 V&A 开幕典礼

2013.12.07Studio- X开幕典礼

2013.12.8 MoMA开幕典礼

2013.12.8 VOLUME 开幕小典礼

2013.12.08 比利时馆开幕

UABB 学堂

UABB 学堂

（收录至2013年12月31日）

深港城市\建筑双城双年展（深圳）[以下简称“双城双年展（深圳）]将整合各方资源，进一步强化教育的角色，设立UABB学堂，在展期为市民策划一系列课程/活动，且所有的课程/活动均免费向市民开放。

双城双年展（深圳）吸引着不同领域、不同专业的市民参与其中，我们渴望与社会公众开展广泛交流互动，为市民提供各类课程，希望带领市民深入了解全球普遍存在的城市问题，欢迎市民在获取知识的同时参与讨论，提出自己关于城市独到的意见和看法。无论是专业人士、创意人群、老师学生、家庭社区，在学堂里均可以找到令之兴奋不已并满足知识渴求的项目：有针对性的导览活动、各类工作坊活动、学术交流活动等。我们本着知识传授的宗旨，一方面为专业人士提供一个交流的平台，在这里参与者可以彼此交流，分享经验，让新鲜独特的观点相互碰撞，创造新的火花；一方面希望能够感染和激发市民了解更多关于城市及建筑规划知识，带动市民加入到对城市的了解、规划和改造当中。而专业人士也将作为一个传授者，为普通观众传播知识。

我们通过官网、微博、微信等平台公布课程安排等相关信息。部分课程，采取报名方式，接受网上课程预定。在为期近三个月的展览期间，我们为观展的每一位市民提供丰富的探索项目和学习资源，足以能满足其对知识的渴求！无谓年龄、不论背景，通过这些多种多样的活动，均有机会了解城市、体会城市并参与改造属于自己的城市。

东京有很多非常漂亮的建筑，但一座座建筑单看很漂亮，聚集起来却有一种奇怪的感觉。我本人对于这种缺乏集体的混杂意图很感兴趣，所以很早就开始研究这个课题。我们希望让建筑表现城市，而城市也会影响到建筑本身的特性和特点。我的想法是要去充分了解当下生活的定位，如何能把它融合到一个大背景里面。我们的现代生活是碎片化的，不会去思考一个整体的观点，而且我们很不幸看到由于工业化、标准化、机制化的出现，我们失去了自我。

BAUM
怀抱"欧洲梦"、从非洲偷渡到西班牙的人常常没有工作，他们到处游荡。他们自己身上承载着他们国家的边界。

Tamar Shafrir
这个案例中，有趣的并不是所谓的玫瑰岛物理空间——我们更感兴趣的是看人们如何挑战所谓国家的边界。

Daan Roggeveen
把中国城市的模型强加给非洲，这实际上是突破边界的一种方式。但是城中又有自己的边界，比如在建设时没有考虑本地安全问题、社会问题。这里面实际上也有两种文化的交织，跨边界的问题。

Stefan Al
生产和消费之间的边界变得越来越狭窄，有些边界可以超越，这种生产就是超越了边界。我们希望呈现很多人不了解的工厂风景和状况，要让大家知道，我们现在的生活方式会给别人带来怎样实实在在的影响。

Jeremy Till
英国馆给大家展示了一种政治的隐形边界。很多人抗议的时候会占领某个空间，这就是隐形的边界。建筑和城市专家有时候不会关注隐形边界——他们仅仅在图纸上画线条，认为这些就能构建城市。

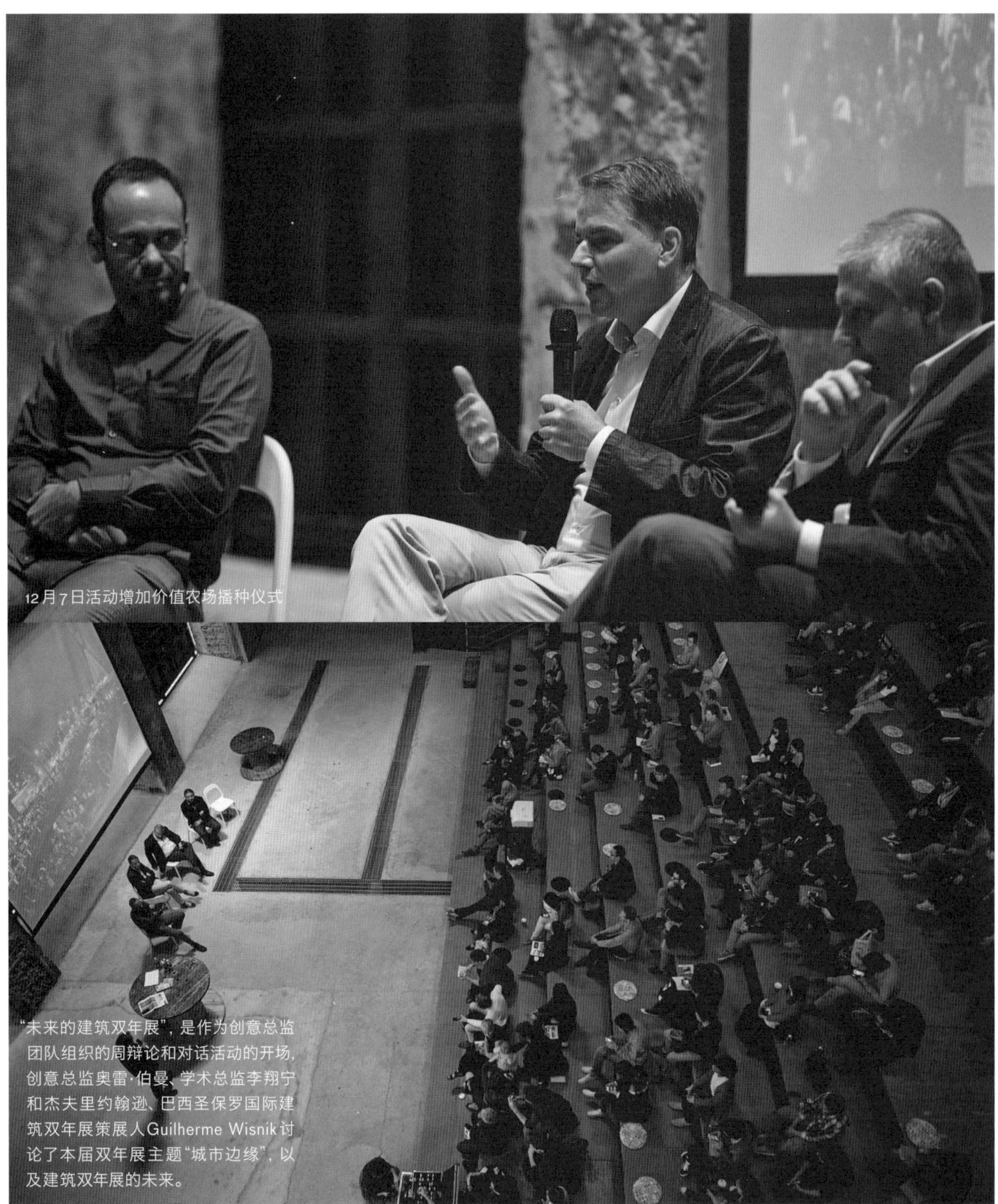

12月7日活动增加价值农场播种仪式

“未来的建筑双年展”，是作为创意总监团队组织的周辩论和对话活动的开场，创意总监奥雷·伯曼、学术总监李翔宁和杰夫里约翰逊、巴西圣保罗国际建筑双年展策展人Guilherme Wisnik讨论了本届双年展主题“城市边缘”，以及建筑双年展的未来。

“熔合：SCD+X”之酷茶会：深圳的边缘社区　12.7 - 4

SCD主办的酷茶会是一个气氛放松的茶话会，就设计相关的主题进行演讲、讨论与辩论。任何人有任何与设计相关的想法，都可以在活跃、开放的气氛中开始他的对话。就“城市边缘”的社区话题，SCD邀请了Xinqiang社区的成员加入2013双城双年展的讨论，以提高公众认知度。

价值工厂对话:《奥运会的建筑隐喻》 12.7 - 5

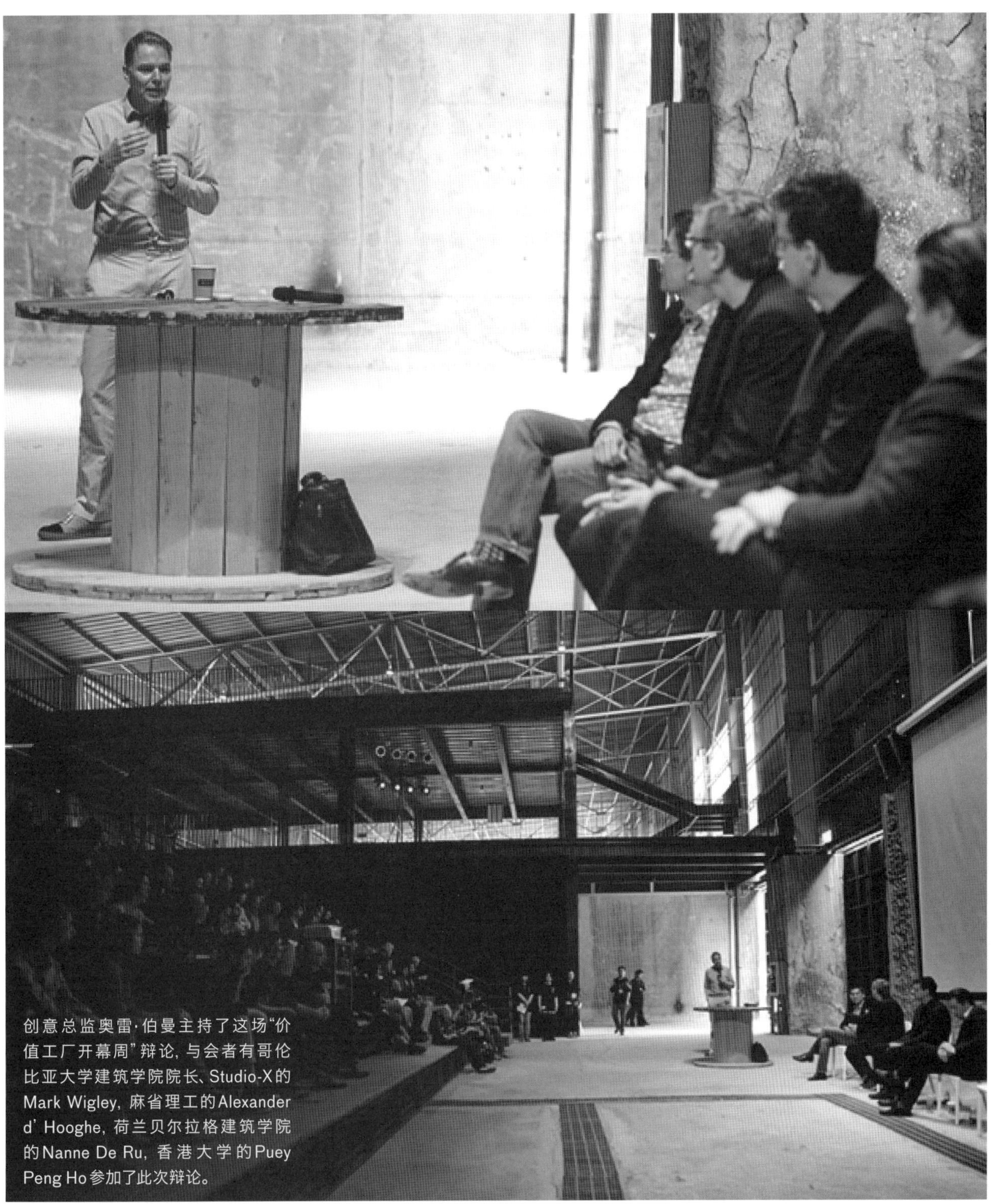

创意总监奥雷·伯曼主持了这场“价值工厂开幕周”辩论，与会者有哥伦比亚大学建筑学院院长、Studio-X的Mark Wigley，麻省理工的Alexander d' Hooghe，荷兰贝尔拉格建筑学院的Nanne De Ru，香港大学的Puey Peng Ho参加了此次辩论。

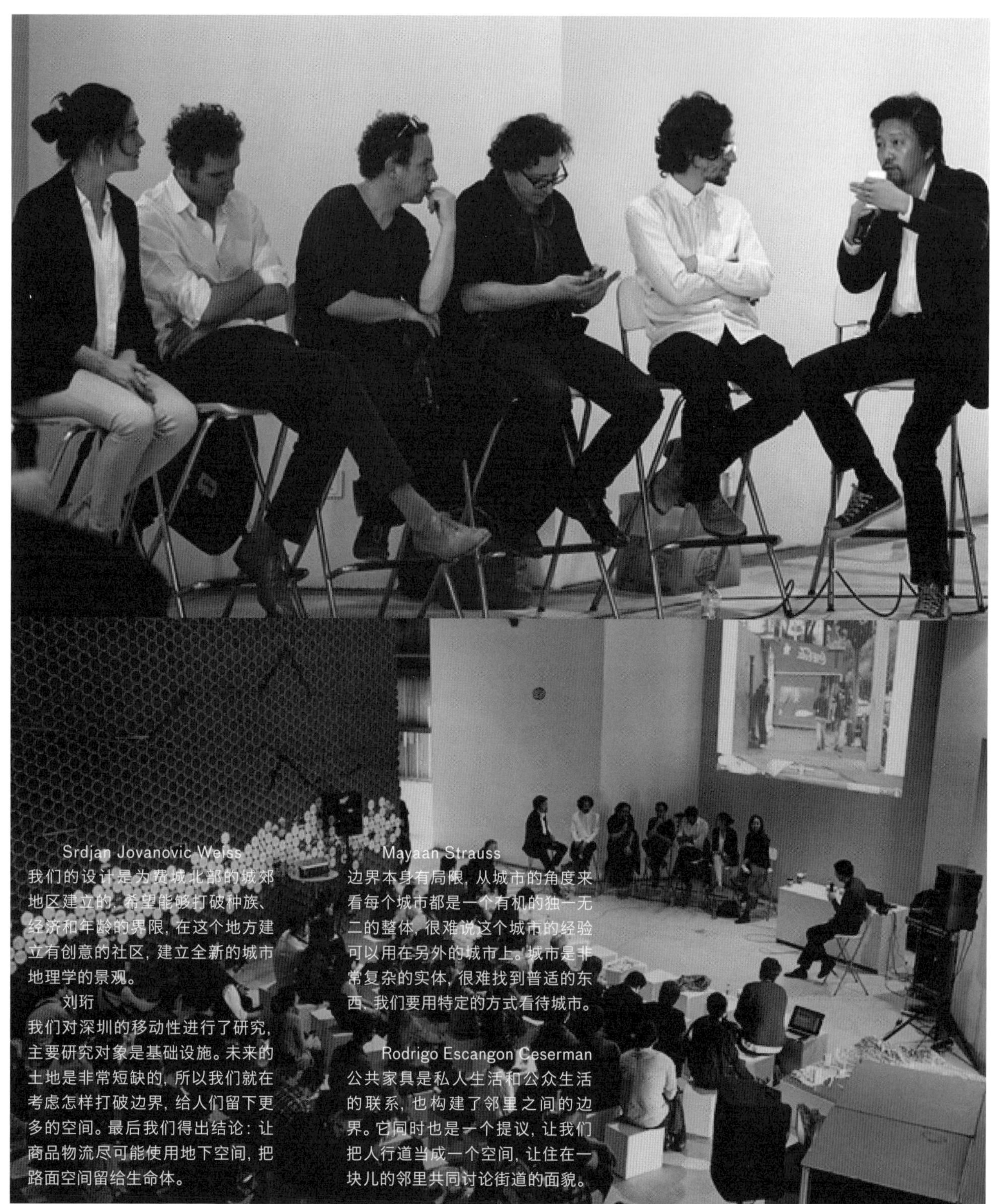

Srdjan Jovanovic Weiss

我们的设计是为费城北部的城郊地区建立的,希望能够打破种族、经济和年龄的界限,在这个地方建立有创意的社区,建立全新的城市地理学的景观。

刘珩

我们对深圳的移动性进行了研究,主要研究对象是基础设施。未来的土地是非常短缺的,所以我们就在考虑怎样打破边界,给人们留下更多的空间。最后我们得出结论:让商品物流尽可能使用地下空间,把路面空间留给生命体。

Mayaan Strauss

边界本身有局限,从城市的角度来看每个城市都是一个有机的独一无二的整体,很难说这个城市的经验可以用在另外的城市上。城市是非常复杂的实体,很难找到普适的东西,我们要用特定的方式看待城市。

Rodrigo Escangon Ceserman

公共家具是私人生活和公众生活的联系,也构建了邻里之间的边界。它同时也是一个提议,让我们把人行道当成一个空间,让住在一块儿的邻里共同讨论街道的面貌。

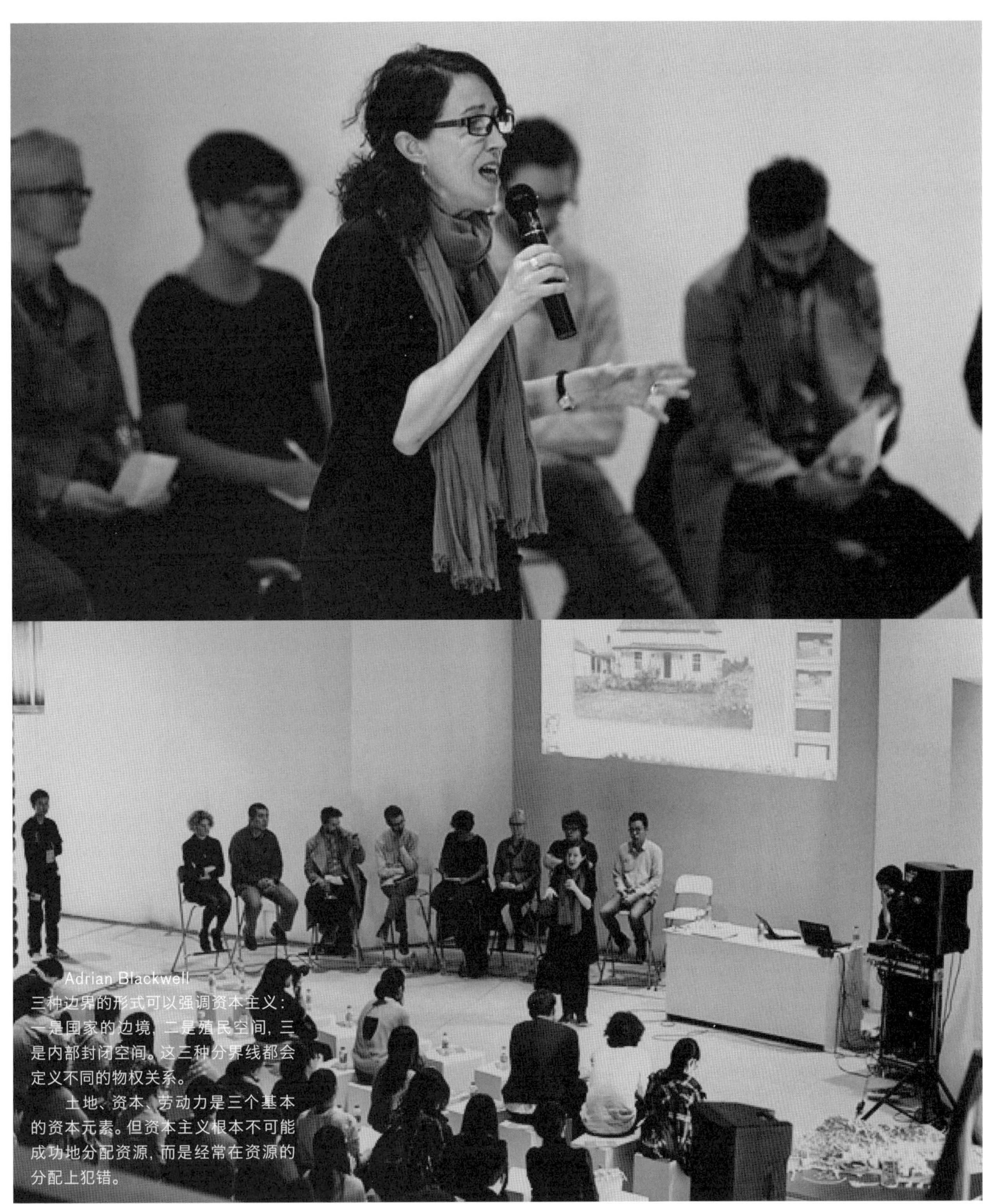

Adrian Blackwell

三种边界的形式可以强调资本主义：一是国家的边境，二是殖民空间，三是内部封闭空间。这三种分界线都会定义不同的物权关系。

土地、资本、劳动力是三个基本的资本元素。但资本主义根本不可能成功地分配资源，而是经常在资源的分配上犯错。

MoMA 工作坊:《差异增长》 12.8 - 4

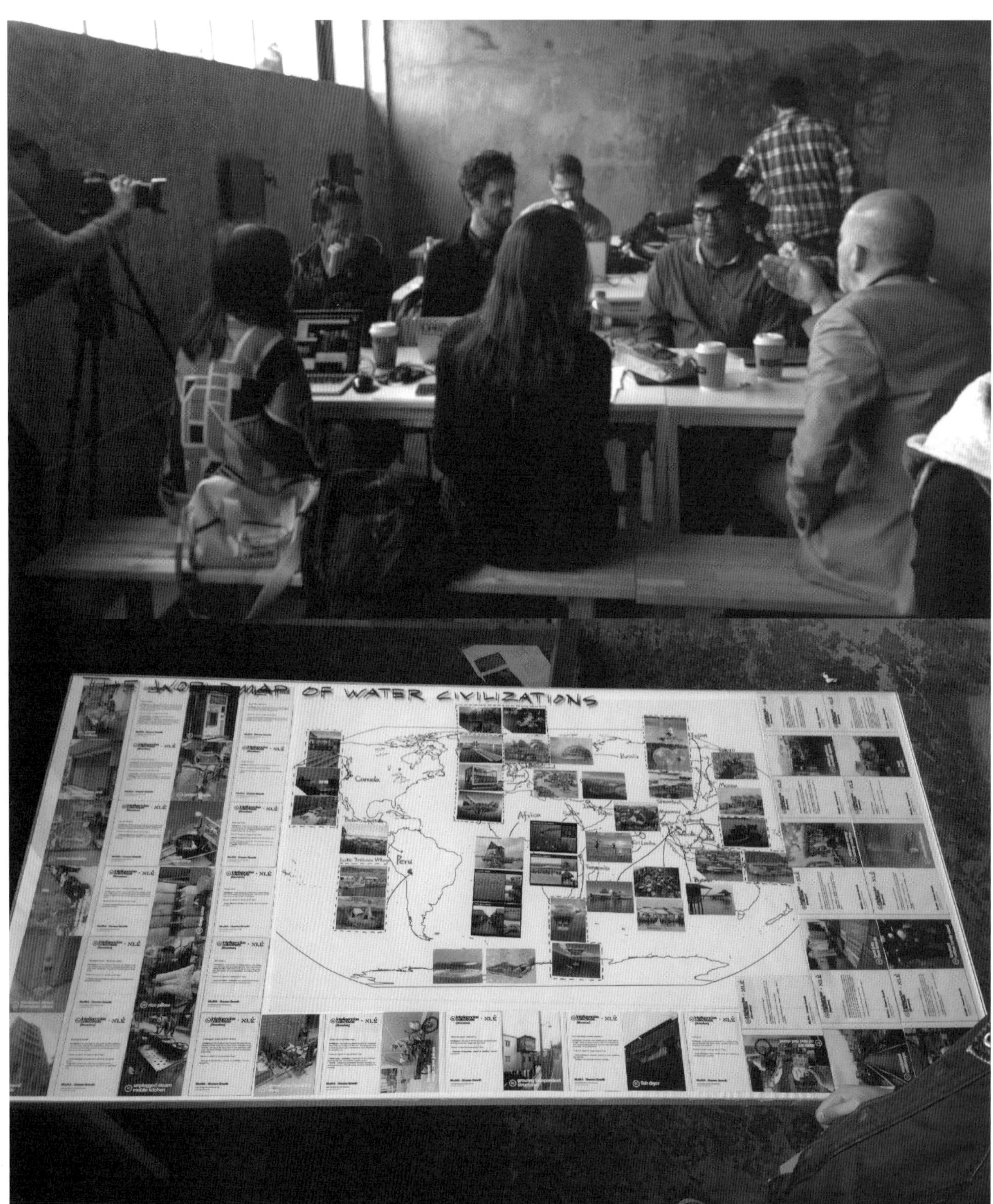

OMA营造法式工作坊

12.11

2013年12月11日，在本届深双A馆价值工厂项目伙伴区，OMA大都会建筑事务所带举行一场名为"营造法式工作坊"的互动活动。

建筑评论工作坊主题论坛:《双年展:深圳与世界》 12.9

12月10日下午,"UABB学堂"主题论坛——"双年展:深圳与世界"在A馆矽库报告厅进行,活动嘉宾包括本届双年展创意总监Ole Bouman、学术总监Jeffery Johnson、双年展多年的关注者和组织者黄伟文、一石文化史建。由香港大学朱涛主持。

UABB学堂：建筑评论工作坊

12.9-11

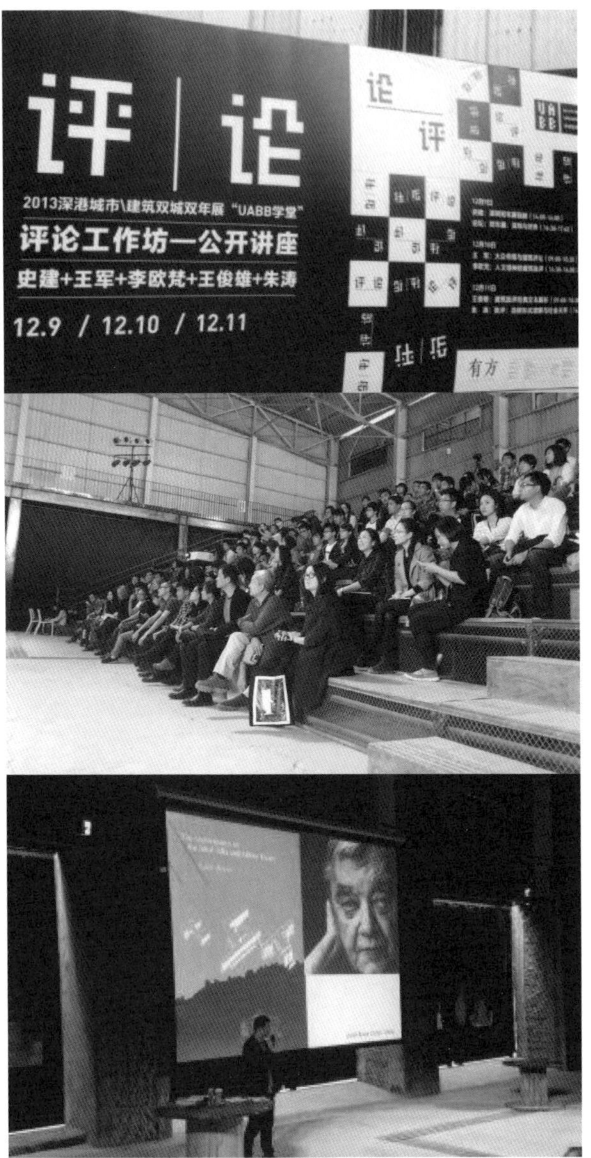

2013深港城市\建筑双城双年展“UABB学堂”——有方建筑评论工作坊，于12月9日至11日在A馆价值工厂砂库报告厅先后举行了五场论坛，分别为：

史建：区域空间演化：双年展节点—深圳城市\建筑双年展回顾（2005—2011）

王军：大众传媒与建筑评论

李欧梵：人文精神的建筑批评

王俊雄：建筑批评经典文本赏析

朱涛：批评——连接形式解读与社会关怀

“熔合：SCD+X”之设计讲坛 12.14 - 1

INTI:《火热大浪》12.14 - 2

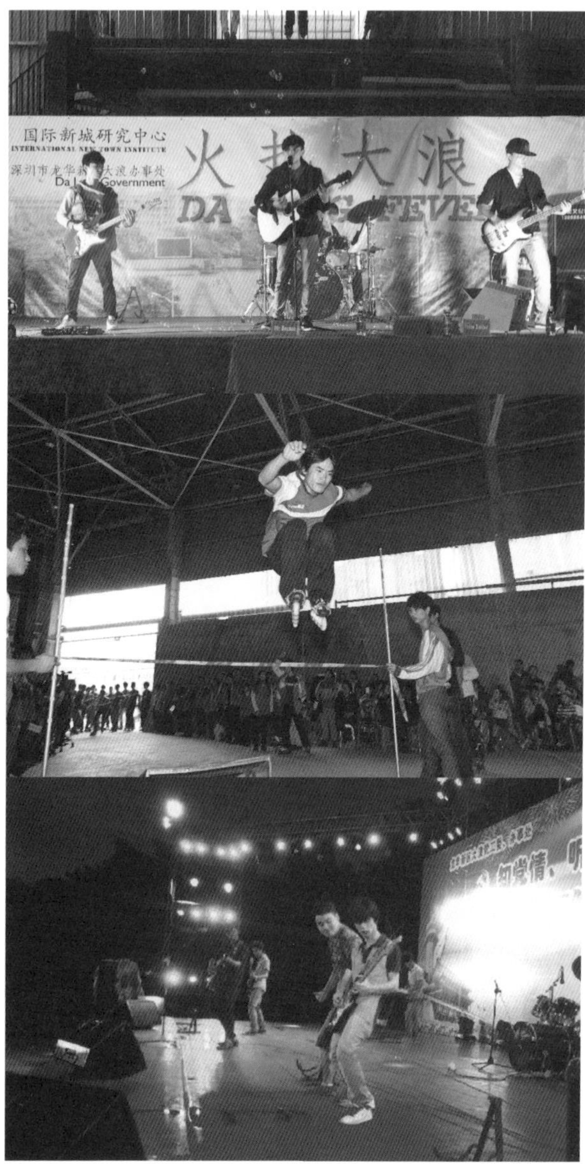

2013年12月14日，价值工厂项目伙伴深圳城市设计促进中心在A馆机械大厅项目伙伴区举办了两场“熔合：SCD+X”项目活动：“城市的可能性”与“智人城市”。

12月14日下午，INTI荷兰国际新城研究中心与深圳大浪社区合作举办的“火热大浪”表演为价值工厂带来了前所未有的体验。

中荷对话:《巴别塔项目》 12.14 - 3

12月14日下午，中荷对话在砂库报告厅举行，主题为：“巴别塔项目——Let's meet in writing”。本次活动地邀请到荷兰驻广州领事馆领事出席。

"熔合：SCD+X"之《木墙工作坊》 12.20

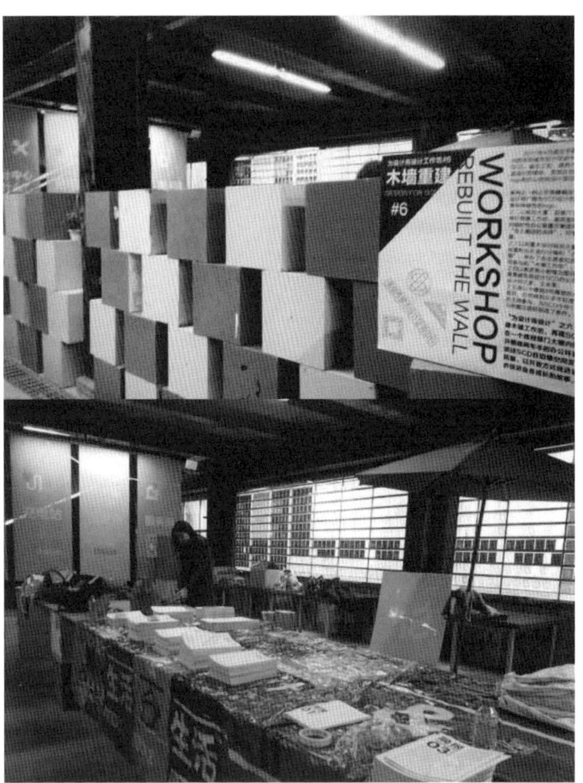

2013年12月20日下午四点，在A馆机械大厅，本届双年展A馆项目伙伴深圳市城市设计促进中心在其展位举办了“为设计而设计”第五期工作坊——“熔合：SCD+X”木墙工作坊。

锐态：吱吱喳喳读图夜之《我的蛇口》 12.21 - 1

由本次深双A馆价值工厂项目伙伴锐态（Riptide）组织的《“吱吱喳喳”读图夜》（PechaKucha Night）第16讲“我的蛇口”，于12月21日下午4点至6点在A馆价值工厂——砂库报告厅举行。

Archis特邀活动：《看不见的边界》 12.21 - 2

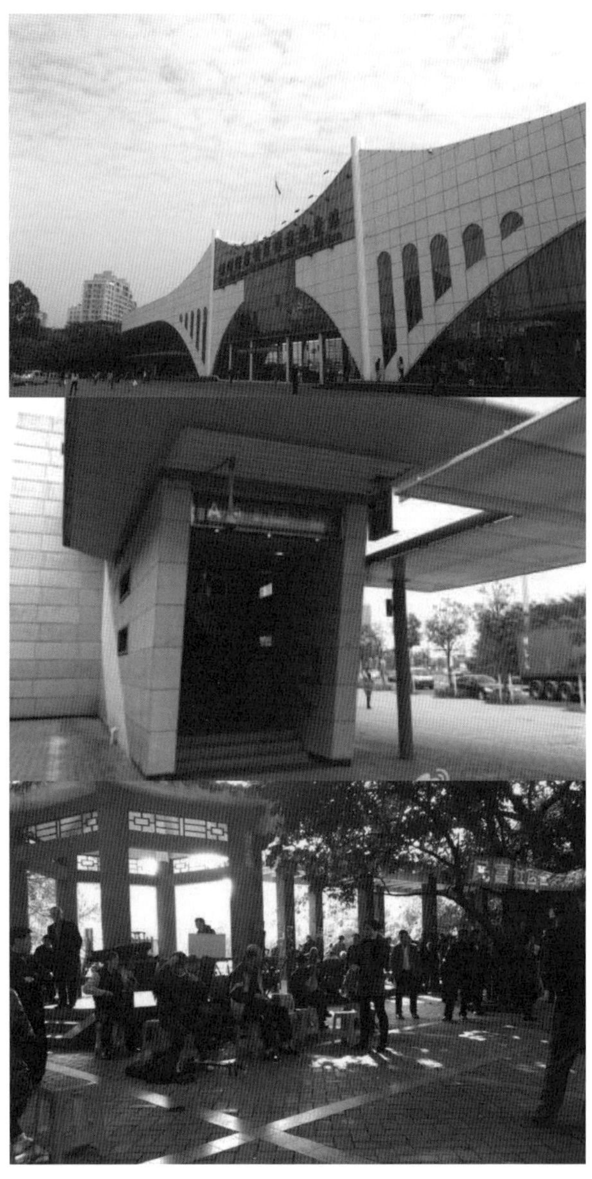

Archis由总监Lilet Breddels及主编Arjen Oosterman组织，在悉地国际曾冠生推荐下选择了梅林关这一“消失”十年的二线关，作为本次活动探访的目的地。

“熔合：SCD+X”之《描摹旅游岛》 12.22

价值农场活动 12.26

12月22日在深双A馆价值工厂，数十位来自社会各界的嘉宾齐聚一堂，他们中有规划专业人士、政府官员、小业主，共同讨论心中的大鹏未来是怎样的面貌。活动上午在A馆机械大厅——大台阶举行，下午则转场至筒仓吧空间。

建筑师沙龙《边缘显影》 12.28 - 1

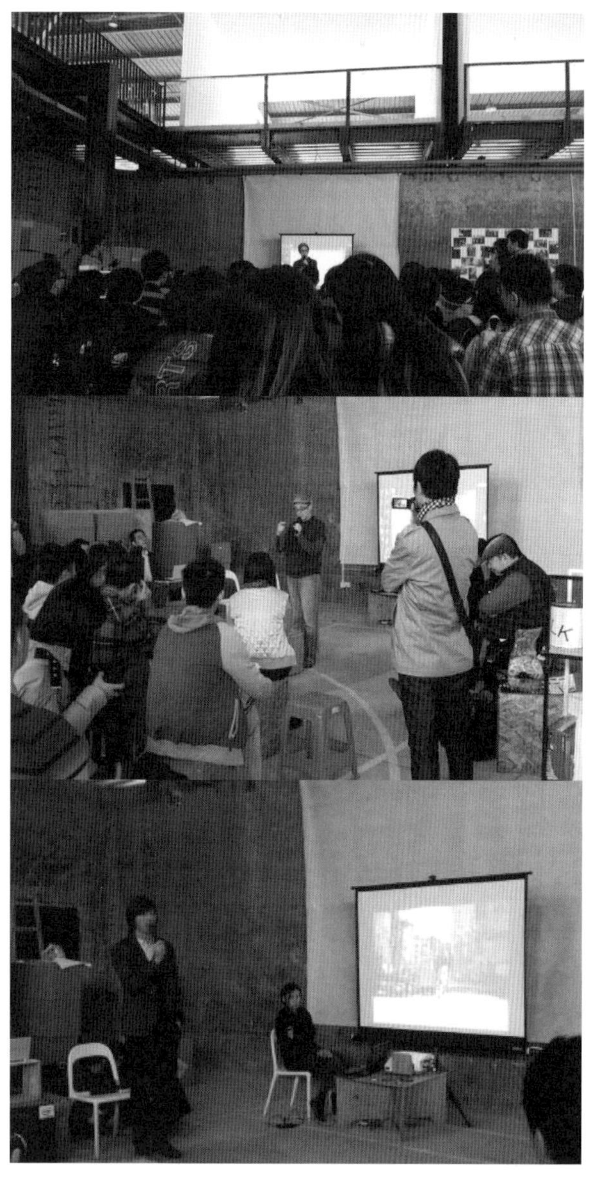

12月28日下午，“UABB学堂”建筑师沙龙——由深圳市观筑建筑发展交流中心（ATU观筑）筹划的《边缘显影》系列沙龙第一期在A馆价值工厂砂库教育区进行，本期关注的边缘话题是城中村、二线关与水客的生活。活动想主持由朱雄毅（悉地国际）担当。

牙牙剧社《“一人一故事”剧场》 12.28 - 2

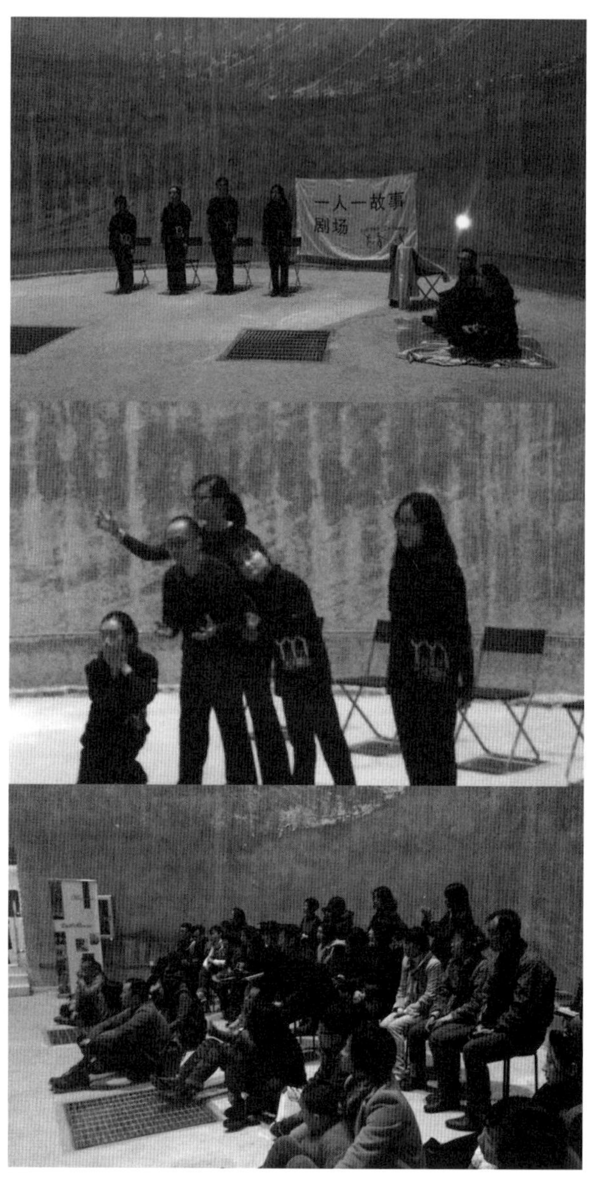

12月28日下午，在A馆价值工厂筒仓二楼，牙牙剧社邀请公众参与了名为《深圳深圳》的“一人一故事”剧场。

青少年导览 12.29 - 1

每逢周日，双年展导览活动会由深圳市观筑建筑发展交流中心（ATU观筑）组织一场特别的青少年导览，导览会面向由12至18岁的青少年进行，以更加贴近生活的方式讲解展览。

“熔合：SCD+X”之《智库百人会》 12.29 - 2

12月29日下午，在A馆价值工厂机械大厅大台阶，深圳市城市设计促进中心呈现了一场精彩的“智库百人会”，主题为“2.0!深圳城市升级大家谈”。沙龙由中国综合开发研究院李津逵主持。

媒体报道及观展评价

1. Wallpaper

HYPERLINK "http://www.wallpaper.com/design/the-bi-city-biennale-of-urbanismarchitecture-2013-rethinks-chinas-industrial-past/7036" http://www.wallpaper.com/design/the-bi-city-biennale-of-urbanismarchitecture-2013-rethinks-chinas-industrial-past/7036

The highlight of the opening weekend was undoubtedly POP-UP, Studio-X Shenzhen' s HYPERLINK "http://vimeo.com/81596020" \t "_blank" lively presentation on inspiring urban projects from Tokyo to Rio de Janeiro to China. The interactive space, orchestrated by Hong Kong-based architect Marisa Yiu, comprised a sea of tables suspended from a ceiling grid by moveable steel rods, allowing visitors to transform the space 'to create an architecture for a real-time exchange of ideas'.

2. designboom

HYPERLINK "http://www.designboom.com/architecture/shenzhen-biennale-of-urbanismarchitecture-2013-preview-12-06-2013/" http://www.designboom.com/architecture/shenzhen-biennale-of-urbanismarchitecture-2013-preview-12-06-2013/

situated at the heart of shekou port, the second venue is the 'border warehouse,' curated by li xiangning and jeffrey johnson. exploring the ideas of 'crossing urban boundaries' , the exhibition focuses on notions of the 'city' through the lens of border, boundaries and edges. the phrase itself is reflected in the chinese compound word 'bian yuan' , the term expresses the concept of relationship, connection and opportunity. completely restoring the original 1984 structure, the venue houses pavilions from around the world, as well as providing a space to generate analysis and historical evolution of 'borders' .

3. DESIS Network

HYPERLINK "http://www.desis-network.org/content/bi-city-biennale-urbanismarchitecture-shenzhen" http://www.desis-network.org/content/bi-city-biennale-urbanismarchitecture-shenzhen

Do not miss the opportunity to visit the section "Designing the Urban-Rural Interaction", curated by Lou Yongqi, of the Shenzhen Biennale of Urbanism/Architecture. It is an amazing collection of projects to connect the city to the agricultural countryside in the name of sustainability of food and life.

4. e-architect

HYPERLINK "http://www.e-architect.co.uk/hong-kong/nanjing-zendai-thumb-plaza" http://www.e-architect.co.uk/hong-kong/nanjing-zendai-thumb-plaza
ShenZhen – Ma Yansong presents its work, 'Shanshui Experiment Complex' in the Border Warehouse of HYPERLINK "http://www.e-architect.co.uk/hong-kong/shenzhen-architecture-biennale" BI-City Biennale of Urbanism\Architecture 2013 in Shenzhen. This is an artwork in-between architecture model and landscape installation, created based on MAD's latest project, 'Nanjing Zendai Thumb Plaza'. The total area of this urban design project is about 600,000 sqm and it is expected to be completed in 2017.

5. archinect

HYPERLINK "http://archinect.com/blog/article/88344179/a-brief-introduction-to-shenzhen-biennale" http://archinect.com/blog/article/88344179/a-brief-introduction-to-shenzhen-biennale
The exhibition areas are pop up styled rooms of the old glass factory occupied by various participants including Sao Paulo Biennale, Studio X, MIT Center for Advanced Urbanism, Shenzhen Hong Kong Special Material Zone, Victoria and Albert Museum, Maxxi, OMA, Volume Magazine, Droog Design, the New Institute of Netherlands, MoMA, Berlage Center and many other cultural and creative institutions offering special installations and educational components. In addition to those sponsors area hosts many real estate developers from Hong Kong (hence, Bi-City) and Shenzhen. The pop up style exhibition spaces have the everydayness of the displays without overwhelming the viewer-participant and as in the case of some, adding humor to the exhibitors' efforts.

6. Volume

HYPERLINK "http://volumeproject.org/2013/12/volume-in-residence-at-the-shenzhen-biennale/" http://volumeproject.org/2013/12/volume-in-residence-at-the-shenzhen-biennale/

The Value Factory succeeds the Guangdong Float Glass Factory. From industry to culture, from mass production to value creation. The building will be the main protagonist of this message. It synthesizes more than a dozen roles to shape a unique new institution to celebrate architecture in its broadest sense. It combines a manifesto hall, silo adventure, urban beacon, chapel, panorama deck, museum, event platform, urban farm, design & consultancy studio, academy, education centre, think tank, exhibition facility, workshops, shop, bar and restaurants. And that's only in its default setting.

7. Numero Civico

HYPERLINK "http://www.numerocivico.info/en/events/bi-city-biennale-of-urbanismarchitecture-2/" http://www.numerocivico.info/en/events/bi-city-biennale-of-urbanismarchitecture-2/
An old Shenzhen glass factory will first change. Spearheaded by Team Ole Bouman, one of the UABB(SZ)'s two curatorial teams, the project adhered to Curator, Creative Director Ole Bouman's manifesto statement of "Biennale as risk." The revitalisation effort not only provides a unique and functional exhibition space for the Biennale but it reclaims a piece of heritage and history. As a broader objective, the makeover is also a step in redefining Shenzhen's identity. In completing the urban intervention, Mr. Bouman now calls it a Value Factory to manufacture ideas and knowledge.

8. forum permanente

HYPERLINK "http://www.forumpermanente.org/noticias/2013/bi-city-biennale-of-urbanism-architecture-shenzhen" http://www.forumpermanente.org/noticias/2013/bi-city-biennale-of-urbanism-architecture-shenzhen
Built in 1986, the former Guangdong Float Glass Factory had been derelict since 2009. The metamorphosis began in May as an international collaboration effort when a dozen emerging international architects were invited to design for the factory transformation. Started in the middle July, the whole transformation process has been completed in only three months.

9. Artribune (Italian)

HYPERLINK "http://www.artribune.com/2013/12/urbanistica-e-architettura-e-tempo-di-biennale-di-shenzhen/" http://www.artribune.com/2013/12/urbanistica-e-architettura-e-tempo-di-biennale-di-shenzhen/

10. Il Giornale Dell' Architettura (Italian)

HYPERLINK "http://www.ilgiornaledellarchitettura.com/articoli/2013/12/118107.html" http://www.ilgiornaledellarchitettura.com/articoli/2013/12/118107.html

11. 搜狐文化、搜狐艺术

HYPERLINK "http://arts.cul.sohu.com/20131209/n391484515.shtml" http://arts.cul.sohu.com/20131209/n391484515.shtml

这是深港城市\建筑双城双年展首次以双策展团队，双策展方案、A+B 馆双展场的方式，将大众体验及学术文献同时呈现。现场所见，A 馆可以说更像一个“景观”，而 B 馆承担了更多展台的功能。

“新的创意园区意味着先锋意识与传统情调共存，实验色彩与社会责任并重，精神追求与经济筹划双赢，精英与大众的互动，牵涉到都市发展、生产和消费模式等广泛的层面。这里曾经是全中国最‘热’的地方，它的未来仍有无数可能。”奥雷在接受搜狐艺术采访时乐观地回答。

深圳特區報

"这里将酝酿更多创意"

奥雷·伯曼

杰夫瑞·约翰逊

李翔宁

■ 深圳特区报记者 杨婷/文 齐洁爽/图

昨日，2013深港城市\建筑双城双年展（深圳）在蛇口隆重开幕，并因其国际化程度之高、展品亮点之多而被誉为"最具看点的一届"。在开幕之时，记者采访了本届双年展A、B馆策展团队的总负责人——负责展馆A的奥雷·伯曼（Ole Bouman）和负责展馆B的李翔宁、杰夫瑞·约翰逊（Jeffrey Johnson），听他们解读策展理念。

"拆"是最后的想法

一个是建于1987年，并于2009年停产的原广东浮法玻璃厂，一个是落成于1984年，现在已被弃用的蛇口客运码头旧仓库，如果这两个厂区是位于市中心，也许现在早已面临着拆迁旧改，而处于城市"边缘"的位置却为它们的保全及再度出发提供了条件，而它们的再出发不得不归功于妙手回春的魔术师：奥雷·伯曼、李翔宁和杰夫瑞·约翰逊。

"拆掉？那是我们最后考虑的，我们一直尝试做的是'改造'，这座建筑曾创造过工业奇迹，它给人带来的精神震撼并没有随时间推移而消减，它已经拥有足够多的亮点，我们只要用相当轻微的成本，就能将它已有的优点彰显出来。"负责将原广东浮法玻璃厂改造成展馆A"价值工厂"的奥雷·伯曼表示。实际上，在"价值工厂"，建筑就是最大的展品，策展团队用实际行动阐释了什么叫"可持续发展"：在老建筑上方钢铁楼廊，成为"空中餐厅"；在巨大的主展厅楼上铺设天桥，既增加了空间层次感，也方便再将观众通行……展馆的展品历历可数，人们体验建筑的过程就是参观"展览"的过程。

"玻璃厂从一个工业场所转化成一个文化场所，从一个工业内涵转向文化内涵，从封闭的区域转向公共空间，从原有的工业区上变成多种用途或功能的地点，"奥雷说，据了解，本届双年展的策展角将负责后将"价值工厂"打造为文化创意园，吸引艺术家、设计师的进驻，让这里成为"生产创意"的地方。"双年展展期3个月就会为'价值工厂'的未来体现价值提供助力，不知道它今后可以使用多少年，我觉得前途不可估量，"奥雷说。

"边缘"是个形容词

跟展馆A不同，负责李翔宁和杰夫瑞·约翰逊也把蛇口客运码头旧仓库改造成充满现代感的展馆B"文献仓库"，但建筑本身不过是配角，或者说，不过是它侧面展出的城市边缘研究文献等展品的"佐证"。在展馆B，文献以及与文献相关的模型、艺术作品才是主角，虽然稍显稀疏，但不少观展的建筑评论家都说："值得去看几次。"

"'边缘'不仅是名词，还是形容词，它还代表着非主流、非中心，这是个跨学科的话题，仅仅是呈现现象不可能表达我们的观点，我们想要的是探讨人和城市的关系，人和城市历史的关系，策展的重点是从知识和学术研究方面体现城市到底是怎么样的。"杰夫瑞·约翰逊说。据了解，"文献仓库"总共有100名参展人，他们来自20多个国家，包括建筑师、规划师、艺术家、经济学家等，试图把不同学科、不同领域的知识在双年展这个平台上进行交换和交流。

虽然展品尽量以模型、绘图、视频等可供互动的形式体现，但对观众而言，这些研究项目就如同"边缘"学科，要了解它们需要有难度，但策展团队的激情没有因此而被浇灭，李翔宁表示，文献研究在城市建筑领域是非常重要的，"现在我们的设计师因为项目与实践太多，没有时间反思，而我们希望他们来参加和参观双年展，暂时放下手中的笔，思考自己设计的方向，探索设计的多元可能，希望以后我们能看到中国有更多的建筑博物馆、学术机构、基金会，体现建筑对提升生活的价值。"

展馆现场。

"轻轻触碰"让工业变文化

——第五届深港城市\建筑双城双年展侧记

■ 深圳特区报记者 徐强

很难想象在一个废弃的旧厂房里，来自世界各国的友人会扎堆出现，他们拿着咖啡，边看边聊，悠闲地漫步在"破旧"厂区里，对着柱子底部斑驳的岁月痕迹津津乐道；也很难想象，一个高度国际化并且是全球惟一一个以城市或城市化作为固定主题的展览会在一个旧工厂里举办——有很多难以想象的事情，昨日却真切地在蛇口工业区原广东浮法玻璃厂里发生了。这就是昨日开幕的第五届深港城市\建筑双城双年展带给众多参观者的感受。

蛇口旧厂房重现生机

走进本届双年展的A号展馆，这个在原广东浮法玻璃厂基础上改造而成的展场，外表给人的第一印象就是平淡无奇，甚至有些破败。厂区中间，巨大的烟囱耸立着，上面依旧清晰印着"广东蛇口浮法玻璃有限公司"，证明这里曾经是一个玻璃制造工厂；烟囱口消失的黑烟灰白痕，显示着它告诉的这个厂区已经不用很久了。

漫步厂区，每个建筑门前都清晰地标注着它曾经的用途：机械大厅、筒仓、砂库——参观者从外面把一个个建筑看下来，几乎可以简单了解到玻璃制造的工序。

走进厂区其中的一个建筑——机械大厅，瞬间会被其传递出来的历史与现代交织的气息击中。第一眼看到的是，机械大厅已经弃用很久，没有了庞大的机械，只剩下几十根曾经支撑机器的厚重水泥柱子，冷冷地矗立在那里，丝毫没有可以观赏的价值。

然而设计者巧妙地借用灯光和流水，把几十根水泥柱一下子激活了。配以解说员的讲解："这里曾经是国内兴建的最大的现代化浮法玻璃厂生产车间……"人们的思绪一下子被拉回到了那个激情燃烧的创业岁月，似乎又听到了机器轰鸣声，似乎又看到了工人们在车间里挥汗如雨的工作场面。

一位从事建筑设计的参观者直赞评价，运用这样的设计，把水泥柱子作为展品展示，真是太有创意了。

历史与现实交织带来视觉冲击

在轻松的气氛中参观完机械大厅后，跟随导引员，记者又来到展区中最有看点的一个地方——筒仓。总共四个有六层楼高的筒仓被改造成处处可见创意的"仓库"，很多精妙的创意令人叹为观止。比如筒仓的顶端，用全透明玻璃铺设成一条通道，参观者走在上面，能找到什么是"踩软的感觉"。

原玻璃厂的砂库则被改造成世界一流设计机构和团队的展示区。在砂库一间间简陋的房间里，却驻扎着世界上最著名建筑设计机构和团队，比如麻省理工学院、荷兰贝尔拉格学院、纽约大都会博物馆，他们在向参观者介绍各自的作品时，幻灯片打在墙面斑驳墙壁上，展示的却是世界顶级的创新设计理念。

历史的环境承载着现代化的内容，就是在这样巨大的视觉反差中，参观者一点点看完旧工厂，心里却再也没有旧工厂的感觉，领悟到的是赋予老厂房新生命力的能量——创意。

现在，原广东浮法玻璃厂又有了一个新的名字"价值工厂"，在南山蛇口重新焕发活力。

15位建筑师履行"无为"理念

提到本届双年展展馆选址和设计的创新，策展人、创意总监奥雷·伯曼说，对于设计师来说，"无为"往往被视为美学上的极少主义，或个人的惰性，因此，策划者召集了15位世界各地年轻建筑师组成的团队，共同履行"无为"的理念，共同将工业转变成文化。

广东浮法玻璃厂本身就是本届双年展一件最大的展品。创意来自于旧玻璃厂老建筑独有的美感，包括其工业化时代的生产工艺，还有时间积淀下来的蛇口创业感慨。策划者通过对其"轻轻触碰"，以精心策划的体验路线加以充分展示，使其成为展览中最独特、独具巨大体量的展品。

第五届深港双城双年展开幕

展览将持续至明年2月28日 活动及论坛超过100场

深圳特区报讯（记者 杨丽萍）随着一场充满时尚感的现代舞表演和"五四三二一"的齐声倒数，昨天下午，第五届深港城市\建筑双城双年展在蛇口工业区开幕。展览将持续至明年2月28日。比利时王后玛蒂尔德-都德肯达阿兹、比利时副首相兼外交大臣迪迪埃·雷德尔斯、市委书记王荣出席开幕式并参观展览。

作为全球唯一一个以城市或城市化作为固定主题的两年一度的展览，深港城市\建筑双城双年展自2005年首次举办以来，一直关注全球化背景下的城市问题，已经成为国内外探讨城市和城市化问题的重要平台。本届主题"城市边缘"，聚合了深港两个城市在全球地缘和历史进程中的位置，以及双城之间存在的边界互动带来。

今年双城双年展（深圳）展场落地蛇口"一区两点"——一区是蛇口工业区，两点分别是A馆——价值工厂（原广东浮法玻璃厂），B馆——文献仓库（蛇口码头旧仓库）。A、B两馆展览项目多达120个，3个月展览期间的活动及论坛超过100场。

开幕式前，王荣在A展馆筒仓内会见了玛蒂尔德王后。王荣表示，30多年前，深圳经济特区的城市发展从蛇口工业区起步，在新的发展时期，这座城市正在思考如何处理好城市发展与历史保护的关系。蛇口工业区也在加快推进城市更新和产业转型升级，不仅要推动城市发展，也注重做好有历史价值建筑保护。比利时在这方面有着非常丰富的经验，希望有更多比利时建筑设计领域的专家、学者参与深圳城市更新，帮助深圳提升城市发展和有历史价值建筑保护水平。玛蒂尔德王后说，本届双城双年展，比利时设立了国家馆，并有20位比利时的建筑设计师参展，希望通过双城双年展的活动进一步促进比利时与深圳的交流与合作。

在市委常委、常务副市长吕锐锋陪同下，玛蒂尔德王后还出席了比利时馆开馆仪式。

市领导李华楠、刘庆参加开幕式及相关活动。

比利时王后玛蒂尔德-都德肯达阿兹出席第五届深港城市\建筑双城双年展开幕式并参观展览。 深圳特区报记者 齐洁爽 摄

深圳商报

蛇口“城市边缘”今成故事主角

Shenzhen Daily

Architectural biennale opens in Shekou

Marathon crowds could close Metro stations

406-meter image displayed

At a Glance

Volunteerism

H7N9 source

Drug rape

Apple's iPhone 4S places last in reception test

南方都市报

安全帽搭房子、三轮房车、烟花城市……深港建筑双年展在城市的缝隙里作诗

聚焦城市边缘 第五届深港城市\建筑双城双年展深圳蛇口开幕

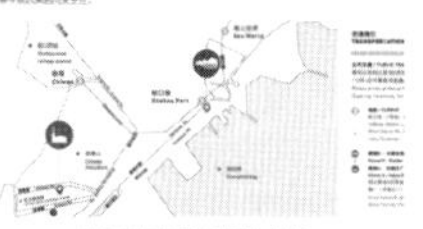

2013深港城市/建筑双城双年展在深圳蛇口开幕

深港双城双年展开幕 "盘活"城市传统情调

2013深港城市建筑双城双年展 即将开幕

2013 深港城市\建筑双城双年展开幕式策展人致辞

2013深港城市\建筑双城双年展12月深圳开幕

第五届深港城市\建筑双年展开幕

蛇口再出发，双城双年展昨开幕

跨越边界 边界分隔开不同的地理空间、人群和社会文化形态。2013年深港城市/建筑双城双年展上，"跨越城市边缘"聚焦深港间的边界，探讨如何消弭边界、促进双城共同发展

深港双城双年展今日开幕

2013深港城市\建筑双城双年展 城市问题的思考与呈现

2013深港城市建筑双城双年展开幕

2013 深港城市\建筑双城双年展在深圳开幕

绿景集团参展第五届深港双城双年展

2013深港城市建筑双城双年展开幕

2013深港城市/建筑双城双年展在深圳蛇口工业区拉开帷幕

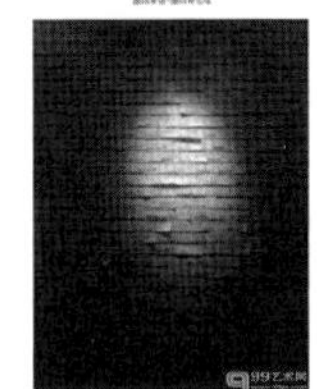

2013深港城市建筑双城双年展开幕

星河集团参展第五届深港双城双年展

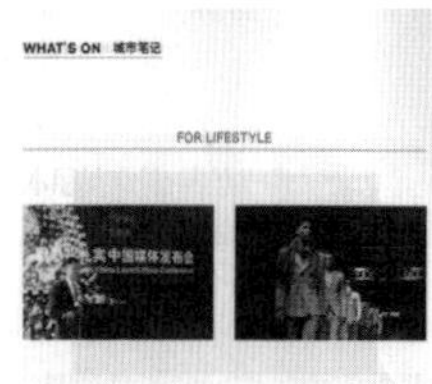

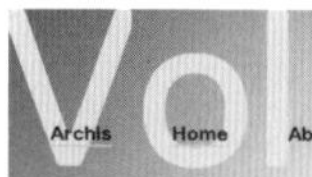

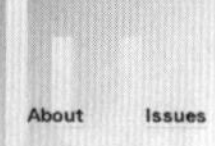

Event

Volume in Residence at the Shenzhen Biennale!

December 5, 2013 — by Jeroen Beekmans

Tomorrow at 3:15 PM, the Shenzhen Bi-City Biennale of Urbanism/Architecture will be officially opened. The Grand Opening will take place at the Value Factory, main venue of the Biennale, located at the heart of the Shekou Industry Park in Shenzhen. We're proud to announce that Volume has curated a room at the venue in collaboration with the Berlage Institute.

The Value Factory succeeds the Guangdong Float Glass Factory. From industry to culture, from mass production to value creation. The building will be the main protagonist of this message. It synthesizes more than a dozen roles to shape a unique new institution to celebrate architecture in its broadest sense. It combines a manifesto hall, silo adventure, urban beacon, chapel, panorama deck, museum, event platform, urban farm, design & consultancy studio, academy, education centre, think tank, exhibition facility, workshops, shop, bar and restaurants. And that's only in its default setting.

But there is more. The Value Factory will feature about 20 world renowned institutions to reflect and act upon this big shift: not only Volume, but also MoMA, V&A, Maxxi, MIT, Droog, OMA, Mies van de Rohe foundation, Hong Kong University, International New Town Institute, The New Institute, Fringe Festival, Riptide, Shenzhen Design Centre, The Berlage, Sao Paulo Bienal, Museum of Finnish Architecture, Chinese University of Hong Kong, Studio X, Fatbird Theatre, Y-space and still counting.

Failed Architecture #10: Beyond Failure

Over the last two years Failed Architecture has explored the dark sides of architecture and urbanism. During the season finale at De Verdieping in Amsterdam on Thursday 13 June a wide range of perspectives on the possible successes of failure, the resilience of architecture and the architect's responsibility in ...

designboom

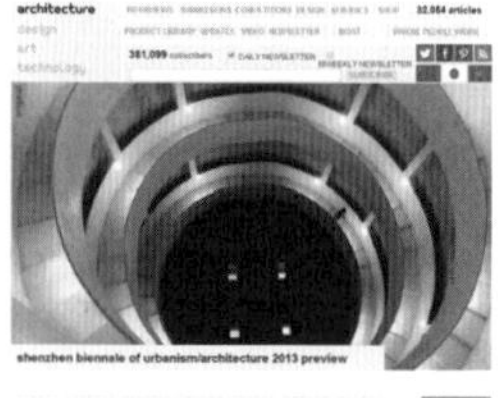

shenzhen biennale of urbanism/architecture 2013 preview

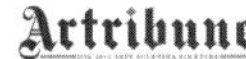

BAF

ATTUALITÀ REPORT TRIBNEWS TELEVISION MAGAZINE CALENDARIO EVENTI INAUGURAZIONI

Urbanistica e architettura. È tempo di Biennale di Shenzhen

NEWSLETTER

in NATURA

leggi anche

DESIS NETWORK

BI-CITY Biennale of Urbanism/Architecture Shenzhen

Home Architecture News Events Architecture Architects Tours

Home > Hong Kong > *Nanjing Zendai Thumb Plaza*

admin / 5 days ago

Nanjing Zendai Thumb Plaza Building, images, News, Architect, Project, Design

Nanjing Zendai Thumb Plaza

Exhibit at Bi-City Biennale of Urbanism\Architecture 2013 in Shenzhen, China – design by MAD

9 Dec 2013

Nanjing Zendai Thumb Plaza Project

Design: MAD

Ma Yansong Featuring 'Nanjing Zendai Thumb Plaza' in Bi-City Biennale of Urbanism\Architecture 2013 in Shenzhen

image from architects

ShenZhen – Ma Yansong presents its work, ' Shanshui Experiment Complex' in the Border Warehouse of Bi-City Biennale of Urbanism\Architecture 2013 in Shenzhen. This is an artwork in-between architecture model and landscape installation, created based on MAD's latest project, 'Nanjing Zendai Thumb Plaza'. The total area of this urban design project is about 600,000 sqm and it is expected to be completed in 2017.

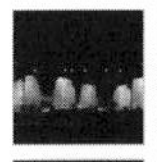

image from architects

The historic city Nanjing is famous for the mountain and water landscape around the city, as well as its modern prosperities. With the culture, nature and history considered, we need to rethink how to define the boundary between the nature and the urban on this piece of empty plot in the new city development area. Is it possible to combine the high-density city with the atmosphere of the nature to create an energetic urban public space for the future, so people will re-connected their emotion with the nature?

image from architects

The installation approaches those issues by creating a green open space spreading on the ground level of the city, where the natural and man-made landscape cross over with each other, existing in different dimensions both indoors and outdoors. The clear boundary of the site thus becomes blurred. While walking to their urban destination, people will feel as if they are sometimes walking in the nature. Above that, a series of buildings rise in the fog with flowing lines, changing smoothly as integrity, resolving the vertical power and the height competition, and the city skyline that used to be controlled by technology and power is now back to the artistic mood of faraway-so-close that our ancients have perceived in the nature.

image from architects

Bi-City Biennale of Urbanism\Architecture 2013 in Shenzhen images / information from MAD

MAD Architects

To see all listed projects on a single map please follow this link.

Hong Kong Walking Tours

Shenzhen Buildings – Selection

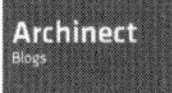

Sleepless in Shenzhen

Orhan Ayyüce reports from Bi-City Biennale of Urbanism\Architecture

A Brief Introduction to Shenzhen Biennale

Tweet 7 Share 4 +1 Like Share 15

Orhan Ayyüce 7 days 12 4 Follow

I am sleepless and I can't get used to the idea that I am in Shenzhen, China. I might as well be in Las Vegas hotel room with a gold leaf framed watercolor print hanging on the wall and a laptop with a spotty internet access.

This is my first time in China with a mission to attend and journal the opening of Bi-City Biennale of Urbanism\Architecture a.k.a Shenzhen Biennale in a four day trip as the lone participant from Los Angeles. Normally I don't travel in the jet set manner but I was flown here by an invitation from the biennale's creative director Ole Bouman, a man of many talents and hats whom I interviewed for Archinect few years back and I couldn't refuse the offer.

Shenzhen is a port city, like my birthplace Izmir, and it has graduated to its current importance as a global player from a small fishing village of 30,000 people just a few decades ago. It is a brand new home to 3.5 million Shenzeners who are made up from different nationalities, trading partners and Chinese working population trying to join middle class, still chancy but not at all impossible given the local and national growth rate.
It is an incredible development for a city coming of an age in such a short time. The pains of urbanization in this rapid pace are somewhat apparent but I would say the city is dealing with them rather skillfully.
Since Shenzhen is new, so are my shoes, socks, pants and shirts.

Biennale's main venue in Shenzhen is a defunct plate glass factory in the urban border zone called Shekou. It is the center of the Biennale's ambitions to turn it into a cultural zone of preservation and perhaps leave it as the living history of the industrial past with a newly energized use, co-existing with the vicinity's inevitable gentrification into a high end residential development, an omnipresent transformation pattern in the world's developing cities as it's towering chimney looking over one of the most familiar sceneries of global trade, a shipping container port and other supporting warehouses, not too far away from a creeping shopping mall, a 7-Eleven, a Sea World© and a Wal Mart.

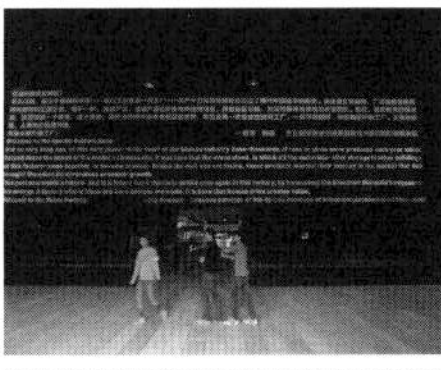

The Glass factory now named as the Value Factory is an irresistibly beautiful industrial building where glass was manufactured to be used on China's modern buildings as recent as 2005. It is next to a bank of silo towers also defunct and turned into exhibition spaces. Biennale, capturing the opportune process is determined to turn it into a cultural value and educational centerpiece all at once. The Value Factory is unlike China's brand new shiny museums of late, designed by missionary architects from the Western Europe and United States and hastily filled up with blue chip art through the deals made in New York, London, etc. This is an interesting difference not only from a preservation and re-use point of view but also helping to build a unique Chinese experience in the "biennale" making to further activate local discourse of cultural value making, a veiled agenda and political act in itself.

Last Friday the Bi-City Biennale officially kicked off inside that factory by energetic speeches of local politicians and by Ole Bouman himself. It was attended by hundreds if not thousands of young Chinese architects and urbanists, foreign guests, the tall queen of Belgium and yours truly.
The exhibition areas are pop up styled rooms of the old glass factory occupied by various participants including Sao Paulo Biennale, Studio X, MIT Center for Advanced Urbanism, Shenzhen Hong Kong Special Material Zone, Victoria and Albert Museum, Maxxi, OMA, Volume Magazine, Droog Design, the New Institute of Netherlands, MoMA, Berlage Center and many other cultural and creative institutions offering special installations and educational components. In addition to those sponsors area hosts many real estate developers from Hong Kong (hence, Bi-City) and Shenzhen. The pop up style exhibition spaces have the everydayness of the displays without overwhelming the viewer-participant and as in the case of some, adding humor to the exhibitors' efforts.

Tagged bi city biennale, shenzhen biennale, ole bouman, china

12 Comments Back to Top

Wallpaper*

*THE STUFF THAT REFINES YOU

ARCHITECTURE DESIGN ART FASHION TRAVEL LIFESTYLE

The Bi-City Biennale of Urbanism/Architecture 2013 rethinks China's industrial past

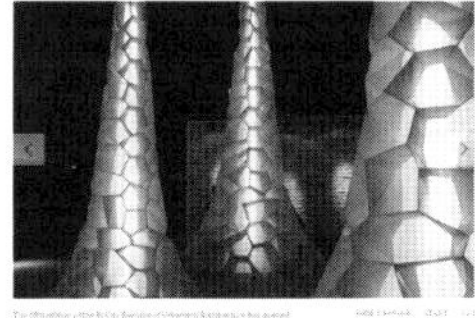

双城双年展现场直播室“旅途咖啡馆”
手札记忆分享

2013-12-10 旅途咖啡馆

2013深港双城双年展12月6日于蛇口正式开幕，Uradio作为现场唯一电台直播室媒体，不但见证开幕周三天精彩内容，更将在接下来的三个月继续陪伴双年展观众，不定期现场直播双年展各种活动、论坛、节目，我们的现场直播室也会一直活跃热闹下去，想来看看吗？来双年展参观的朋友也别忘了抵临A馆媒体中心和我们分享哦。同时U份子活动也将组织听众一起前往蛇口双年展现场，通过A馆价值工厂的体验式发现，感受蛇口过往历史。通过B馆文献仓库的专业导览分享，寻找“城市边缘”等建筑与生活相关主题发现。真正让市民和双年展通过Uradio互动起来

“旅途咖啡馆”今明两期节目将陆续分享双年展策展人等重要嘉宾，告诉各位，如何玩转：A馆价值工厂 & B馆文献仓库
播出时间：FM105.7　上午10点
主持人：王佳

在深港双城双年展的日子里，照片定格一切。这是记忆手札，也是发觉线索——比利时王后莅临，本届双年展B馆特别邀请8个国家馆参展，这是前往比利时国家馆探访的王后，美丽身影永远留存。

B馆联合策展人之一、知名建筑师冯果川特别提醒大家，逛B馆之前记得先沿着整个建筑中心的“时间轴”仔细阅读发现，而且，少年导览员们正在培训中，未来来参观的朋友记得向孩子们多咨询，即便是“城市边缘”话题的探讨和呈现，也有值得所有人分享的有趣亮点。

AB馆之间不但有接驳巴士，还有绿道和单车，选择你喜欢的时间，用与自然最亲近最环保的方式在双年展之间穿行吧。

进入A馆，千万记得看一看这块儿三亩地的“价值农场”据说，这块试验田在近期刚刚落种，三个月之后将等待收成，你猜，会长出什么来？

和以文献为主的B馆相比，A馆更多的是一个体验性空间，曾经红火一时的玻璃厂旧厂房，当年记录了蛇口人改革开放年代的勇气和锐气，如今时过境迁，炉火熄灭，荣光不再，但一辈人凝结其中的情感过往，蛇口工业的历史故事却永远留存下来，经过改造的A馆价值工厂，是远离这段历史的人重新回归的开始。

一年前，在这片废弃工厂开始的双年展策展团队甚至把当时工作的地方也保留了下来，作为纪念。

A馆主要由砂库、主展厅、筒仓三个片区组成，分别由不同的建筑师带领团队设计改造。

上到筒仓顶端平台，眼前便是货柜云集的蛇口港，阳光正午或者夕阳西下，远眺中的蛇口港都呈现出一种安静的美。

蛇口处在水陆边，是深圳与世界相接的边缘，是三十年前深圳现代化起步的地方，也是为中国现代化付出过长足努力的地方。蛇口工业区于深圳南头半岛东南部，东临深圳湾，西依珠江口，与香港新界的元朗和流浮山隔海相望，占地面积10余平方公里。该工业区是招商局全资开发的中国第一个外向型经济开发区，成立于1997年。在短短30多年间，孕育了招商地产、招商银行、中集集团、开发科技、金蝶软件及平安保险等一批国内外知名企业，历史中蕴藏的故事远远超过我们想象。在Uradio 双年展直播室做客旅途咖啡馆的各位嘉宾即将一一道来。

我们探索的是城市中心，而你们的主题是城市边缘，我的理解是城市要有一个新的前沿，然后通过文化的交流创造一个新的城市前沿，像价值工厂的理念对我来说是新的理念，非常有趣。
——2013巴西圣保罗建筑双年展策展人Guilherme Wisnik

眼前的东西为我们讲述了今日中国活色生香的生活，它们将成为我们对亚洲社会研究的有力案例。它们可能若干年后会从人们生活中消失，但博物馆要做的不就是通过物件留住人们的记忆吗？
——伦敦英国V & A博物馆高级策展人 基兰

这届深圳双年展不逊于任何欧洲建筑双年展。
——荷兰贝尔拉格建筑学院主任Nanne De Ru

这届展览令人惊喜，特别是通过展览与城市实践互动，激活工业遗址，这是很特别的双年展创新模式，欧洲还没有。
——Volume 建筑杂志主编 Arjen Oosterman

这届深圳双年展与威尼斯双年展是相同水平。
——2010上海世博会法国馆建筑师、
熔合：SCD+X 内容合作项目参与者Jacques Ferrier

过去10年里面，深港双城双年展已经打造出自己的品牌，所有的中国的建筑师都很愿意、都希望来到这里展出自己的作品，他们也希望来这里去看其他人的作品、展品，和其他的建筑师、设计师进行沟通，我觉得这到目前为止都是非常好的事情。
——2013深港双城双年展（深圳）学术总监Jeffrey Johnson

我上一届也来过，我觉得这一届让双年展上了一个台阶。
——B馆-文献仓库参展建筑师Stefan Al

深圳双年展此次选址蛇口废弃的玻璃厂已经成功了一半，蛇口之于深圳的象征意义，废弃工厂当年的沸腾与今日的静止之比照，与主题再生能量完美契合，注入新力量，成为一座“价值工厂”，重新出发。
——中国杯帆船赛创始人/首席运营官、物质生活书吧主人、作家 晓昱

深夜参观深港建筑城市双年展，置身于蛇口巨大的工业区。脚下是液态氨罐，头顶是入云烟囱，身后是集装箱群，远方是黝黑山丘。工业感带来的力量，厂房堆积的时间，这些份量和意义，可能远超展览本身。
——著名媒体人、策划人 杨青

对B22作品马岩松的“山水·实验·综合体”印象最深，感觉特别有创意，生动的模型也让人一目了然。但很多边缘案例与自己还是有距离，或许因为没有生活在其中吧。
——青少年导览员、初一学生马祯聪

1

2

1. 比利时王国玛蒂尔德王后参观比利时馆。
2. 全国人大常委、致公党中央副主席闫小培参观2013UABB (SZ)。
3. 广东省副省长许瑞生一行参观2013UABB (SZ)。
4. 深圳市市长许勤参观2013UABB (SZ)。

3

4

1

2

1. 招商局集团董事、总裁李建红参观2013UABB (SZ)。
2. 深圳市副市长唐杰参观2013UABB (SZ)。
3. 2014年1月3日下午，深圳市副市长吴以环参观2013UABB (SZ)。
4. 深圳市副市长张文参观2013UABB (SZ)。

3

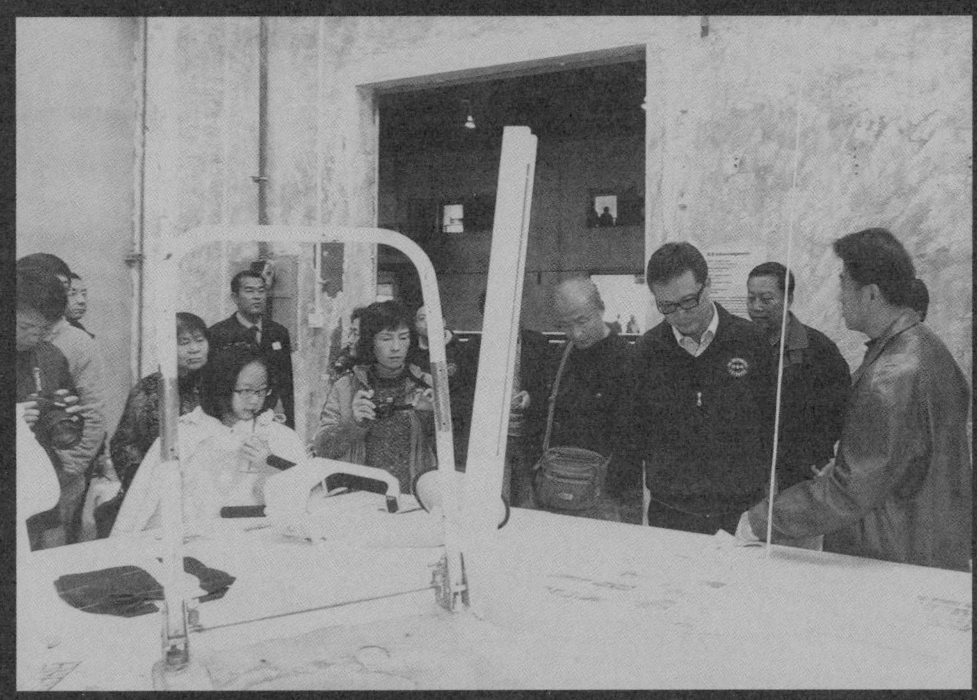
4

1

2

3

1. 2013年12月22日，深港双城双年展首创者、广东省住房和城乡建设厅厅长兼党组书记王芃，带领部分人大代表团参观2013UABB（SZ）。
2. 2013年12月20日上午，深圳市建筑工务署组团参观2013UABB（SZ）。
3. 下午的媒体区。
4. 2014年1月6日，招商局集团有限公司副总裁胡政、招商局蛇口工业区党委书记丁勇一行参观了2013UABB（SZ）。
5. 2014年1月4日，深双展迎来了本届首个“百人团”！来自佛山科学技术学院建筑系师生共115人，先后参观了价值工厂与文献仓库。
6. 2014年1月10日，何香凝美术馆副馆长乐正维一行11人参观2013UABB（SZ）。
7. 挪威王国驻广州领事Marianne Krey-Jacobsen一行参观2013UABB（SZ）。
8. 2013年12月20日下午，深圳市城市发展研究中心首个参观团参观2013UABB（SZ）。
9. 参展人、筑博设计执行总建筑师冯果川在为观众导览其“龙岗老墟镇”项目。

4

5

7

6

8

9

1

2

4

3

5

1. 乘坐炫酷穿梭巴士成为看展览的一大乐趣。
2. 价值农场乐活节。
3. 哈佛大学前院长Peter G. Rowe参观2013UABB (SZ)。
4. 2014年1月5日，原广东浮法玻璃厂工程师龙前与奥雷·伯曼在价值工厂进行了一场关于"价值"的对话。
5. 看展览的孩子们。
6. 2014年1月3日下午，深圳市建筑工务署、深圳市公园管理中心参观2013UABB (SZ)。
7. 2013年12月26日下午，深圳市规划国土发展研究中心第二次组团参观2013UABB (SZ)。
8. 观众在观看V&A的展品。
9. 保安团队值班一个月下来也成了导览员。

7

8

6

9

参展人/参展机构列表

A馆 - 价值工厂

策展人/创意总监
奥雷·伯曼—Ole Bouman

策展团队
乔恩·康纳—Jorn Konijn(联合策展人)
刘磊(联合策展人)
薇薇安·祖德霍夫—Vivian Zuidhof
(项目协调)
张淼、唐康硕(展览助理)

价值工厂创意相关机构
总体规划
源计划工作室(何健翔、蒋滢)

宣言大厅和主展厅设计
坊城建筑(陈泽涛)
-主要负责人
基本城市工作室 (Milena Zaklanovich)
源计划工作室 (Thomas Odorico)
RUA Arquitetos (Pedro Rivera)

大筒仓设计
源计划工作室(何健翔)
-主要负责人
Lassila \ Hirvilammi Architects (Anssi Lassila & Teemu Hirvilammi)
Maurer United Architects (Marc Maurer)
Aleksander Joksimovic

砂库改造设计
南沙原创建筑设计工作室(刘珩)
-主要负责人
MO-OF (Shantanu Poredi)

入口空间设计
南沙原创建筑设计工作室(刘珩)
-主要负责人
Nitsche Arquitetos (Lua Nitsche)
Next Architects (John van de Water / Wopke Schaafstal)

主广场设计
O-Office/源计划工作室
奥雅设计集团 (Michael Patte)
TEMP Architects (Maarten van Tuyl)

照明设计
灯光方程式(设计范围:
主展厅、入口及户外景观、媒体中心、砂库)

科柏照明设计(设计范围:大小筒仓)

结构水电设计
北方工程设计研究院有限公司

价值农场
钟宏亮(香港中文大学)
-主要负责人
祈宜臻(香港大学)

平面设计, 导视和绿道设计
Designpolitie (Richard van der Laken, Pepijn Zurburg & Sara Landeiro)
SenseTeam (山河水团队)

开幕表演
Allard van Hoorn多空间舞团,
马才和及其团队

价值工厂项目伙伴
香港中文大学/香港大学,
钟宏亮/祈宜臻及其团队
Droog 设计, Renny Ramakers 及其团队
胖鸟剧团, 杨阡、马立安及其团队
MAXXI基金会, Pippo Ciorra及其团队
密斯·凡·德·罗基金会,
Giovanna Carnevali及其团队
新研究所, Guus Beumer及其团队
香港大学, 杜鹃及其团队
国际新城研究所(INTI),
Linda Vlassenrood及其团队
L+CC, Merve Bedir 麻省理工学院(MIT),
Alexander d' Hooghe及其团队
芬兰建筑博物馆(MFA),
Juulia Kauste、Annsi Lassila、Teemu Hirvillammi及其团队
纽约现代艺术博物馆(MoMA),
Pedro Gadanho及其团队
大都会建筑事务所(OMA),
雷姆·库哈斯(Rem Koolhaas)、
史蒂芬·彼得曼及其团队
红灯广播, Hugo van Heijningen及其团队
锐态(Riptide), Michael Patte及其团队
圣保罗建筑双年展, Guilherme Wisnik、
Ligia Nobre及其团队
贝尔拉格研究中心, 纳尼·德·鲁及其团队
Volume, Arjen Oosterman,
Lilet Breddels及其团队
深圳市城市设计促进中心(SCD),
黄伟文及其团队
Studio-X网络—纽约哥伦比亚大学,
Mark Wigley及其团队
THNK 创意领袖学院,
Menno van Dijk 与 Gunter Wehmeyer
维多利亚和阿尔伯特博物馆(V&A),
Kieran Long, Corinna Gardner及其团队

B馆 - 文献仓库

策展人/学术总监
李翔宁 + 杰夫里·约翰逊(Jeffrey Johnson)

策展团队
朱晔(联合策展人)
冯果川(联合策展人)
娄永琪(联合策展人)
张之杨(联合策展人)
杜庆春(联合策展人)
倪旻卿(助理策展人)
佐伊·爱丽珊黛·佛罗伦斯—
Zoe Alexandra Florence (助理策展人)

参展人(以项目为序)
城市边缘的实践与研究
李丹锋+周渐佳(同济大学+哥伦比亚大学)
Enrique Walker
韩涛
Christopher and Dominic Leong (LEONG LEONG)
Gregers Tang Thomsen + Selva Gurdogan (Superpool)
Phu Hoang and Rachel Rotemy(MODU)
Hector Lopez(SMSMXS)
Lisa and Ted Landrum
Olga Aleksakova(Buromoscow)
Tobias Armbrost, Daniel D'Oca + Georgeen Theodore(Interboro Partners)
Guillaume Aubry,Cyril Gauthier,Yves Pasquet(Freaks Free Architects)
Anna Vincenza Nufrio(ETSAM/UPM, Madrid, Spain)
Anna Gasco, Ying Zhou, Ting Chen(Future Cities Lab ETHZ)
Go Hasegawa(Go Hasegawa & Associates)
Eunice Seng and Koon Wee(SKEW Collaborative)

"跨越城市的边缘"案例研究
Teddy Cruz
Srdjan Jovanovic Weiss, E. Thaddeus Pawlowski, Jason Freedman (Normal Architecture Office)
BAUM
袁烽
刘珩
同济大学出版社
群岛工作室
Jose Luis (UEM,IAAC)
Rafi Segal, Yonatan Cohen, Maayan Strauss, Savina Romanos (哈佛大学)
广州美术学院建筑与环境设计学院+法国拉维莱特建筑学院
Eduard Bru(BRU LACOMBA SETOAIN)
Inaki abalos (哈佛大学)
刘广云
Juergen Mayer H., Wilko Hoffmann (J. Mayer H. Architects)
李翔宁(同济大学)

Atelier Bow-Wow
Stefan Canham / Rufina Wu
(代尔夫特理工大学)
Kersten Geers, David Van Severen
& Bas Princen(OFFICE)
戴耘
Joseph Grima, Tamar Shafrir
李麟学
张轲
马岩松
Daan Roggeveen and Michiel
Holshof
Rodrigo Escandón Cesarman, José
Esparza Chong Cuy, Guillermo
González Ceballos, Tania Osorio
Harp
(Domus Mexico)
冯果川(筑博设计)
陈泽涛(坊城建筑事务所)
朱雄毅(悉地国际东西影工作室)
杨小荻+尹毓俊(普集建筑)
曾冠生(悉地国际墨照工作室)
Chris H.S. Lai(Doffice)
Adam Frampton(Only if
Architecture)
Thomas Tsang

探索社会的疆域

Anna Meroni, Davide Fassi,
Francesca Rizzo(Politecnico di
Milano)
Aldo-Cibic
娄永琪 + StudioTAO of tektao
(D&I, 同济大学)
温铁军、石嫣、刘新(人民大学, 清华大
学)
Tiziano CATTANEO(意大利帕维亚大
学)
欧宁+左靖
Hans Hessel, Owe
Pederson(PLANTAGON)
HE Renke, JI Tie
黄伟文
高岩
苏运升
王灏+史劼(佚人营造建筑设计事务所)
徐冰
张小涛(四川美术学院)
张利文
刘景活
代化
白斌
刘健
王维思
吴超
易雨潇
刘茜懿
林俊廷
余春娜
何雨津+付喜多
段天然
唐雅+杜玉凯
曾翰

郭研
张晓静+陈洲
王晖(浙江大学建筑学系, 人居环境工
作室)
众建筑
李巨川(湖北美术学院)
魏皓严(重庆大学建筑城规学院、嗯工
作室)
石岗
刘庆元
谭红宇
《艺术世界》杂志+郭厚同+郑亭亭
魏浩波+谢劲松+欧明华(西线工作室)
徐跋骋(中国美术学院)
沈瑞筠(广东时代美术馆)
何昕, 吴悦, 孟芥锐
Stefan Al+李消非(香港大学)
建筑设计有限公司+天华
倪卫华

国家和地区馆

Jeremy Till
(英国中央圣马丁艺术与设计学院)
Luis Fernández-Galiano
(Arquitectura Viva)
Alessandra Ferrighi (RUAV)
Jeffrey Inaba (哥伦比亚大学)
Miguel Ádria
(Arquine Magazine, Mexico)
Janine Marchessault
(Future Cinema Lab in the Faculty
of Fine Arts, York)
Jingjing+Joachim Granit
(Färgfabriken)(Center for
Contemporary Art & Architecture,
Stockholm)
Iwan Strauven and Marié-Cecile
Guyaux
Nuno Soares (Cultural Heritage
Department, Cultural Affairs
Bureau, Macao SAR Government)

边缘影像馆

黄骥+大冢龙治
丛峰
史杰鹏
陈长清
黄伟凯
李巨川
黄孙权
史文华
蒋志

企业特别展参展方

招商局蛇口工业区
新世界地产
京基集团
绿景集团
佳兆业
花样年集团
卓越集团
星河集团
深业置地
益田集团
鸿荣源

外围展参展方

华南理工大学, 香港中文大学,
都灵理工大学,
威尼斯建筑大学
刘湘怡
黎曈 + 吴琦
Lindsay Holland + 彭颖桐
CZC (城中村)特工队
支文军 + 华·美术馆
Blue Republic
progetto C&I
启明在地艺术机构
Thomas Batzenschlager +
Clémence Pybaro
都市实践
朗图里外 / 万科建筑研究中心

UABB学堂—活动列表

日期	时间	活动
5	9:00 - 12:00	展馆B：跨边界对话1：影像的距离和边界
6	9:00 - 11:30	展馆B：跨边界对话2：探索社会的疆域
	12:30 - 14:55	展馆B：文献仓库揭幕和国家地区馆开幕活动
	15:30 - 17:00	双年展开幕仪式
7	10:00 - 11:00	展馆B：跨边界讲座：塚本由晴
	11:30 - 13:00	展馆B：跨边界对话3：隐形边界
	13:00	展馆A：价值农场播种仪式
	13:20 - 15:00	展馆B：城市边缘的二十个观感—比利时馆论坛
	13:30	展馆A：项目伙伴—DROOG开幕小典礼
	14:00	展馆A：未来的建筑双年展
		展馆A：酷茶会—深圳的边缘社区
	15:00 - 16:40	展馆B：瑞典馆论坛：斯德哥尔摩进行时
	15:30	展馆A：项目伙伴—Studio X 开幕小典礼
	16:00	展馆A：伦敦维多利亚和阿尔伯特博物馆小型研讨会
		展馆A：Studio X 讨论会：奥运会的建筑隐喻
	17:00	展馆A：项目伙伴—维多利亚和阿尔伯特博物馆开幕小典礼
	17:30	展馆A：项目伙伴—大都会建筑事务所开幕小典礼
	19:00	展馆A：项目伙伴—圣保罗国际建筑双年展开幕小典礼
	20:00 - 01:00	展馆A：价值工厂开幕派对
8	11:00	展馆A：价值工厂对话—未来的建筑教育
	12:30	展馆A：项目伙伴—贝尔拉格建筑与城市研究中心和《Volume》杂志开幕小典礼
	13:00	展馆A：项目伙伴—芬兰建筑博物馆开幕小典礼
	13:00 - 15:00	展馆B：跨边界对话4：建筑的边界
	13:30	展馆A：项目伙伴—罗马21世纪博物馆（MAXXI）开幕小典礼
	14:00	展馆A：国际配对展示
		展馆A："游猎深港"项目开幕小典礼
	14:30	展馆A：项目伙伴—麻省理工学院开幕小典礼
	15:00	展馆A：价值工厂学院及工作室开幕小典礼
	15:30	展馆A：新研究所（原荷兰建筑协会）小型研讨会
	16:00	展馆A：项目伙伴—国际新城研究中心开幕小典礼
	16:00 - 18:00	展馆B：加拿大馆研讨——新城市新体验
	16:30	展馆A：项目伙伴—新研究所开幕小典礼
	17:00 - 17:30	展馆A：项目伙伴—纽约现代艺术博物馆开幕小典礼
9	9:00 - 18:30	建筑评论工作坊
	10:00 - 18:00	纽约现代艺术博物馆（MoMA）工作坊
		大都会建筑事务所（OMA）解读《营造法式》工作坊
10	9:00 - 18:30	建筑评论工作坊
	10:00 - 18:00	纽约现代艺术博物馆（MoMA）工作坊
		大都会建筑事务所（OMA）解读《营造法式》工作坊
11	9:00 - 18:30	建筑评论工作坊
	10:00 - 18:00	纽约现代艺术博物馆（MoMA）工作坊
		大都会建筑事务所（OMA）解读《营造法式》工作坊
12	13:30 - 14:30	MAXXI意大利日：工作之光
	14:30 - 15:30	MAXXI意大利日：城市再造
	16:30 - 17:00	MAXXI意大利日：建筑的十字街头
13	15:00 - 17:00	纽约现代艺术博物馆（MoMA）研讨会
		大都会建筑事务所（OMA）解读《营造法式》工作坊
14	13:30-15:00	荷兰日：荷兰国际新城研究中心（INTI）火热大浪
	15:00-17:00	荷兰日：中荷对话
	17:00-18:00	荷兰日：《Volume》杂志特邀活动
		大都会建筑事务所（OMA）解读《营造法式》工作坊
15	14:00-17:00	《Volume》杂志特邀活动
16		大都会建筑事务所（OMA）解读《营造法式》工作坊
17		大都会建筑事务所（OMA）解读《营造法式》工作坊
18		大都会建筑事务所（OMA）解读《营造法式》工作坊成果展示
21	14:00	青少年导览
	16:00 - 18:00	锐态Pecha Kucha
22	9:30-18:00	SCD：深圳竞赛DCS——描摹旅游岛
	18:00	建筑师沙龙
28	14:00	青少年导览
	15:00-16:00	"一人一故事"剧场
29	18:00	建筑师导览

2014年1月份活动

日期	时间	活动
4	15:00 - 16:30	价值工厂学院：【胖鸟剧团：物恋白石洲】
		【“熔合：SCD+X”：立体城市工作坊】
5	15:00 - 16:30	价值工厂学院：【胖鸟剧团：物恋白石洲】
6		价值工厂学院 - 介绍日
7		价值工厂学院活动：踏勘
10	12:30 - 13:30	价值工厂学院活动：午餐演说：城市农业及创办农场价值农场
11	9:30 - 10:00	价值工厂学院活动：OMA 工作坊及芬兰建筑博物馆工作坊介绍
	10:00 - 18:00	价值工厂学院活动：OMA 工作坊
	10:00 - 18:00	价值学院活动：MFA 工作坊
12	10:00 - 12:00	价值工厂学院活动：OMA 工作坊
	10:00 - 12:00	价值工厂学院活动：MFA 工作坊
	10:00 - 12:00	价值工厂学院活动：L+CC 工作坊
	13:00 - 18:00	价值工厂学院活动：价值农场乐活节
13	10:00 - 18:00	价值工厂学院活动：OMA 工作坊
	10:00 - 18:00	价值工厂学院活动：MFA 工作坊
	10:00 - 18:00	价值工厂学院活动：L+CC 工作坊
14	10:00 - 18:00	价值工厂学院活动：OMA 工作坊
	10:00 - 18:00	价值工厂学院活动：L+CC 工作坊
15	10:00 - 18:00	价值工厂学院活动：OMA 工作坊
	10:00 - 18:00	价值工厂学院活动：L+CC 工作坊
16	10:00 - 18:00	价值工厂学院活动：OMA 工作坊
	10:00 - 18:00	价值工厂学院活动：L+CC 工作坊
17	10:00 - 18:00	价值工厂学院活动：OMA 工作坊
	10:00 - 18:00	价值工厂学院活动 L+CC 工作坊
	12:00 - 17:30	价值工厂学院活动：Studio X 工作坊
18	13:30-15:45	价值工厂学院活动：增长如何影响领土？圣保罗国际建筑双年展辩论会
	14:00 - 17:00	价值工厂学院活动：L+CC 工作坊
	14:30 - 16:30	“熔合：SCD+X”：10*10*100 作品宣讲会
	16:00 - 18:00	价值工厂学院活动：锐态 Pecha Kucha
	18:00	价值工厂学院活动：芬兰建筑博物馆第二场馆开馆仪式
19	13:00 - 14:00	价值工厂学院活动：游猎深港
	14:00 - 16:30	“熔合：SCD+X”：较场尾民宿综合升级改造研讨会
	14:00 - 17:00	价值工厂学院活动：L+CC 工作坊终场辩论
	17:00 - 18:00	价值工厂学院活动：OMA 终场展示
20	9:00 - 19:00	价值工厂学院活动：贝尔拉格建筑与城市研究中心冬令营
21	9:00 - 21:00	价值工厂学院活动：贝尔拉格建筑与城市研究中心冬令营
	15:00 - 18:00	价值工厂学院活动：研讨会：离开贝尔拉格之后的学习和生活
22	9:00 - 18:00	价值工厂学院活动：贝尔拉格建筑与城市研究中心冬令营
23	9:00 - 18:00	价值工厂学院活动：贝尔拉格建筑与城市研究中心冬令营
24	9:00 - 12:00	价值工厂学院活动：贝尔拉格建筑与城市研究中心冬令营
	14:00 - 17:00	价值工厂学院活动：贝尔拉格建筑与城市研究中心冬令营最终成果展示
25	14:00 - 17:00	价值工厂学院活动：公共讲堂——Maurizio Scarciglia
	15:30 - 17:00	建筑师沙龙
26	14:00 - 17:00	价值工厂学院活动：公共讲堂——Maurizio Scarciglia
		价值工厂学院活动：NAUTA 讲演——关于建筑的研究

2014年2月份活动

日期	时间	活动
8	13:00 - 17:00	价值工厂学院活动：公共讲堂
9	14:00 - 15:30	价值工厂学院活动：演讲：Martine de Maeseneer
	15:30 - 17:00	建筑师沙龙
10		价值工厂学院活动：建筑师驻场计划 - 主题：建筑；参与者：Martine de Maeseneer
11		价值工厂学院活动：建筑师驻场计划 - 主题：建筑；参与者：Martine de Maeseneer
12		价值工厂学院活动：建筑师驻场计划 - 主题：建筑；参与者：Martine de Maeseneer
13		价值工厂学院活动：建筑师驻场计划 - 主题：建筑；参与者：Martine de Maeseneer
14		价值工厂学院活动：建筑师驻场计划 - 主题：建筑；参与者：Martine de Maeseneer
15	13:00 - 17:00	价值工厂学院活动：公共讲堂
	16:00 - 18:00	价值工厂学院活动：锐态Pecha Kucha
	14:30 - 16:30	"熔合：SCD+X"：深圳饭局
		价值工厂学院活动：建筑师驻场计划；主题：建筑摄影；参与者：Richard Schulman
16	14:00 - 15:30	价值工厂学院活动：演讲：Richard Schulman
		价值工厂学院活动：建筑师驻场计划；主题：建筑摄影；参与者：Richard Schulman
17	09:30 - 17:00	价值工厂学院阶段展示
		价值工厂学院活动：建筑师驻场计划；主题：建筑摄影；参与者：Richard Schulman
18		价值工厂学院活动：建筑师驻场计划；主题：建筑摄影；参与者：Richard Schulman
19		价值工厂学院活动：建筑师驻场计划；主题：建筑摄影；参与者：Richard Schulman
20		价值工厂学院活动：建筑师驻场计划；主题：建筑摄影；参与者：Richard Schulman
21	12:30 - 18:00	价值工厂学院活动：Studio X 和香港文化协会——日工作坊
		价值工厂学院活动：建筑师驻场计划；主题：建筑策展；参与者：Ruta Leitanaite
		密斯基金会辩论会
22	10:30 - 18:00	价值工厂学院活动：增值与验证：阿姆斯特丹创意领导学院与印度新德里设计村联合研讨会
	14:30 - 17:00	深圳市城市设计促进中心：10*10*100作品评审会
	16:00 - 18:00	价值工厂学院活动：锐态Coaster Raid
		价值工厂学院活动：建筑师驻场计划；主题：建筑策展；参与者：Ruta Leitanaite
23	10:30 - 18:00	价值工厂学院活动：增值与验证：阿姆斯特丹创意领导学院与印度新德里设计村联合研讨会
		价值工厂学院活动：建筑师驻场计划；主题：建筑策展；参与者：Ruta Leitanaite
24		价值工厂学院活动：建筑师驻场计划；主题：建筑策展；参与者：Ruta Leitanaite
25		价值工厂学院活动：建筑师驻场计划；主题：建筑策展；参与者：Ruta Leitanaite
26	09:30 - 15:00	价值工厂学院最终成果展示
	15:30 - 17:00	价值工厂学院总结
		价值工厂学院活动：建筑师驻场计划；主题：建筑策展；参与者：Ruta Leitanaite
27	10:00 - 17:00	价值工厂：闭幕活动
		价值工厂学院活动：建筑师驻场计划；主题：建筑策展；参与者：Ruta Leitanaite
28	10:00 - 17:00	价值工厂：闭幕活动

主办方信息

主办单位
深圳市人民政府

协办单位
深圳市规划和国土资源委员会
深圳市文体旅游局
深圳市"设计之都"推广办公室
深圳市南山区政府
深圳广播电影电视集团
深圳报业集团
深圳大学

承办单位
深圳市公共艺术中心

专项资金支持
深圳市文化创意产业发展专项资金

深圳城市\建筑双年展组织委员会
主任：吕锐锋（深圳市常务副市长）
副主任：许重光（深圳市政府副秘书长）
王幼鹏（深圳市规划和国土资源委员会主任）
秘书长：薛峰（深圳市规划和国土资源委员会副主任）

深港城市\建筑双城双年展学术委员会
主任：孙振华
委员：泰伦斯·瑞莱、鲁虹、毕学锋、刘珩、冯越强、
殷双喜、冯原、杨小彦、朱荣远、史建、
朱大可、饶小军、朱涛、王富海、姜珺、孟岩、
杜鹃、王维仁、叶长安、符展成、卢林

深圳城市\建筑双年展组织委员会办公室
秘书处执行主任：黄伟文（深圳市公共艺术中心主任）
财务部：江鹏（深圳市公共艺术中心综合部总监）、
谢田、杨丽、陈斌、杨张曼

展务及教育活动部：米兰、梅臻、刘子菁、刘赫、
罗祎倩、赵宇、徐亮、徐丹、齐珊（实习）
品牌部：董超媚、吴霞玉、谢琼枝、黄晓天、
樊真、许涛、刘颖、王然（实习）
行政部：孙粹、罗妍、许甲坤
合同管理：李雯、谢坤、江洁

双城双年展（深圳）展览执行机构
深圳城市\建筑双年展组织委员会办公室
电话：86 755 8395 3209
传真：86 755 8395 3210
地址：深圳市公共艺术中心\
深圳上梅林中康路8号雕塑院A座302

一般问询：info@szhkbiennale.org
媒体需求：press@szhkbiennale.org

网站：http://www.szhkbiennale.org
微博：http://weibo.com/szhkbiennale
微信：UABB-SZ
Facebook: www.facebook.com/5thUABB

双城双年展（香港）
主办机构：香港建筑师学会
协办机构：香港规划师学会、香港设计师协会
展览地址：香港九龙观塘区观塘渡轮码头（室内展馆）、起动九龙东反转天桥底一号场，观塘海滨道122号起动九龙东办事处（室外展馆）

UABB(HK) Contact Info
网站：www.uabb.hk
邮箱：hkiasec@hkia.org.hk
电话：(852) 2805-7335

鸣谢

战略合作伙伴
Strategic Partner

招商局蛇口工业区有限公司
CHINA MERCHANTS SHEKOU INDUSTRIAL ZONE CO.,LTD.

合作伙伴
Partners

免费WIFI赞助商
Free Wifi Sponsor

蛇口通讯

文化机构支持
Institutional Supporter

creative industries fund NL

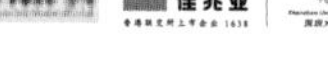

照明支持
Lighting Support

展示呈现支持
Display Support

活动支持
Event Support

有方

平面设计支持
Graphic Design Support

SenseTeam 山河水团队

影像支持
Video Support

酒类赞助
Wine Sponsor

工作服赞助
Uniform Sponsor

ONLY CS SIMPLE

纪念品制作支持
Souvenir Production Support

huacai华彩
深圳市华彩礼品有限公司

墙面艺术品支持
Wall Printing Support

白墙视觉

餐饮支持
Food Support

里外 Inout

印刷支持
Printing Support

深圳市德信美印刷有限公司

字体授权赞助
Typeface Sponsor

方正字库

首席合作媒体
Chief Media Partners

現代傳播　周末画报　艺术界 LEAP　THE ART NEWSPAPER 艺术新闻　生活　新视线

首席合作门户网站
Chief Online Media Partners

搜狐艺术 arts.sohu.com　搜狐文化 cul.sohu.com

战略合作媒体
Strategic Media Partners

domus　城市中国

交通频率 FM106.2　FM94.2 深圳私家车广播　U Radio

sina新浪收藏

凤凰网文化 culture.ifeng.com　CBNweekly 第一财经周刊

安邸AD　悦游Traveler

国际合作媒体
International Media Partners

designboom　Wallpaper*　AXIS　METROPOLIS　A10　Architizer

媒体顾问
PR Partner

图书在版编目(CIP)数据

城市边缘：2013深港城市\建筑双城双年展(深圳)/
深圳城市\建筑双年展组织委员会，群岛工作室编 -上海：
同济大学出版社，2014.2
ISBN 978-7-5608-5420-5

I. ①城… II. ①深… ②群… III. ①城市规划－建
筑设计－研究 IV. ①TU984

中国版本图书馆CIP数据核字(2014)第025049号

城市边缘：
2013深港城市\建筑双城双年展(深圳)

深圳城市\建筑双年展组织委员会 群岛工作室 编

出品人：支文军
策划：深圳城市\建筑双年展组织委员会
秦蕾/群岛工作室
责任编辑：秦蕾 孟旭彦
特约编辑：杨碧琼
责任校对：徐春莲
平面设计：Max Office (章寿品 韩建伟 王超 张云绮)

版次：2014年2月第1版
印次：2014年2月第1次印刷
印刷：深圳市德信美印刷有限公司
开本：200mm×235mm 1/16
印张：25
字数：166 000
ISBN：978-7-5608-5420-5
定价：228.00元

出版发行：同济大学出版社
地址：上海市杨浦区四平路1239号
邮政编码：200092
网址：www.tongjipress.com.cn
经销：全国各地新华书店
本书若有印刷质量问题，请向本社发行部调换。

Urban Border
2013 Bi-City Biennale of Urbanism \ Architecture (Shenzhen)

ISBN 978-7-5608-5420-5

Edited by:
Shenzhen Biennale of Urbanism \Architecture Organizing Committee, Studio Archipelago

Initiated by:
Shenzhen Biennale of Urbanism \Architecture Organizing Committee
QIN Lei/Studio Archipelago

Produced by:
ZHI Wenjun (publisher)
QIN Lei, MENG Xuyan
YANG Biqiong (editing)
XU Chunlian (proofreading)
Max Office (graphic design)

Published in February 2014,by Tongji University Press, 1239, Siping Road, Yangpu District, Shanghai, P.R., China, 200092. www.tongjipress.com.cn